住房城乡建设部土建类学科专业"十三五"规划教材
教育部高等学校建筑电气与智能化专业教学指导分委
员会规划推荐教材

"十三五"江苏省高等学校重点教材

建筑信息化应用系统

付保川　主　编
班建民　吴征天　副主编

中国建筑工业出版社

图书在版编目(CIP)数据

建筑信息化应用系统 / 付保川主编. — 北京：中
国建筑工业出版社，2021.2
住房城乡建设部土建类学科专业"十三五"规划教材
教育部高等学校建筑电气与智能化专业教学指导分委员会
规划推荐教材 "十三五"江苏省高等学校重点教材
ISBN 978-7-112-25938-0

Ⅰ.①建… Ⅱ.①付… Ⅲ.①智能建筑-自动化系统
-高等学校-教材 Ⅳ.①TU855

中国版本图书馆 CIP 数据核字(2021)第 036185 号

全书共分 7 章，第 1 章概述了建筑信息化应用系统的发展现状，第 2 章至第 6 章分别
介绍了公共服务管理与公众信息服务系统、物业管理系统、智能卡系统及应用、信息系统
安全管理、工作业务系统等建筑信息化应用典型系统的体系架构和应用案例，第 7 章介绍
了智能建筑与智慧城市的关系，并结合智慧城市应用需求，介绍了建筑信息化系统的发展
趋势。
　　本教材选取的工程案例均源自实际工程项目或实际需求，在组织各章节内容时以国家
的相关标准和规范为依据，既注重体系的完整性又关注技术实用性，尤其关注新技术最新
应用及其实践总结。本书可作为高等学校建筑电气与智能化专业的教材或教学参考书，也可
作为建筑、土木等相关专业的建筑信息化课程教学参考书，同时也可供工程技术人员参考。
　　本教材的教师课件请按照封底的方法获取，讨论本书内容请加 qq 群：512572933。

责任编辑：张　健
文字编辑：胡欣蕊
责任校对：姜小莲

住房城乡建设部土建类学科专业"十三五"规划教材
教育部高等学校建筑电气与智能化专业教学指导分委员会规划推荐教材
"十三五"江苏省高等学校重点教材
建筑信息化应用系统
付保川　主　编
班建民　吴征天　副主编

*

中国建筑工业出版社出版、发行(北京海淀三里河路 9 号)
各地新华书店、建筑书店经销
北京科地亚盟排版公司制版
北京市密东印刷有限公司印刷

*

开本：787 毫米×1092 毫米　1/16　印张：15　字数：368 千字
2021 年 7 月第一版　　2021 年 7 月第一次印刷
定价：**42.00** 元（赠教师课件）
ISBN 978-7-112-25938-0
(37063)

序

自 20 世纪 80 年代智能建筑出现以来,智能建筑技术迅猛发展,其内涵不断创新丰富,外延不断扩展渗透,已引起世界范围内教育界和工业界的高度关注,并成为研究热点。进入 21 世纪,随着我国国民经济的快速发展,现代化、信息化、城镇化的迅速普及,智能建筑产业不但完成了"量"的积累,更是实现了"质"的飞跃,已成为现代建筑业的"龙头",为绿色、节能、可持续发展做出了重大的贡献。智能建筑技术已延伸到建筑结构、建筑材料、建筑能源以及建筑全生命周期的运营服务等方面,促进了"绿色建筑""智慧城市"日新月异的发展。

坚持"节能降耗、生态环保"的可持续发展之路,是国家推进生态文明建设的重要举措。建筑电气与智能化专业承载着智能建筑人才培养的重任,肩负着现代建筑业的未来,且直接关系到国家"节能环保"目标的实现,其重要性愈加凸显。

全国高等学校建筑电气与智能化学科专业指导委员会十分重视教材在人才培养中的基础性作用,多年来下大力气加强教材建设,已取得了可喜的成绩。为进一步促进建筑电气与智能化专业建设和发展,根据住房和城乡建设部《关于申报高等教育、职业教育土建类学科专业"十三五"规划教材的通知》(建人专函〔2016〕3 号)精神,建筑电气与智能化学科专业指导委员会依据专业标准和规范,组织编写建筑电气与智能化专业"十三五"规划教材,以适应和满足建筑电气与智能化专业教学和人才培养需求。

该系列教材的出版目的是为培养专业基础扎实、实践能力强、具有创新精神的高素质人才。真诚希望使用本规划教材的广大读者多提宝贵意见,以便不断完善与优化教材内容。

高等学校建筑电气与智能化学科专业指导委员会

主任委员

方潜生

前　　言

随着物联网、云计算、大数据、移动互联网、人工智能等新一代信息技术的快速发展与广泛应用，尤其是"互联网＋"与"人工智能＋"应用模式的推广，智能化的内涵和外延正在发生着巨大变化，使得智能建筑呈现出许多新的特征。从单体建筑到建筑群、从建筑群到智慧社区、从智慧社区到智慧城市，建筑智能化的功能越来越丰富、实现方式越来越灵活，而这些智能化特征主要是通过各种类型的信息化应用系统呈现出来。

近年来随着智能手机等智能终端设备的普及，用户对智能建筑系统的使用方式发生了巨大变化，对信息化应用系统的期望和要求也越来越高。这些不断增长的需求，推动着智能建筑行业步入了发展的快车道。种类繁多的信息化应用系统层出不穷，且信息化应用系统在智能建筑系统中占比也越来越大。从人才培养的角度看，引导学生深入认识、规范化设计和使用信息化应用系统，并使其成为承载建筑电气与智能化专业工程能力培养的一种载体，将是一件非常有意义的事情，本教材的编写思路正是在这种应用需求背景下形成的。

针对信息技术快速发展的特点，在考虑教材内容取舍时既注重体系的完整性又关注技术实用性，特别强调对新技术跟踪与应用实践。第1章对信息化应用系统的基本概念、关键技术、系统特点作了概要性地介绍；第2章至第5章，基于对信息化应用系统体系架构的展开，分别介绍了公共服务管理与公众信息服务系统、物业管理系统、智能卡管理及应用系统、信息系统安全管理；第6章，按行业领域分别介绍了信息化应用系统典型案例；第7章，结合智慧城市应用需求探讨了信息化应用系统的发展趋势。

本教材第1章由付保川执笔，第2章由班建民执笔，第3章由伍培和吴征天共同执笔，第4章由李长宁执笔，第5章由崔国增和陆悠共同执笔，第6章由许馨尹执笔，第7章由吴征天和付保川共同执笔，全书由付保川、班建民、吴征天统稿并优化，陈珍萍对教材内容进行审校并提出了修改建议。

作为住房城乡建设部土建类学科专业"十三五"规划教材，高等学校建筑电气与智能化专业指导委员会规划推荐教材，在教材编写过程中，得到了建筑电气与智能化专业指导委员会各位专家的关心、支持与帮助，他们对教材内容提出了许多宝贵的建议，特别是专业指导委员会主任方潜生教授、长安大学王娜教授、重庆科技学院伍培教授对教材的体系架构给出了建设性意见；在教材编写过程中，还得到中国建筑工业出版社各位领导的大力支持，尤其是张健博士和胡欣蕊编辑做了大量的协调、组织和审校工作；与此同时，在教材编写过程中，江苏国贸酝领智能科技股份有限公司、苏州朗捷通智能科技有限公司、深圳松大科技有限公司等知名企业，为教材提供了丰富的工程案例和实用化素材，在此一并表示诚挚的感谢！同时，对教材所引用的参考文献作者表示感谢。

新一代信息技术的发展可谓日新月异，信息化技术的新应用层出不穷，书中内容与新技术的最新发展相比，仍存在一定的滞后效应。尽管编者已广泛参阅和引用了大量的文献资料，但由于此前还没有关于建筑信息化应用系统方面的教材可供参考，同时受编者水平所限，书中存在不妥或错误之处在所难免，敬请广大读者及同仁提出宝贵意见，从而使本教材在使用过程中不断得到完善。

目　录

第 1 章　信息化应用系统概述

1.1　引　　言

信息技术的快速发展给世界带来了日新月异的变化,从国家到各个行业以至于人们生活的方方面面,信息技术的影响无处不在。信息技术应用之所以如此广泛,源于其通用性与普适性,然而利用信息技术解决行业领域中的深层次问题,仅依靠通用的信息化应用系统是不够的,需要根据行业领域的需求构建专业化的信息技术应用系统。例如,将信息技术应用于教育行业,就需要根据教育行业的需求特点构建教育信息化应用系统;将信息技术应用于医疗行业,就需要根据医疗行业的需求特点构建医疗信息化应用系统;将信息技术应用于建筑行业,就需要根据建筑领域的需求特点构建建筑信息化应用系统。

其实,智能建筑就是将信息技术应用于建筑行业所派生出的新领域,是对建筑原有功能的扩展与提升。智能建筑(IB,Intelligent Building)的概念,源于 1984 年在美国康涅狄格州哈德福特市改建完成的都市大厦(City Place),它是世界公认的第一幢智能建筑。该大楼采用计算机技术对楼内的空调、供水、安防及供配电系统进行自动化综合管理,并为大楼用户提供语言、数据等信息服务,为用户创造了舒适、方便和安全的环境。我国的智能建筑于 20 世纪 90 年代初兴起,具有代表性的建筑物是于 1990 年建成的北京发展大厦,该建筑被认为是我国第一幢具有明确设计定位的智能建筑,从此开启了我国智能建筑的初创期。这一时期大约经历了 10 年,其典型标志为 1996 年上海市地方标准《智能建筑设计标准》DBJ 08-47-95 出台、2000 年国家标准《智能建筑设计标准》GB 50314—2000 颁布,现行的标准为《智能建筑设计标准》GB 50314—2015。

智能建筑是建筑技术与信息技术交叉融合的产物,是随着科学技术进步而逐步发展和充实的。进入 21 世纪之后,伴随着全球信息化的浪潮,人们对智能建筑的功能要求越来越高,推动着建筑智能化技术与系统不断地向纵深发展。随着大量建筑智能化实践的积累,我国智能建筑进入了高速发展和逐步成熟时期,这一时期历时大约十余年。在此期间,《智能建筑设计标准》GB 50314—2006(现已废止,现行标准为《智能建筑设计标准》GB 50314—2015)以及一系列建筑智能化系统的设计、施工、验收规范相继颁布,如《智能建筑工程施工规范》GB 50606—2010、《智能建筑工程质量验收规范》GB 50339—2013等,智能化系统建设和运营走向规范化,成为新建建筑和老建筑改造中的"标配"。此后建筑智能化系统不断延伸至社区、城市,出现了智慧社区、智慧城市、平安城市、绿色城市以及智慧交通、智慧医疗等多种形态,智能建筑市场得到了大发展。但是,由于受技术手段限制和各自为政的建设与管理模式约束,已建设的智能化系统多数成为孤立子系统,即使有一些系统构建了智能化集成平台,也因行业阻隔、管理权限以及信息安全等原因只能自成体系,从而形成了许多"信息孤岛",难以充分发挥各类数据应有的作用。

随着物联网、移动互联网、大数据、云计算、人工智能等新一代信息技术的蓬勃发展及广泛应用，建筑智能化的内涵和外延都在发生着深刻变化，推动着智能建筑行业步入了一个崭新的时代。这从 2015 年颁布的国家标准《智能建筑设计标准》GB 50314—2015 即可看出端倪。《智能建筑设计标准》2015 版与 2006 版的显著区别，在于"信息化应用"作为智能建筑的重要部分，其分量明显加重。这不仅标志着智能化系统建设的目的更加强调应用，而且更明确地要求各类系统信息的交互、共享和安全应用，从而使智能建筑由孤立、单个系统以及较为简单的系统集成与系统联动，进步到在更大范围内对各类数据的汇聚、分析、处理、学习、决策和执行，显著提升了建筑的功能和智能化水准。尤其是新一代信息技术与 BIM 技术、虚拟现实技术的相互融合，更是将信息化应用推到了前所未有的高度。简言之，智能建筑关注的重点开始从重视硬件系统建设转向以挖掘"信息"和"数据"价值为核心的软件应用，通过不断地把信息化应用引向深入，更好地体现智能建筑的本质特征——"智能化"，从而更好地满足用户需求。

1.2　基本概念

1.2.1　信息化

信息化（Informatization）的概念起源于 20 世纪 60 年代，首先是由日本学者梅棹忠夫提出来，而后被翻译成英文传播到欧美，直到 20 世纪 70 年代后期"信息社会"和"信息化"的概念在欧美开始流行起来。1997 年我国召开了首届全国信息化工作会议，对信息化和国家信息化作出定义："信息化是指培育、发展以智能化工具为代表的新的生产力并使之造福于社会的历史过程。国家信息化就是在国家统一规划和组织下，在农业、工业、科学技术、国防及社会生活各个方面应用现代信息技术，深入开发广泛利用信息资源，加速实现国家现代化进程。"此后，我国逐步构筑和完善了信息化发展的六大要素：开发利用信息资源，建设国家信息网络，推进信息技术应用，发展信息技术和产业，培育信息化人才，制定和完善信息化政策。随着中国经济的高速增长，中国信息化有了快速的发展与进步。

我国的信息化已走过数字化、网络化等发展阶段，目前正在向智能化的发展阶段迈进。智能化阶段定位于新一代信息技术及其对应的新兴产业，主要以物联网、大数据、移动互联网和云计算技术为典型代表，它们已开始为各个行业和社会生活提供全面应用。综合当前对信息化的多种描述，可以给出信息化的几种定义如下。

定义之一：信息化是指建立在信息技术产业发展与信息技术在社会经济各部门扩散的基础之上，运用信息技术改造传统经济和社会结构的过程。

定义之二：信息化是指人们对信息技术的应用达到较高的程度，在全社会范围内实现信息资源的高度共享，推动人的智能潜力和社会物质资源潜力充分发挥，使社会经济向高效、优质方向发展的历史进程。

定义之三：信息化是一种信息技术被高度应用，信息资源被高度共享，从而使得人的智能潜力以及社会物质资源潜力被充分发挥，个人行为、组织决策和社会运行趋于合理化的理想状态。

由此可见，完整的信息化应该包括：一定的信息技术应用水平；一定程度的信息基础设施建设；信息技术产业发展到一定的水平；社会信息基础支持的环境；社会、经济、文化等方面允许信息化发展的自由度和配套的政策支持；信息活动的不断提升和丰富的过程等。因此，信息化是一个复杂而漫长的过程。

1.2.2　信息技术

信息技术（IT，Information Technology）是指用于管理和处理信息所采用的各种技术的总称。它主要涵盖电子技术、计算机技术、网络技术、通信技术、自动控制技术以及信息服务技术领域，是运用计算机和通信技术来设计、开发、安装和实施信息系统及应用软件，因此 IT 也常被称为信息与通信技术。

人们对信息技术的定义，因其使用目的、范围、层次不同而有不同表述：

广义而言，信息技术是指能充分利用与扩展人类信息器官功能的各种方法、工具与技能的总称，即凡是能扩展人的信息功能的技术，都是信息技术。该定义强调的是从哲学层面阐述信息技术与人的本质关系。

狭义而言，信息技术是指利用计算机、网络等各种软硬件设备与工具，采用科学的方法对文字、图像、声音等信息进行获取、加工、存储、传输与使用的各种技术的总称。该定义强调的是人们对信息处理方法与手段的具体运用。

具体而言，信息技术是指对信息进行采集、传输、存储、加工、表达等各种技术的综合运用。信息技术的内容涉及科学、技术、工程以及管理等学科，并包括这些学科在信息管理、传递和处理中的各种应用，以及相关软件、设备及其相互作用。信息技术的应用主要包括以下几方面：感测与识别技术、信息传输与存储技术、信息处理与再生技术、信息施用技术等。因此，传感技术、网络通信技术、计算机技术和控制技术是信息技术的四大基本技术，其中计算机技术和网络通信技术是信息技术的两大支柱。

1.2.3　新一代信息技术

新一代信息技术，是指以云计算、物联网、移动互联网、大数据和人工智能等为代表，对多种新技术的统称。新一代信息技术，不只是指电子信息领域一些分支技术的纵向升级，如计算机、无线通信、集成电路、半导体显示等信息技术，也包含着信息技术整体平台和产业的代际变迁。自 2010 年以来，新一代信息技术迅猛发展，已全面融入社会生产生活的方方面面，给生产力带来了新的飞跃。近十年来，物联网、云计算、大数据、移动互联网和人工智能技术的相互交叉融合，推动着信息技术的快速发展，网络互联的移动化与泛在化、信息处理的集中化与大数据化、信息服务的智能化，是新一代信息技术呈现出的显著特征。

新一代信息技术的发展，不仅关注信息领域各种技术的纵向升级，更加关注各种技术之间的横向渗透与融合。物联网成为大数据最庞大、最精准的数据来源；人工智能是算法与大数据结合的产物；网络通信呈现出"人、网、物"三元万物互联的特征，大融合、大连接、大数据、新智能将逐步渗透整个世界；无线通信向 5G 发展，5G 将重新定义信息技术的新应用，推动移动网与固网技术的融合；类脑计算、机器学习、VR/AR（Virtual Reality/Augmented Reality）乃至无人驾驶等新技术及其创新应用层出不穷。

1. 物联网技术(IoT，Internet of Things)

物联网概念最早出现于比尔盖茨 1995 年的《未来之路》一书中，2005 年 11 月 17 日，国际电信联盟 ITU 在突尼斯举行的信息社会世界峰会 WSIS 上，发布了《ITU 互联网报告 2005：物联网》，正式提出了"物联网"的概念。

关于物联网的定义有多种不同的版本。简单地说，物联网技术是互联网技术的延伸与拓展。具体地说，这里给出目前认可度较高的一种定义：物联网是通过信息传感设备，按约定的协议实现人与人、人与物、物与物全面互联的网络，其主要特征是通过射频识别、传感器等方式获取物理世界的各种信息，结合互联网、移动通信网等网络进行信息的传送与交互，采用智能计算技术对信息进行分析处理，从而提高对物质世界的感知能力，实现智能化的决策与控制。

从 IoT 的字面含义来看，一方面它是面向网络的，另一方面它是面向物体的，将二者结合起来，就意味着它是一个相互连接的、由大量物体在世界范围内构成的网络，而这些物体都具有基于标准规程的唯一地址。因此，可以把物联网视为不同形式下的网络综合而成的结果，其内容涵盖感知、传输和计算三个方面。

基于此，可以把 IoT 的主要特征概括为：全面感知、可靠传输和智能处理，或者说 IoT 的特征表现为普通对象设备化、自治终端互联化、普适服务智能化。如果说互联网扩大了人与人之间信息共享的深度与广度，信息技术改变了人类管理物理环境的方式，那么物联网则更加强调在社会生活的各个方面、国民经济的各个领域中广泛而深入的应用，让人类能够实现主动的全面感知。

IoT 的目标，是实现物理世界与信息世界的融合，以帮助人们获得对物理世界的"透彻感知能力、全面认知能力和智慧的处理能力"。在现实生活中，物理世界和网络虚拟世界是分离的，物理世界的基础设施与信息世界的基础设施也是分开建设的。但是，当社会和经济发展到了一定水平，对科学技术提出新的需求就成为一种必然。于是将计算机和信息技术，拓展到整个人类社会生活与生存环境之中，使物理世界与网络虚拟世界相融合，就成为人类必须面对的选择。而 IoT 的发展符合社会与经济发展的方向，因此 IoT 出现后，立即受到各国政府、产业界和学术界的高度重视，IoT 技术也得到快速发展。

要实现信息世界与物理世界的有机融合，一方面需要关注对物理世界的全方位感知，另一方面还需要关注它们之间的交互方法。IoT 重点解决了对物理世界的感知问题，而要解决智能交互问题还需要引入另一个与 IoT 紧密相关的概念，即信息物理系统（CPS，Cyber Physical System）。CPS 最早由美国国家基金会的 Helen Gill 于 2006 年提出，它是一个在环境感知的基础上，深度融合了计算、通信与控制能力的可控、可信、可扩展的网络化物理设备系统，通过计算进程与物理进程的相互影响和反馈循环来实现实时交互，以安全、可靠、高效和实时的方式监测或者控制物理实体。

CPS 是将计算和通信能力嵌入到传统的物理系统之中，导致计算对象的变化，将计算对象从离散的变成连续的、从静态的变成动态的，从而形成新的智能系统。因此，CPS 是集传感、控制、计算及网络技术于一体，通过网络实现信息系统与物理系统的交互、融合，从而实现对信息资源的整体优化。CPS 的意义在于将物理设备联网，特别是连接到互联网上，使得物理设备具有计算、通信、精确控制、远程协调和自治五大功能。

物联网强调物与物之间的互联，而 CPS 是在物与物互联基础上，更强调对物的实时、动态信息控制与信息服务。因此，CPS 呈现出如下六大典型特征：数据驱动、软件定义、泛在连接、虚实映射、异构集成、系统自治。从现阶段发展来看，物联网偏重于工程技术，而 CPS 更偏向于科学研究。CPS 的本质就是以"人—机—物"融合为目标的计算技术，以实现人的控制在时间和空间上的延伸。因此，CPS 是环境感知、嵌入式计算、网络通信深度融合的系统，也称之为"人—机—物"融合系统。

从应用角度看，物联网的应用目前已经涵盖智慧城市的多个方面，如智能家居、智慧社区、智能交通、环境监测、智慧医疗，以及工业监控、绿色农业等众多行业领域。而CPS试图打破已有的传感器系统、计算机系统、机器人系统等各种系统自成一体、目标单一、缺乏开放性的缺点，更加注重多个系统之间的互联、互通与相互协作，从而为用户提供智能化、快速响应、满足用户个性化需求的高质量服务。总之，物联网和CPS技术均是实现不同空间融合与智能交互的技术手段与方法，它们之间已初步形成自然衔接与良性互动的关系。

2. 云计算技术（CC，Cloud Computing）

云计算是指将大量基于网络连接的计算、存储等进行资源统一管理与调度，构成一个资源池通过网络向用户提供服务。云计算是综合了分布式计算、网格计算、并行计算等计算技术的优势发展而来的一种新型计算模式。它利用虚拟化技术，将各种硬件资源（如计算资源、存储资源和网络资源）虚拟化，以按需使用、按使用量付费方式，向用户提供高度可扩展的弹性计算服务。

云计算的想法起源于1988年，SUN公司合作创建者约翰盖奇首次提出"网络就是计算机"，作为一个概念是在20世纪90年代末被亚马逊（Amazon）提出。早期云计算是简单的分布式计算，仅仅解决任务分发、计算结果的合并等问题。随着互联网的发展，尤其是以Google为代表的搜索引擎出现，云计算展现出强大活力。目前，云计算已成为集分布式计算、效用计算、负载均衡、并行计算、网络存储、热备份冗余和虚拟化等技术于一体形成的一种强大的网络服务平台。

云计算的特征，主要表现在按需自助服务、无所不在的网络访问、独立划分资源池、对资源进行快速而又有弹性的管理，并且该服务以可计量的方式呈现给用户，大大地方便了用户的使用。因此，云计算可使用户更加便捷、快速地使用云端资源，摆脱具体终端设备和软件的束缚，随时随地用任何网络设备访问云服务，实现云服务资源的共享。

通常情况下，云计算包括以下几个层次服务：软件即服务（SaaS）、平台即服务（PaaS）、基础设施即服务（IaaS）和数据即服务（DaaS）。

SaaS：是一种通过Internet提供软件服务的模式。随着互联网技术的发展和应用软件的成熟，在21世纪开始兴起的一种完全创新的软件应用模式，SaaS定义了一种新的交付方式，即"软件部署为托管，通过互联网存取"模式，用户无需购买软件，而是向提供商租用基于Web的软件，就可以来管理企业经营活动，这种方式使得软件进一步回归服务本质。SaaS提供商为企业搭建信息化所需要的所有网络基础设施及软硬件运作平台，并负责所有的前期设施建设、后期的运维等一系列服务，用户只需通过互联网使用信息化系统即可。

PaaS：这是将软件研发平台作为一种服务来提供的模式。PaaS服务商在网上提供各种开发和分发应用的解决方案，如虚拟服务器和操作系统等，并以SaaS的模式提交给用户，公司用户的所有开发都可以在这一层进行，节约了大量的时间和资源。因此PaaS也是SaaS模式的一种具体应用形式；事实上，PaaS是位于IaaS和SaaS模型之间的一种云服务。

IaaS：是指用户通过Internet就可以获得完善的计算机基础设施服务的一种模式。IaaS公司提供场外服务器，存储和网络硬件设施供用户租用，从而节省维护成本和办公场地，公司可以在任何时候利用这些软硬件资源提供的服务。例如较大规模的IaaS公司有：

Amazon，Microsoft，VMWare，Red Hat.等，而这些公司往往都有自己的一些专长，它们不仅仅能够提供基础设施服务，而且还可以根据用户需求提供相关的专业化服务。

DaaS：数据即服务。它是一种随着大数据发展而产生的细分领域。目前，国内的大数据企业级服务仍处于早期阶段，如何有效、合法地运用大数据带来的高效、精准信息，对数据进行归集和发散式数据分析，还处于探索阶段，这也将是DaaS从业者面临的机遇与挑战。

3. 移动互联网技术（MI，Mobile Internet）

移动互联网，是一种基于移动终端设备如手机和平板电脑等，通过移动无线通信方式获取各种应用和服务的技术。它是移动通信与互联网技术相结合的产物，是互联网的技术、平台、商业模式和应用与移动通信技术结合并实践的总称，它继承了移动随时、随地、随身和互联网开放、分享、互动的优势，是一种以宽带 IP 为核心，可同时提供数据、语音、图像等高品质服务的新一代开放的电信基础网络。移动互联网由运营商提供无线接入、互联网企业提供各种成熟应用。

移动互联网技术可使用户随时随地访问应用、获取服务，非常适合用于在现场进行信息化应用的场景，如移动办公、移动支付等。随着云计算商业化的不断深入，移动智能终端与云计算融合发展已是大势所趋并不断得到深化。

4. 大数据技术（BD，Big Data）

大数据是指无法在一定的时间内用常规软件工具对其内容进行抓取、管理和处理的数据集合，需要采用新的处理模式才能使其具有更强的决策力、洞察发现力和流程优化能力的海量、高增长率和多样化的信息资源。

麦肯锡全球研究所对大数据的定义：大数据是一种规模大到在获取、存储、管理、分析等方面大大超出了传统数据库软件工具能力范围的数据集合，具有海量的数据规模、快速的数据流转、多样的数据类型和价值密度低等特征。

大数据技术的特色在于对海量数据分析与挖掘，大数据的重要意义不在于掌握庞大的数据信息，而在于对这些含有意义的数据进行专业化处理。而满足这样的处理需求就必须依托云计算的分布式架构体系，所以大数据与云计算已形成了密不可分的关系。因此，可以说大数据技术是互联网、移动终端设备、物联网与云计算等技术快速融合发展的产物。

从应用的角度，可以把大数据的主要作用概括为以下几点：

1）对大数据的分析处理，正成为新一代信息技术融合应用的结点。移动互联网、物联网、社交网络、数字家庭、电子商务等是新一代信息技术的应用形态，这些应用不断产生大数据，而云计算为这些海量、多样化的大数据提供存储和运算平台。通过对不同来源数据管理、处理、分析与优化，将结果反馈到应用中，从而创造出巨大的经济和社会价值。

2）大数据是信息产业持续高速增长的新引擎。面向大数据市场的新技术、新产品、新服务、新业态的不断涌现，大数据将对芯片、存储产业产生重要影响，同时大数据将引发数据快速处理分析、数据挖掘技术和软件产品的多元化发展。

3）有效地利用大数据将成为提高企业核心竞争力的关键因素。各行各业的决策正在从"业务驱动"转变为"数据驱动"。

5. 人工智能技术（AI，Artificail Intelligence）

人工智能的概念，最早可以追溯到 20 世纪 50 年代。1956 年夏季，在美国达特茅斯大学举办的一次研讨会上，以麦卡锡、明斯基、罗切斯特和申农为代表的一批年轻科学家，共同研究和探讨如何用机器来模拟智能的一系列有关问题，麦卡锡首次提出人工智能 AI 这一术语，标志着人工智能这一新兴学科正式诞生。

关于 AI 的定义，目前还没有统一的权威说法。归纳当前比较流行的几种说法，可以将 AI 描述为：AI 是研究、开发用于模拟、延伸和扩展人的智能的理论、方法、技术及应用系统的一门新的技术科学。AI 亦称机器智能，由人制造出来的机器所表现出来的智能。换句话说，AI 是研究用计算机来模拟人的某些思维过程和智能行为（如学习、推理、思考等）的基本理论、方法和技术。

目前，最常见的 AI 定义有两个。一个是美国麻省理工学院温斯顿教授给出的定义：AI 是研究如何使计算机去做过去只有人才能做的智能工作。另一个是美国斯坦福大学人工智能研究中心尼尔逊教授给出的定义：AI 是关于知识的科学，即研究知识的表示、知识的获取及知识的运用的一门科学。这些说法反映了 AI 的基本思想和基本内容。

上述关于 AI 的表述虽然形式不同，但其核心理念相同：AI 能够提升人们的工作效率，能够替代人们从事烦琐劳动，让人们做更有价值、更有创造性的事情。从技术角度看，AI 是计算机科学的一个分支，其主要研究领域包括机器人、语言识别、图像识别、自然语言处理和专家系统等，但从应用的角度来看它是一门极富挑战性的科学，其研究内容涉及计算机科学、心理学、哲学和语言学等多个学科，是一个典型的新兴交叉领域。

其实，AI 概念的出现已有 60 多年时间，之所以近年来重获新生并呈现井喷效应，与物联网、移动互联网、云计算和大数据等新一代信息技术的快速发展密不可分。正是这些新技术的综合运用，为 AI 技术实现插上腾飞的翅膀，才使得 AI 技术从计算机及其相关学科领域中快速成长起来，现已发展成为一门独立学科并向其他学科领域渗透。迄今为止，AI 技术的应用已经遍及建筑、交通、医疗、工业、农业、国防以及国民经济发展的众多领域并不断得到深化，以此推动着信息化应用迈向新阶段。

1.2.4　信息化应用

信息化应用（IA，Information Application），是指将信息技术应用于日常生活与工作的各个领域。根据信息传递过程中所处阶段的不同，可以将信息技术应用划分为以下几种形态：

1. 信息感测与识别

其作用是扩展人获取信息的感觉器官功能，包括信息识别、信息提取、信息检测等技术。这类技术的总称是"传感技术"。它几乎可以扩展人类所有感觉器官的传感功能。传感技术、测量技术与通信技术相结合而产生的遥感技术，更使人感知信息的能力得到进一步的加强。信息识别包括文字识别、语音识别和图形识别等。

2. 信息传输

其主要功能是实现信息快速、可靠、安全地转移，各种通信网络技术都属于这个范畴。由于信息的存储或记录可以看成是从"现在"向"未来"或从"过去"到"现在"传递信息的一种活动，因此也可将传输看作是信息传递技术的一种。

3. 信息处理与再生

信息处理包括：信息的编码、压缩、加密等。在对信息进行处理的基础上，可形成一些新的更深层次的决策信息或派生信息，称之为信息"再生"。

4. 信息施用技术

信息传递过程的最后环节或效果呈现环节，主要包括控制技术、显示技术等。

从另一个角度来看，将信息技术应用于不同的行业领域，就需要构建相应的信息化应用系统。例如，将 IT 技术应用于智能建筑领域，就需要构建智能建筑信息化应用系统；将 IT 技术应用于智能交通领域，就需要构建智能交通信息化应用系统；将 IT 技术应用于智慧医疗领域，就需要构建智慧医疗信息化应用系统；将 IT 技术应用于行政办公领域，就需要构建智慧办公信息化应用系统等。本书之后讨论的信息化应用系统仅限于建筑领域。

伴随着新一代信息技术的不断发展，新一代信息技术的应用将更加广泛而深入，将不断产生新的平台、新的应用模式。尤其是新一代信息技术与建筑行业、制造业、交通运输业、金融服务业以及其他多种行业领域的交叉与融合，新一代信息技术的主要研究方向也从产品技术转向以人为本的服务技术。因此，在新一代信息技术背景下，不同类型的信息化应用系统将呈现出许多新的功能与特色，并以此推动着行业应用不断升级换代。

1.2.5 建筑信息化应用

建筑信息化应用，是指以建筑物为载体，基于信息技术所构建的各类应用及系统的统称。长期以来，中国建筑行业的信息化程度一直低于其他行业，也远低于发达国家的先进水平。如何运用信息技术提高建筑行业的生产效率、提升行业管理和项目管理水平，是中国建筑行业发展的大趋势，因此我国建筑业信息化任重道远。

相对于建筑行业，信息技术在制造业的应用更加广泛和深入，给行业带来的影响也更深刻。在制造业中出现的数据共享、共同设计方法、产品与生命周期管理、企业间协同工作模式等，都是信息技术的深入应用所带来的革命性的变化。借鉴信息技术在制造业的成功经验，建筑行业引入新的理念和设计方法并付诸实践，所提出的建筑信息模型（BIM，Building Information Modeling）和建设工程生命周期管理（BLM，Building Living Management），就是 IT 在建筑行业中成功应用的典型案例。

BIM 不仅仅是绘图工具，更是崭新的管理工具，由筹备、建造以至营运阶段，全面管理建造项目的相关信息，包括几何结构、空间关系、地域性信息、建筑物组件数量及特性、预算成本、物料库存及项目时间表，用作展示建筑物的整个生命周期。采用建筑物信息模型，可实时得知物料的数量及共同特性，轻松界定工程范围、整合各种建造业文件（如图纸、采购详情、申请程序等）。因此，可以说 BIM 开创了全新的工作模式，以新技术协助管理及执行项目，更有效调控建造程序，为跨界别合作、内部协调、对外沟通、疑难解答及风险管理等提供了强有力的技术支撑，从而大大提升了企业运行效率和服务质量。

其实，信息技术在建筑领域的应用非常广泛，涵盖了建筑物从设计、建造到运营与维护的整个生命周期。既包含面向对企业的信息化管理，也包含建筑产品生产过程的管理、施工机械的统一调配管理、现场施工的即时检测与自动化控制等多种应用场合。因此，建筑业信息化是指综合运用信息技术，特别是计算机技术、网络技术、通信技术、控制技术、系统集成技术和信息安全技术等，提高建筑业主管部门的管理、决策和服务水平，提高建筑企业经营管理水平和核心竞争能力，推动建筑业快速发展。

本教材所讨论的信息化应用系统，主要聚焦于信息技术在建筑领域的应用，涉及建筑智能化系统的设计、运营、维护和信息服务等，所讨论的信息化应用系统及相应的支撑平台也是与智能建筑直接相关的。

根据《智能建筑设计标准》GB 50314—2015，信息化应用系统（IAS，Information Application System）是指以信息设施系统和建筑设备管理系统等智能化系统为基础，为满足建筑物的各类专业业务、规范化运营及管理功能需要，由多种信息设施、操作程序和相关应用设备等组合而成的应用系统。这里的 IAS 即是信息技术在建筑领域应用的具体体现。

IAS 的主要功能，至少应满足如下两项基本需求：

1. 满足建筑物运行和管理的信息化需要；

2. 为建筑物的业务功能需求提供必要的信息化支撑与保障。

IAS 的主要功能，是为建筑智能化系统以及其上部署的各种业务系统提供信息化平台支持，同时为建筑智能化系统运营与管理提供必要的信息化技术支持，在建筑物与用户需求之间架起一座信息化的桥梁。以此来确保智能化系统及各类业务系统功能的正常发挥、智能建筑所追求目标的有效达成，从而为用户提供便捷、高效和人性化的服务。

IAS 的主要内容，通常以下列功能子系统或其不同组合加以呈现：

工作业务信息化系统（VWIS，Vocational Work Information System）；

信息设施运行管理（IFM，Information Facility Management）；

物业管理系统（RMS，Realty Management System）；

智能卡系统（SCS，Smart Card System）；

公共服务管理（PSM，Public Service Management）；

信息安全管理（ISM，Information Security Management）。

上述应用系统中，物业管理系统 RMS 具有对建筑物业经营、运行维护等进行管理的功能；智能卡系统 SCS 具有身份识别等功能，并具有消费、计费、票务管理、资料借阅、会议签到等管理功能，且对不同安全等级具有相应的应用模式；公共服务管理 PSM 具有访客接待管理和公共服务信息发布等功能，并具有将各类公共服务事务纳入规范程序的管理功能；信息设施运行管理 IFM 具有对建筑物信息设施的运行状态、资源配置、技术性能等进行监测、分析、处理和维护等功能；信息安全管理 ISM 应符合国家现行信息安全等级保护标准的相关规定。

1.3　信息化应用系统的行业属性

1.3.1　分类方法

建筑物的类别不同，其用途、功能、内容和用户需求不同，相应的信息化应用系统 IAS 也各不相同。按 IAS 的应用性质进行分类，可将其划分为通用业务信息化应用系统和工作业务信息化应用系统。其中，通用型信息化应用系统是指适用于各类建筑物的应用系统，主要包括：物业运营管理系统、公共服务管理系统、公众信息服务系统、智能卡应用系统和信息网络安全管理系统等；工作业务信息化应用系统，是针对建筑物的功能和用途而设置的工作业务应用系统，例如学校建筑、医院建筑、体育建筑、办公建筑、交通建筑、商业建筑、文化建筑等，不同用途的建筑物因功能定位不同，其信息化应用系统建设的内容、实现的功能就会表现出不同的特征。

1.3.2　教育信息化应用系统

教育类建筑中因建筑物的性质、规模及使用要求等的不同，对信息应用系统的配置各有差别，需要统筹考虑，满足教学、实验、科研和学生生活与活动的通用和专业业务使用要求，实现从环境信息（包括教师、实验室）、资源信息（图书馆、讲义、课件）到应用信息（包括教学、管理、服务、办公）的有机衔接，为资源和服务提供有效支撑。教育类建筑信息化应用系统应按现行国家标准《智能建筑设计标准》GB 50314—2015 关于学校建筑智能化系统的配置规定进行设计。

1.3.3　办公信息化应用系统

行业领域不同、用户需求不同，对办公信息化应用系统的要求也就不相同。典型的办公建筑如行政办公、商务办公、金融办公等。这里以行政办公为例，对其信息化应用系统的要求作简要说明。根据办公建筑智能化系统必须符合国家标准《智能建筑设计标准》GB 50314—2015 的相关规定，行政职级与职能不同的建筑智能化系统其配置要求是不相同的，与之相对应的基本业务系统和行政工作业务系统也不相同，其中涉及国家秘密通信、办公自动化和信息网络系统的规划与设计，就必须符合国家现行有关标准规定。而与之相适应的应用系统体系架构，则必须能够支撑各级行政机关办公业务所需的高效、安全和可靠的业务运行需要。

1.3.4　旅馆信息化应用系统

旅馆建筑所需要的信息化应用系统，是一种比较典型的专业业务系统 BSS，它以提高服务质量和经营效率为目标，通过计算机网络实现信息与资源的共享，辅助规划与决策，为旅馆提供信息化管理方式。旅馆管理系统通常包括总服务台、办公管理区域、会议区域以及客房、客人电梯厅、商场、餐饮、机电设备机房等区域的综合管理。这些功能不仅需要通用业务系统的支持，而且需要 IC 卡电子门锁系统、一卡通消费管理系统等与专业业务系统 BSS 之间的密切配合。其中，业务应用系统和其他智能化系统的配置均应符合国家现行规定的相关标准。

1.3.5　文化信息化应用系统

文化建筑主要包括图书馆、档案馆、文化馆等。在文化建筑智能化系统中，公共服务系统、智能卡应用系统、物业管理系统、信息设施运行管理系统以及信息安全管理系统则是其标准配置，而它们的工作业务应用系统则依据现行国家标准或行业标准执行。

关于图书馆建筑，按照当前行业标准《图书馆建筑设计规范》JGJ 38—2015 的规定，在图书馆建筑信息化应用系统中，其通用业务系统除了必需的基本业务办公系统之外，图书馆信息化管理的专业业务系统应根据图书馆的管理等级及要求而定，公共图书馆、高等学校图书馆、科学研究图书馆及各类专门图书馆的专业业务系统各不相同。图书馆信息化应用系统的配置，应满足图书馆业务运行和物业管理的信息化应用需求。

关于档案馆建筑，按照当前行业标准《档案馆建筑设计规范》JGJ 25—2010 的规定，在档案馆建筑信息化应用系统中，其通用业务系统除了必需的基本业务办公系统之外，档案馆信息化管理的专业业务系统视档案馆的级别及要求而定。档案馆分为特级、甲级、乙级三个等级，特级为中央级档案馆，甲级为省、自治区、直辖市、计划单列市、副省级档案馆，乙级为地（市）及县（市）级档案馆。档案馆信息化应用系统的配置，应满足档案馆业务运行和物业管理的信息化应用需求。

关于文化馆建筑，按照当前行业标准《文化馆建筑设计规范》JGJ 41—2014 的规定，在文化馆建筑信息化应用系统中，其通用业务系统除了必需的基本业务办公系统之外，文化馆信息化管理的专业业务系统视文化馆的级别及要求而定。文化馆可根据规模大小分为大型馆、中型馆、小型馆三个等级。文化馆信息化应用系统的配置，应满足文化馆业务运行和物业管理的信息化应用需求。

1.3.6　博物馆信息化应用系统

按照现行行业标准《博物馆建筑设计规范》JGJ 66—2015 的规定，在博物馆建筑信息化应用系统中，其通用业务系统除了必须具有基本业务办公系统之外，专业业务信息化系统的功能则按级别要求进行配置，博物馆建筑根据其建筑面积划分为大型馆、中型馆和小型馆三种类型。

不同类型的博物馆其智能化系统的内容不同。例如，大型博物馆的信息网络系统需满足考古人员在外作业要求，即通过有线或无线网络与博物馆取得联系，也可以通过虚拟专用网络获得博物馆信息库中的相关资料，同时通过信息网络系统将现场的资料和信息发送到博物馆。博物馆信息化应用系统的配置，应满足博物馆业务运行和物业管理的信息化应用需求。

1.3.7　体育信息化应用系统

体育建筑智能化系统，应充分兼顾体育建筑赛后的多功能使用和满足体育建筑运营发展的需求。按照现行行业标准《体育馆建筑设计规范》JGJ 31—2003 的规定，在体育馆建筑信息化应用系统中，其通用业务系统除了必需的基本业务办公系统之外，专业业务系统的功能比较丰富，主要涉及如下专用系统：计时记分、现场成绩处理、现场影像采集及回放系统、电视转播和现场评论、售验票、主计时时钟、升旗控制和竞赛中央控制等多个业务系统。

体育馆建筑可根据其能够承办赛事的级别划分为四种类型，即特级、甲级、乙级、丙级。特级：举办国际级综合赛事；甲级：举办全国性和单项国际赛事；乙级：举办地区性和全国单项赛事；丙级：举办地方性、群众性赛事。体育馆建筑的类别不同，其智能化系统的内容及信息化应用系统的配置就会有较大差别，配置原则是应能满足体育馆业务运行和物业管理的信息化应用需求，即满足体育竞赛业务信息化应用和体育建筑的信息化管理需要。

1.3.8　交通信息化应用系统

交通建筑指为公众提供一种或几种交通客运形式的建筑的总称，包括民用机场航站楼、铁路旅客车站、港口客运站、汽车客运站、地铁及城市轨道交通，各交通建筑需要根据各自特点，将其他专用智能化子系统纳入各自的智能化集成系统。该类型建筑的信息化应用系统应提供快捷、有效的业务信息运行能力，并应具有完善的业务支持辅助功能。通常包含公共信息查询系统、公共信息显示系统、离港系统、售检票系统、泊位引导系统、物业营运管理系统和其他功能所需要的应用系统。其中泊位引导系统主要用于机场内引导飞机正确停靠在规定的停机位置，是交通建筑中特有的系统。

1.3.9　医疗信息化应用系统

进入 21 世纪之后，数字化医院作为一种全新的医院管理模式与理念，通过信息化与智能化技术的融合，医疗环境得到改善，医院服务水平和效率得到提升，推动着医疗服务从形式到内容均发生结构性变化，称之为智慧医疗。其支撑平台即医疗智能化系统的标准配置包括：信息设施系统（ITSI）、信息化应用系统（ITAS）、建筑设备管理系统（BMS）、公共安全系统（PSS）、机房系统（EEEP）。

其中，ITAS的通用业务系统除了包含基本业务办公之外，还必须涵盖公共服务系统、物业管理系统、智能卡应用系统、信息设施运行管理系统以及信息安全管理系统等内容；而医院专业业务系统则通常涵盖如下内容：医院信息系统（HIS）、临床信息系统（CIS）、医学影像系统（PACS）、放射信息系统（RIS）、远程医疗系统等信息化应用系统，因此信息网络系统必须具备高宽带、大容量和高速率，并具备适应将来扩容和带宽升级条件。其中，信息化应用系统中的医院专业业务系统和信息安全系统尤为重要。

随着新一代信息技术的快速发展尤其是人工智能技术应用的不断深入，导致医疗手段、医疗方法、健康管理模式等发生了巨大变化，从而推动着医疗行业尤其是综合性医院管理系统的业务模式、系统功能以及体系架构等发生深刻变革。这些变化充分体现出医院所有要素与信息技术的一体化整合，进而实现了医院内所有业务系统网络化、智能化和集成一体化，系统互联、互通、互操作，极大地提高了工作效率和管理效率。

对于综合性医院，其技术等级按一级至三级进行智能化系统配置的技术标准定位展开。而基层医院，如街道和村镇级医院，因规模较小，可选择部分内容或适当降低配置标准。对于专科医院（如儿科、妇产科、胸科、骨科、眼科、耳鼻喉科、口腔科、皮肤科医院等）和特殊病院（如传染病院、精神病院、结核病院、肿瘤医院等），则视其规模大小参照同等级别的综合性医院实施。

1.4　信息化应用系统的体系架构

新一代信息技术的快速发展，尤其是物联网、大数据等技术的应用普及，实现了"万物互联"到"万物智联"的时代跨越，对智能制造、智能建筑、智慧交通、智慧医疗、智慧社区以及与智慧城市相关的众多领域产生了广泛而深远的影响。作为智能建筑的重要组成部分，信息化应用系统承担着为用户提供各种智能化服务的功能，同时又担负着信息采集与处理的任务。因此，在构建信息化应用系统时就必须考虑一个合理的架构体系，来支撑系统信息的高效传递和系统功能的有效实现，以及系统运行、维护与管理的便捷性和灵活性。

1.4.1　系统体系架构的原则

信息化应用系统的体系构架，既要考虑各系统之间的联动关系，又要考虑各系统与用户交互的效率，综合考虑用户需求与建筑物的功能定位，从用户的应用需求出发，对智能化系统的工程设施、业务及管理等应用功能进行整体优化，协调和处理好各个系统之间的关系。智能化系统的架构体系应把握好以下原则：

1. 满足建筑物的信息化应用需求。
2. 支持各智能化系统的信息关联与功能汇聚。
3. 顺应智能化系统工程技术的可持续发展。
4. 适应智能化系统综合技术功效的不断完善。
5. 综合体建筑的智能化系统工程，要适应多功能类别及组合建筑物态的形式，并满足综合体建筑整体实施业务运营及管理模式的信息化应用需求。

因此，如何让信息化应用系统满足用户的需求，要从智能化系统的工程规划、系统设计、智能化系统工程施工等角度，对公共服务设施、管理应用设施、业务应用设施、智能信息集成设施等分别加以描述，才能在信息服务设施和信息化应用设施的智能化系统配置中得到准确反映，最终使得这些信息化应用系统能够相互协作，达到用户对智能建筑所期望的效果。

1.4.2　应用系统的层次化结构

伴随着新一代信息技术的快速发展，特别是物联网、移动互联网、云计算、大数据等技术在各个行业领域的应用普及，各种数据正在以指数方式迅猛增长。因此，在设计信息化应用系统的架构体系时，就必须充分考虑网络互联的移动化和泛在化、信息处理的大数据化和云端化、信息服务的智能化需求，信息化应用系统的架构体系或系统支撑平台也必须与之相适应。

不同的行业领域其应用需求各异，应用系统功能实现的技术手段与方法自然不同，但如果以信息的传递路径为线索，以信息的生成、传输和应用为划分原则，那么应用系统的架构体系就具有明显的层次性。这与物联网的层次化结构体系是一致的，因此可以借助于物联网的三层结构体系模型来构建层次化的应用系统，如图 1-1 所示。这是一个以感知层收集或采集信息为基础、以网络层信息交换为支撑、以应用层信息处理为核心的层次化结构体系。不同的行业领域、不同的应用需求，主要通过应用层的具体内容和实现方式来加以体现。

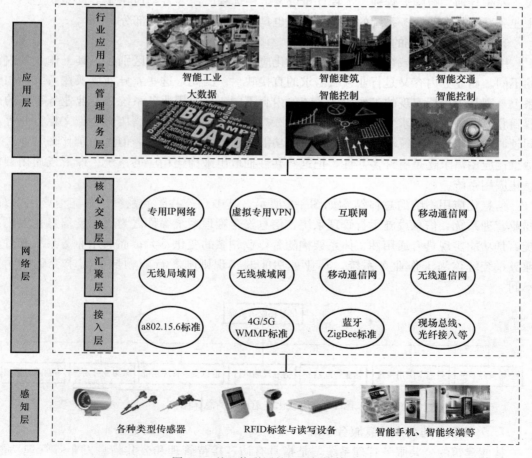

图 1-1　基于物联网的三层架构体系

1. 感知层。该层主要负责从前端系统采集实时数据，包括各类终端设备运行状态参数、故障报警信息及业务联动相关的系统状态数据等。感知层是物理世界与信息世界联系的纽带，通过物联网感知物理世界的基本手段和方法是通过数据采集来获取信息，而数据采集的主要作用是捕获物理世界中发生的事件或动作并以数据进行量化表达，包括各类物理量、标识、音频、视频数据等。关于数据采集的手段和方法，不仅涉及各类常规传感器，而且还经常使用射频识别（RFID，Radio Frequency Identification）、二维码识别以及实时定位等技术手段，因此信息生成方式多样化是物联网区别于其他网络的重要特征。

2. 网络层。网络层的主要作用是接收来自下层（感知层）的数据，并提供给上层（应用层）使用，从而实现更加广泛的互联功能。网络层依托相应的网络设备将接收到的信息，无障碍、高可靠性、高安全性地传送到应用层。目前能够用于物联网的通信网络主要有互联网、无线通信网、卫星通信网与有线电视网。便捷的网络接入是实现物与物互联的基础与前提。

3. 应用层。该层的主要作用是对信息进行加工处理、提供人机交互界面并进行人机交互的管理。通过对数据的分析处理，以指定的方式向用户呈现处理结果，也就是按照具体的业务需求，为用户提供相应的服务。典型的应用服务包括：统一门户管理、一体化监控、安防管理、智能卡管理、远程计量以及电梯远程监控等各类应用服务。除此之外，通用业务系统和专业业务系统的功能实现，也是应用层的有机组成部分。

1.4.3 应用系统的体系架构说明

用于不同行业领域智能建筑，其信息化应用系统之间的最大区别在于其工作业务内容的不同，而业务内容又是行业领域需求的直接映射。因此，这些差异性反映在系统架构体系上，则是应用层实现的工作业务系统的内容不同，即通用业务系统和专业业务系统的内容随着行业领域的需求不同而变化。例如医疗行业、教育行业、酒店行业、文化行业等不同领域的通用业务系统和专业业务系统的功能存在着明显的差异。但无论是什么行业，对信息化应用需求还是有许多共性，把这些共性抽取出来构建相应的系统，即形成通用型信息化应用系统。

信息化应用系统的总体结构如图 1-2 所示。其中，公共服务系统、智能卡应用系统、物业管理系统、信息设施运行管理系统、信息安全管理系统等称之为通用型信息化应用系统，其功能实现具有通用性、体系架构随着行业领域的变化不大；而通用业务系统和专业业务系统统称为工作业务系统，其业务功能的实现则随着行业领域的需求变化而明显不同。

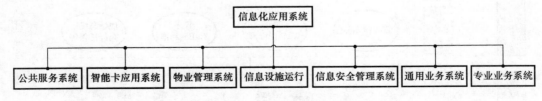

图 1-2　信息化应用系统的总体结构

1. 公共服务与公众信息服务系统

智能建筑的公共服务管理系统，是指具有访客接待管理和公共信息发布等管理功能，并且能够将公共服务事务纳入规范化运行程序的信息管理系统。广义而言，公共服务系统应包括常规管理与常规服务、应急管理与应急服务两个部分。而智能建筑中的公共服务系统整合了公共信息资源、管理手段与服务设施，同时提供常规服务与应急服务的信息化系统平台，为智能建筑提供优质的常规管理与服务，以及应急管理与服务。

智能建筑中的公众信息服务系统基于信息设施系统之上，集合各类共用及业务信息的接入、采集、分类和汇总，并建立数据资源库，通过触摸屏查询、大屏幕信息发布、Internet 查询向建筑物内公众提供信息检索、查询、发布和导引等功能。

2. 物业运营管理系统

物业管理系统，是指具有对建筑的物业经营、运行维护的规范化进行管理的功能。为满足建筑物各类业务和管理功能，在信息设施系统和建筑设备管理系统的基础上，由多种类信息设备与应用软件组合而成的系统。

物业运营管理系统，应根据物业管理的业务流程和部门情况，将物业管理业务分为不同的管理模块，如空间管理、固定资产管理、设备管理、器材家具管理、能耗管理、文档管理、保安消防管理、服务监督管理、房屋租赁管理、物业收费管理、环境管理、工作项管理等不同的功能模块，从而实现物业管理的信息化，提高工作效率和服务水平，使物业管理规范化、程序化和科学化。

3. 智能卡应用系统

智能卡应用系统是指，利用计算机网络技术、通信技术、微电子技术和机电一体化技术，为建筑或建筑群的出入通道及储值消费，提供全新高效的管理体系。智能卡系统通常具有作为身份识别、门钥、重要信息系统密钥等功能，具有消费、计费、票务管理、资料借阅、物品寄存、会议签到等相关管理功能，且系统具有适应不同安全等级的应用模式，以便于实现识别身份、消费计费、会议签到等管理功能。

智能卡应用系统又称为"一卡通"，即将不同类型的 IC 卡管理系统连接到综合数据库，通过综合性的管理软件，实现统一的 IC 卡管理等功能，从而使得同一张 IC 卡在各个子系统之间均能使用，真正实现一卡通。

4. 信息设施运行管理系统

信息设施管理系统，是基于对信息设施系统进行综合管理的平台。该系统提供对各信息设施系统运行进行监控，对监控信息进行关联和共享应用，以实现对信息设施系统整体优化的管理策略。满足对建筑物信息基础设施的高效管理，该系统起着支撑各类信息化系统应用的基础保障作用。

信息设施运行管理平台要素，主要包括信息基础设施数据库和多种监测器。信息基础设施数据库涵盖：布线系统信息点标识、交换机配置信息、服务器配置信息、应用状态及配置等，以实现基础设备资源配置及应用管理、使用率统计、运行成本管理等功能，为管理维护人员提供快速的信息查询和综合数据统计。

5. 信息系统安全管理

随着 Internet 的发展，尤其是移动互联网的快速发展，众多的企业、单位、政府部门与机构都在组建和发展自己的网络，并连接到 Internet 上，网络丰富的信息资源给用户带来了极大的方便，但同时带来了信息网络安全问题。

信息网络安全管理系统通过采用防火墙、加密、虚拟专用网、安全隔离和病毒防治等各种技术和管理措施，使网络系统正常运行，确保经过网络传输和交换的数据不会发生增加、修改、丢失和泄漏等问题。

6. 工作业务信息化系统

工作业务信息化系统（VWIS，Vocational Work Information System）是指以满足建筑物所承担的功能和具体工作职能为目标而设立的信息化应用系统。通常又将工作业务系统VWIS划分为通用业务系统和专业业务系统。

通用业务系统（GSS，General Service System）是指符合该类建筑主体业务通用功能的应用系统。例如实现基本功能的通用业务办公系统即是GSS的具体实现方式。GSS通常以满足基本业务运行要求为前提条件，需要运行于信息网络之上，以实现各类基本业务处理办公方式的信息化，具有存储信息、交换信息、加工信息及形成基于信息的科学决策条件等基本功能，并显现该类建筑物普遍具备基础运行条件的功能特征。对于不同的行业领域，GSS的功能实现与体系架构具有通用性。随着信息科技的持续发展和信息化应用的不断深入，新的信息化功能及其应用系统将会不断地被人们认识和采用，因此具有通用意义的GSS实现方式也在不断发生变化，为人们创造出更加丰富多彩的智能化应用系统。

专业业务系统（BSS，Business Specific System）是以通用业务系统为基础，实现该建筑物专业业务的运营、服务和符合相关业务管理规定的设计标准等级，通过配置若干支撑专业业务功能的应用系统，以满足该建筑物特定功能的需要。BSS通常是由各种类信息设备、操作程序和相关应用设施等具有特定功能的应用系统组合而成。建筑物的用途及类别不同，其专业业务系统BSS存在较大差异性。例如办公建筑、旅馆建筑、文化建筑、博物馆建筑、体育建筑、医院建筑、学校建筑、交通建筑等不同类型的建筑，其专业业务系统BSS的功能、体系架构、操作方式等均呈现出不同的特点。

1.5　信息化应用系统的特点

不同的行业领域，尽管其用户需求和业务内容差异性巨大，但信息化应用系统的体系架构却有很多相同或相似之处，尤其是基于物联网、移动互联网、云计算和大数据等新一代信息技术实现的系统架构体系，具有一些明显的时代特征。物联网与移动互联网的普及，极大扩充了互联网的应用范围并彻底改变了人机交互的方式，网络互联呈现移动化特征；随着数据采集和存储成本的大幅度下降，可用数据出现爆发式增长，信息处理呈现大数据化和云端化的特征。因此，如何有效地挖掘大数据的价值已成为新一代信息技术发展的重要方向。

1.5.1　网络互联的泛在化和移动化

物联网技术的核心，是通过各种感知手段及方法把客观世界的实体与互联网连接起来，通过网络进行计算、传输、处理，从而实现人与物、物与物之间的信息交互，并依此实现对物理世界的精确管理、实时控制、科学决策。也就是说，通过物联网把现实的物理世界和虚拟的网络世界有机连接起来，从而改变了物理基础设施与互联网络的分离状态，为物理实体智能化提供了有效的技术手段。因此，物联网是对互联网的拓展与延伸，称之为网络互联泛在化。

在过去的30多年里，移动通信技术与网络技术的不断融合，不仅使通信方式从语音业务快速拓展到了宽带数据业务，改变了人们的生活方式，而且深刻地影响着当今社会的经济与文化发展走向，新的行业领域不断涌现。因此，移动互联网是一种通过智能移动终端，采用移动无线通信方式获取业务和服务的工作模式，是智能移动终端与互联网有机结合的产物。智能移动终端设备不仅可以作为感知节点，而且可以作为具有一定的计算、存储和通信能力的节点来使用，具有便携性和实时性等优点。目前，移动互联网已经广泛应用于健康医疗、在线环境监测、智能交通、智慧城市管理、智慧社区服务等众多领域。

其实，具有移动功能的互联网应用，是从第三代移动通信技术（3G）开始的，因为到了 3G 通信网络才开始支持高速数据传输，才能处理音乐、图像、视频等信息，并支持网页浏览、网上购物和网上支付等功能，因此 3G 的特点可以概括为"移动＋宽带"。3G 通信网加速了手机通信网与互联网的业务融合，促进了移动互联网的快速发展。4G 通信网络的设计目标是更快的传输速度、更短的延时与更好的兼容性，4G 网络能够以 100Mbps 的速率传输高质量的视频数据。

2012 年 1 月 18 日，国际电信联盟（ITU）批准由中国拥有核心自主知识产权的移动通信标准 TD-LTE-A 成为 4G 的两大国际标准之一，我国首次在移动通信标准上实现了从"追赶"到"引领"的跨越。2015 年 2 月，工业和信息化部向中国移动、中国电信、中国联通发放了 4G 牌照，标志着我国 4G 网络商用时代的到来。4G 网络与物联网技术的有机结合，推动了多个行业应用的快速发展，目前 4G 应用已经涵盖智能电网、智能交通、智慧医疗、智能家居、智慧安防、智能物流等众多行业领域。

随着应用的不断深入，4G 网络的局限性逐步显现，因此移动互联网与物联网的结合就成为未来移动通信发展的强大驱动力，由此推动着移动通信技术从 4G 向 5G 发展。同时 5G 技术的成熟和应用也将使物联网应用的带宽、可靠性与时延的瓶颈得到解决。一方面，物联网规模的发展对 4G 网络提出严峻挑战，未来全球移动终端联网设备将呈现爆发式增长，大量的物联网应用系统将部署在各种复杂场景中，4G 网络与技术已难以适应；另一方面，物联网性能的发展对 5G 技术也提出了明确需求，物联网已广泛应用于各种行业领域，不同的应用场景对网络传输的延时要求从 1Ms 到数秒不等，尤其是物联网对控制指令和实时数据传输，对移动通信网络提出了高带宽、高可靠性与低延时的迫切要求。

从整体来看，5G 通信网络已经将物联网纳入到整个技术体系中，5G 的技术指标与智能化程度远远超过 4G，因此 5G 技术发展与应用将大幅度推动物联网"万物互联"的进程。2019 年初，上海已率先启动了 5G 网络试用，实现了基于现网升级的 5G 核心网，其应用主要聚焦于车联网（无人驾驶）、实时计算机图像渲染与建模（VR/AR 云模型）、智能制造、智慧能源、智慧医疗、城市安全、无人机巡航、个人 AI 辅助等十大领域。2019 年 6 月 6 日，工业和信息化部向中国电信、中国移动、中国联通、中国广电发放了 5G 商用牌照，正式批准四家企业经营"第五代数字蜂窝移动通信业务"。这意味着，中国正式进入 5G 时代。5G 的融合应用与创新发展，主要聚焦于工业互联网、物联网、车联网等领域，为更多的垂直行业赋能赋智，对各行各业的数字化、网络化、智能化发展将起到极大的促进作用。5G 时代，万物智联，极低时延，将为个人生活和经济社会发展带来极大改变。

1.5.2　信息处理大数据化

新一代信息化技术的广泛应用，特别是物联网、移动互联网、云计算等在智能建筑领域的应用普及，各种数据正在以指数方式迅猛增长，数据呈现出海量、多模态、快速变化等大数据所具有的特征。

大数据强调的不仅是数据规模大，更强调从海量数据中快速获得有价值信息和知识的能力。大数据的应用涉及各行各业，例如互联网金融、舆情与情报分析、机器翻译、图像与语音识别、智能辅助医疗、商品和广告的智能推荐等方面。大数据的典型特征，通常归纳为以下四个方面：规模性（Volume）、多样性（Variety）、高速性（Velocity）和价值性（Value）。

1. 规模性，即数据规模巨大。大数据通常被认为是具有 PB 级以上数据规模，包括结构化、半结构化和非结构化数据组织形式，且增长速率快，处理时间敏感的数据；在这些庞大的数据中，冗余量也是十分巨大，调查表明，现有的各种应用系统中存在大量重复数据，并且随着时间的推移，特别是非结构化数据的冗余量还在不断增长。

2. 多样性，即数据类型多。随着传感器网络、智能设备以及社交网络技术的飞速发展，产生的数据也变得更加复杂，数据类型也不再仅仅是纯粹的关系数据，其中还包括了大量来自互联网、社交媒体论坛、电子邮件、图片、音视频文件、文本文件以及传感器数据等原始、半结构化和非结构化数据。

3. 高速性，即要求对数据处理速度快。大数据是一种以实时数据处理、实时结果导向为特征的数据处理方案。它包含两个方面：一方面是数据产生得快，例如，当用户众多时，对于网络的点击流、日志文件数据、传感器网络数据、GPS 产生的位置信息等，在短时间内可以产生非常庞大的数据量；另一方面是数据处理也要求快速，这是由于数据也具有时效性，随着时间流逝，数据价值会折旧甚至变为无价值。

4. 价值性，即大数据具有巨大的潜在价值。与呈几何指数爆发式增长相比，某一对象或模块数据的价值密度比较低，给海量大数据的开发增加了难度和成本。因此，未来的智能建筑发展中大数据的分析与挖掘具有极大潜力。

在此以商业建筑为例，说明大数据的价值。视频监控除了用来保障公共场所的安全，还可以将摄像机所捕捉到的消费者购物信息转化为结构化数据，并通过后端大数据平台进行海量数据的分析，就可以对消费者的购物喜好、购物特征等进行分析和评判，成为商业运营决策的依据。在智慧社区，将社区用户的衣食住行等信息收集起来并进行分析处理，可以发挥重要的商业价值。通过将大数据与智慧社区平台相结合，不仅可以提升物业管理服务，而且可为社区居民提供包括购物、医疗、教育、交通出行等全方位的便民服务。

1.5.3　信息处理云端化

云计算是一种新的网络工作模式，它将服务器集中在云计算中心，统一调配计算和存储资源，通过虚拟化技术将统一的服务器集群逻辑化为多台服务器，高效率地满足众多用户个性化的并发请求。作为一种基于互联网的计算方式和服务模式，通过整合利用大量的计算机资源（存储与计算资源等），云计算可实现大规模的数据协作与资源共享，能为用户提供基础设施、计算平台和软件服务，具有按需服务、多种方式接入、资源虚拟化共享、弹性计算能力和按量计费的特点。

云计算是一种新颖的计算模式，它能够随时随地、方便快捷、按需地从可供配置的资源共享池中获取所需的资源，这些资源的类型包括服务器、计算、存储、网络、应用服务等。同时，所有资源能够及时响应以供用户服务，并且有合理的释放措施，用于保证资源的使用和管理工作与服务提供商交互代价的最小化。一种典型的云计算体系结构如图 1-3 所示，由应用层、平台层、资源层、用户访问层和管理层组成。

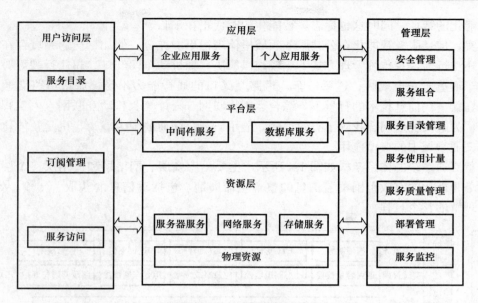

图 1-3 典型的云计算体系结构

1. 资源层。该层中有两种类型的资源：物理资源和虚拟资源。物理资源包括云计算体系结构必备的计算机、服务器、存储设备、网络设备和数据库等，用于实际响应和处理用户的访问需求；虚拟资源则将底层的同构物理资源进行处理，以便对资源进行高效、统一地管理和操作。

2. 平台层。平台层将资源层提供的服务进行封装，为用户提供开发工具、数据库管理平台、中间件服务和软件架构等管理功能。平台层将封装良好的服务提供给上层应用的同时，也负责对底层资源进行统一的管理。

3. 应用层。应用层是云计算厂商为用户提供的各类服务，包括 Web 服务、多媒体服务、邮件服务和通信服务等。用户可以通过随时随地的网络连接，访问所需要的服务。

4. 用户访问层。用户访问层主要为用户提供访问具体服务的多样化接口。用户利用特定的服务访问接口，通过网络与云计算厂商相连并且获取所需服务的内容。用户可以分为个人用户和企业用户，各自的访问接口规范可以根据访问频率、内容大小和安全性等要求进行定义。

5. 管理层。管理层负责的功能贯穿整个云计算体系结构，提供整个云计算体系结构的部署、资源、监控、安全和用户访问等管理功能。

1.5.4 信息服务智能化

在过去的几十年里，信息服务的主要方式是数字化与网络化。而在新一代信息技术的背景下，信息的高效处理与传输让机器"耳聪目明"，人工智能技术的应用使得信息服务呈现出智能化与个性化的特征。

智能化以信息化为基础，是信息化的延伸和扩展，是信息化发展的高级阶段。近年来，伴随着各个行业领域信息化的升级，新兴产业不断涌现，如人工智能、智慧城市、智能交通、智慧医疗、智慧物流、智慧社区等。物联网技术、移动互联网技术、大数据技术、云计算技术和人工智能技术等的综合运用，使得智能化的实现更加方便，信息服务呈现出智能化的特征,同时这也标志着智能化的时代正在来临。

其实,信息服务智能化在公共服务领域里体现得更加充分。例如,交通领域存在的一些交通违法行为,在传统管理方式下比较难以解决,如机动车闯红灯、超速行驶等对行人和其他车辆造成安全威胁;违章停车;道路交叉口的通行能力不足;城市道路交通堵塞等。而在新一代信息技术的背景下,综合运用物联网、云计算、移动互联网、人工智能等新技术,为解决上述问题找到了有效途径,显示出智慧交通的强大威力,也是智能化信息服务在交通领域中的典型应用。

智慧交通系统的体系架构如图1-4所示,主要由感知层、网络层和应用层三个层次组成,服务智能化的有效范围覆盖信息的整个生命周期,包括对信息的获取、传输、处理、存储和理解的整个过程。

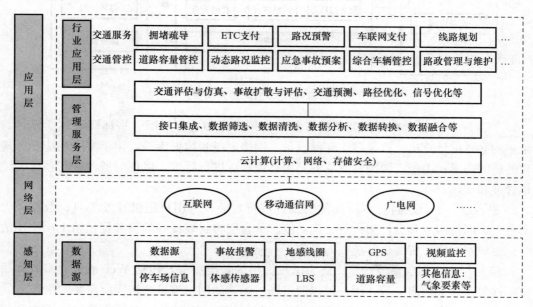

图1-4 智慧交通系统的体系架构

感知层主要是对信息感知和监测,主要包括传感器、射频标签、识读器、摄像头、全球定位系统、车载智能终端设备等,用以实现对人、车、路与环境等状态信息全面感知,如车辆的行驶速度、路网中的交通流量、交通密度、车牌号码、行驶时间与行程距离等。网络层由覆盖整个城市范围的互联网、通信网、广电网等融合构成,主要负责将由感知层获取的原始数据传输至后台信息中心,实现车与车、车与路侧单元、路侧单元与后台服务器间的通信互联。应用层是在感知、监测、数据处理等的基础上,实现行为决策智能化。应用层中的管理服务子层主要通过云计算与大数据技术对信息进行有效处理,其超强的计算能力、动态资源调度、按需提供智能化服务以及海量信息集成化管理机制,可以有效地丰富交通信息服务内容,提高信息传递的可达性与准确度。服务的智能化应用主要体现在交通服务智能化与交通管控手段智能化。

由图1-4可知,感知层与网络层完成了信息的智能化感知,应用层通过云平台和数据库完成对数据的智能分析与处理,然后做出智能的行为决策,从而实现数据流从产生到使用者反馈的全生命周期的智能化处理。信息服务智能化的核心是对信息的智能化分析与处理并做出行为决策，如通过城市路网时空模型，在不同时间段，分析和预测道路的交通流量，为行车人员判定并提供最佳路线建议；交通管理部门也可以根据城市道路信息监控，适时引导车流，合理分散道路压力；遇到突发情况的时候，可以联动城市应急系统指挥中心，统一指挥，调配周边急救资源，安排和控制车流量，迅速实施救援等。

1.5.5　业务信息个性化

基于新一代信息技术营造的智能化信息服务环境，综合运用物联网、大数据、云计算、移动互联网等技术，针对社会需求形成的"量身定制化"解决方案逐渐呈现出个性化的特点。所谓信息服务个性化，就是基于用户的行为、习惯、偏好及特点等，向用户提供满足各种个性化需求的一种服务。其核心思想是在充分尊重用户需求的基础上，研究用户的行为习惯，帮助用户选择更重要、更合适的信息资源，为用户提供特色的服务。

个性化的信息服务主要有以下特点：

1. 以用户为中心，所有的服务以方便用户、满足用户需求为前提。针对不同用户采用不同的服务策略和方式，提供不同的信息内容。

2. 允许用户充分表达个性化需求，能够对用户的需求行为进行挖掘。信息服务的系统不仅要提供友好界面，而且要方便用户交互，方便用户描述自己的需求，方便用户反馈对服务结果的评价。要能够了解用户的个人需求、习惯、爱好和兴趣，为其提供"量身定制"的个性化信息服务。

3. 服务方式更加灵活、多样。不仅要为用户提供更加准确的信息，而且还要能够按照用户指定的方式进行服务，如满足用户对信息的显示方式、对服务时间的要求，对服务地点的要求等。

综上所述，随着新一代信息技术的快速发展及应用普及，信息化应用系统呈现出智能化和个性化的特征，极大地提高了工作效率而且工作质量也显著提升。例如，目前在机场和高铁站使用人脸识别技术进行旅客"人、票、证"三合一核验，只需要几十秒就可以完成安全识别和处置工作。与此同时，新一代信息技术的应用也在向智慧城市进一步延伸，相关内容将在第 7 章展开讨论。

<h2 style="text-align:center">思考与实践</h2>

1. 简述信息技术 IT 的含义。
2. 什么是信息化？我国的信息化经历了怎样的过程？
3. 简述新一代信息技术的含义，谈谈你对这些新技术的理解。
4. 简要说明新一代信息技术在智能建筑领域有哪些典型应用？
5. 如何对信息化应用系统进行分类？常见的建筑信息化应用有哪些类型？
6. 信息化应用系统通常采用什么样的结构体系？为什么？
7. 信息化应用系统的主要特点有哪些？
8. 个性化的信息服务是什么含义？

第2章 公共服务管理与公众信息服务系统

1802 年，英国法学家和哲学家本瑟姆提出了公共服务管理的概念，1912 年，法国学者莱昂·狄骥从公法的角度将公共服务定义为"任何因其与社会团结的实现与促进不可分割、而必须由政府来加以规范和控制的活动就是一项公共服务"，1950 年，萨缪尔森把广义的公共服务的职能归结为三个方面：政府的稳定职能，主要是保持宏观经济运行的稳定；政府的效率职能，主要是提供各种狭义的公共产品和劳务；政府的平等职能，主要是实现公共服务均等化。1980 年前后，Grout 和 Stevens 认为公共服务是"为大量公民提供的服务"，1997 年，罗伯特·登哈特提出了"政府的职能是服务而非掌舵"的新公共服务理论。

20 世纪 90 年代以来，伴随着信息技术在政府事务中的广泛应用，政府职能开始由"统治"和"管理"的角色逐渐向"服务"的角色转变，政府的公共服务职能与信息化的供给方式结合，出现了公共服务和公众信息服务信息化的新模式。公共服务和公众信息服务信息化是指政府机构为了使公众更好、更快、更多、更节省地享受政府公共服务，充分利用现代信息技术，通过互联网、移动通信等各种途径向社会提供全天候、全方位的政府公共服务。

2.1 公共服务概述

就管理学而言，公共服务是其中的一个组成部分，是由政府指定的法律法规，具有一定的系统性和规范性。这些系统的主要目的是更好地管理和规范以及调整整个社会利益之间的关系，有效地维护社会秩序以保持其稳定性。这种有效性可以使得社会利益，民众诉求及社会矛盾弱化，用于维持社会公正和公平，做到社会、自然与人类的和谐相处。现代化的社会管理体系是由政府参与，同时由公众及社会的多方参与。其特点在于公共性和服务性，涉及范围包括公共设施、公共事业及公共信息等。

2.1.1 公共服务的概念

公共服务是指公共部门为了满足公民的公共需求，生产、提供和管理公共产品及特殊私人产品的活动、行为和过程。这些公共产品及特殊私人产品一般包括公共教育、公共卫生和基本医疗、社会保障和社会救助、国防与公共安全、公用事业与公共设施、住房保障、就业服务、环境保护和生态建设、基础科学研究与科学普及推广、公共文化、体育与休闲等。

公共服务的概念起源于经济学理论，也适用于私营部门的管理之中。公共服务理论以公众利益为基础，以科学的管理方式提高为公众服务的效率和质量。随着时代的进步和发展，科学技术的日新月异，全球经济越来越一体化，城市公共服务的理念在科学知识的帮助下，有了更加明确的目标和有序的组织形式，同时，服务意识也得到了较大的提升。现代化公共服务的本质是社会管理学的本质，具有良好的规范性。其主要管理内容涉及各类事务性活动、公众关心的热点和社会事务有关的治理类建设类活动。同时还需要满足公众的需求，诸如公共设施的建设和维护、公共事业的运行及公共信息的透明公开等。这些管理措施要依靠行政手段来强制进行，以法律法规的严肃性来保障和约束，才能保证公共服务的质量，保证公民的基本权利。以公民为核心的服务理念是公共服务的要点，全身心地服务于公民是新公共服务理论所要阐述和强调的，因为这个理论很注重公民的分享权力。其意义在于以共同管理的模式达到公共产品和公共设施及事业的效率和质量，培养公民的归属感和主人翁感。

政府有责任促进和建设公共服务的完善，利用信息化社会的便利性更好地为民众服务。只有良好的公共服务，才能使得领导和公民之间建立高度的联系，增加公民的社会责任感和凝聚力。为了更好地做到公共服务，政府可以借助于信息化手段开辟和公民多接触的渠道，例如即时的对话和辩论平台，使民众可以进一步体会到公共服务的便利以及管理者的民主。从某种角度讲，公众实际上是政府拥有的巨大资产，公共服务的缺失和不完善会导致民众这个巨大资产的丧失，失去了民众就等于失去了其他所有的有形无形的资产，政府赖以管理和依靠的基础就坍塌了。因此，公共服务一定要做到公众至上，民众优先的原则。而公众的满意才是公共服务的终极目标，服务工作的重心也在于达到公众的期望值和满意度。那么公共服务就需要随时发生变化，根据公众的需求来增加或减少相应的公共产品及服务。

2.1.2　公共服务理论的内涵

公共服务理论在西方发达国家提出得较早，也取得了较多的成绩。美国学者福克斯和哈勃尔在他们的著作中提到了公共服务是公民、政府工作人员及公共组织行为规范的标准。现代公共管理对于社会的发展和管理意义重大。新公共服务理论由美国著名公共行政学者登哈特夫妇在 1997 年提出的。其核心理念为公民是公用服务管理体系中的核心，政府管理者们的行为要根据公众的需求而变化调整和规范的。政府工作人员的主要职责在于执行公共政策和规范，承担其为公众服务的责任。和传统的行政管理相比较，公共服务的核心是公众，而传统的行政管理的核心是政府。政府需要为公众提供良好的服务，而不仅仅是管理公众的行为。公共服务精神是将公民身份提升到一个高度，监督政府加强与公众的交流沟通和对话，目的是提升公共服务的价值和效率。

因此，城市管理需要公共服务理论的支撑。行政部门的协作，加上公民积极参与社会公共服务的管理与监督，使得公共服务管理进入了信息化技术下的新型模式。公共服务及其利益提高了城市管理的效率和标准，同时也解决了相应的问题，调整了权利和义务之间的关系，使得政府和公众承担起各自的责任，共同完成对城市的管理。因此建设服务型政府，站在战略的高度上体现公共服务管理的民主性，实现集体意识，确立各自的角色和责任。公共服务具有一定的开放性和近距离性，但是最主要的是及时的回应和应变能力，这样才能为公众提供更好的服务，同时也体现出公共服务的公平性和均衡性。公共利益是共同产生价值观和社会价值取向的利益，不是简单由公众利益聚集后的利益综合体，因此，只有政府全心全意的服务才能和公民建立起友好和谐的信任感和共同为城市建设管理努力的一致目标。公共服务的责任就在于管理者首先是服务于公民的，然后在法律和道德的约束下完成的公共型事业。

2.1.3　公共服务的特征

公共服务有如下特征：第一，公共服务必须是满足公共需求，满足个性化的私人需求的产品和服务不属于公共服务的范畴。第二，公共服务是以公共权力或公共资源的投入为标志的，在提供服务的过程中如果没有使用公共资源、没有公共权力的介入，则不能视为公共服务。第三，提供可以是直接的，也可以是间接的。各级政府是公共服务的统筹者、安排者，可以直接生产，也可以通过安排其他主体生产来间接提供公共服务。第四，提供公共服务是政府职能的一部分而非全部，是与经济调节、市场监管、社会管理并列的政府职能。

公共服务的实现形式：提供公共服务是政府的责任，必须有政府介入，但并不一定须由政府直接提供。公共服务的实现形式与手段是多样的，其所依托的组织机构也是多种形式的。譬如，提供公共服务的机构可以是公共行政机构，即正式的政府机构，可以是专门的公共服务机构，如公立学校和公立医院等；也可以是具有公共性的民间服务组织。在实现公共服务的整个过程中，政府必须承担最终责任，保障公共服务的提供和绩效，但提供公共服务的方式，却可以根据情况灵活选择和组合。

2.1.4　公共服务的分类

根据不同的标准，公共服务有不同的分类方法：

1. 按照公共服务的属性特征分类

基于公共物品理论，按照公共服务的特征，可以将公共服务分为纯公共服务、准公共服务以及部分具有竞争性和排他性的服务。纯公共服务是指具有完全的非竞争性与非排他性特征的公共服务，主要包括国防、外交、公共安全、义务教育、公共卫生、基础研究、公共基础设施等；准公共服务是指只具有非竞争性和非排他性其中之一特征的公共服务，如高等教育、部分医疗卫生服务、部分基础设施、公共图书馆等；还有一些如民航、邮政、电信、水电供应等服务尽管具有排他性与竞争性，但是由于这些服务具有垄断性，这就决定了这些垄断服务的生产者之间的弱竞争性与消费者的弱选择性，因此，政府在这些领域也承担着一定的公共服务职责。

2. 按照公共服务的功能分类

公共服务依据其功能的不同，可以分为维护性公共服务、经济性公共服务和社会性公共服务。维护性公共服务是政府为保证国家安全和国家机器正常运转而提供的公共服务，包括国防、外交、社会治安等；经济性公共服务是指政府为促进经济发展而提供的公共服务，通常是生产型的，一般具有规模经济性和自然垄断的特点，并且在一定程度上还具有竞争性和排他性，主要包括邮政、电信、水电供应等；社会性公共服务是指政府为促进社会和谐与公正，为全体社会成员提供的公共服务，包括科技、教育、医疗、公共文化体育、就业、社会保障、环境保护等，对平等目标的关注在社会性公共服务中居于重要地位。

3. 按照公共服务的水平分类

根据满足社会公共需求的水平，可以将公共服务分为基本公共服务和非基本公共服务。基本公共服务是指在一定社会经济条件下，政府为满足社会基本公共需求，保障社会全体成员基本社会权利和基础福利水平，保持经济社会稳定，必须向全体居民均等地提供基础性公共服务，包括义务教育、公共卫生、公共安全、公共交通、公共文化体育、社会保障等内容；非基本公共服务是政府为了提高社会成员的生活质量和生活水平而提供的更高层次的公共服务，旨在促进社会成员的全面发展，如高等教育、高福利等。

4. 按照公共服务的受益范围分类

根据其受益范围分为两类：全国性的公共服务和地区性的公共服务。全国性的公共服务受益范围是全国性的、惠及全国公众或者事关国家整体利益，一般由中央政府供给，如国防安全等；地区性的公共服务既可以由地方政府单独供给，也可以由中央与地方联合供给，依据中央和地方受益程度的不同，可进一步分为以中央供给为主、地方供给为辅和以地方供给为主、中央供给为辅两种情形，如优抚安置等。

2.1.5 公共服务的信息化

在公共服务角度衡量城市管理过程中，信息化管理不仅仅是局限于用 IT 工具来实现陈旧的管理逻辑，而是在管理过程中以信息化带动管理模式的更新和创新，将信息技术充分应用到管理的运行和维护过程中。

公用服务管理中信息化技术的应用对于城市管理产品的服务、运行及维护方面产生了翻天覆地的变化，信息化技术在公用服务管理服务中的应用也越来越多。既然信息化技术在公共服务管理体系中起到了巨大的作用，那么转变管理方式及组织方式是现代化社会公共服务管理和其他企事业管理中必然要发生的改变。

2.2　社区公共服务

2.2.1　社区公共服务的概念

西方国家并没有专门的社区服务概念，而是把立足于社区的社会服务称之为社区服务，即不存在与社会服务或社会福利服务相分离的社区服务概念。国际通行的社会服务概念一般由福利服务、公共服务和具有社会导向的公民个人服务或称社会化的私人服务三部分组成。

当前，我国正以"民生优先"为导向，大力推行基本公共服务均等化，着力保障和改善民生，确保改革开放成果为全民共享。社区作为城镇中最基层的组织，是实现基本公共服务均等化的主战场，社区服务的快速发展也应当成为实现"民生优先"的重要抓手。所谓公共服务，主要是指基层人民政府及其派出机构面向社区，为居民提供的满足其基本需求的就业、社会保障、救助、卫生和计划生育、社区安全、文化、教育和体育等服务。

社区公共服务是以社区为单位提供的社会公共服务，社区公共服务是社区服务主体，在以人为本理念指导下，为了满足社区的公共需求，为全体社区居民提供的以公共物品为内容的社会公共服务。主要有以下含义：

1. 社区公共服务的主体是政府、非营利组织、志愿者以及其他社会组织；
2. 社区公共服务的目标是满足社区公共需求；
3. 社区公共服务的对象是全体社区居民；
4. 社区公共服务的内容是提供公共物品；
5. 社区公共服务的理念是以社区居民为本；
6. 社区公共服务的属性是社会公共服务。

2.2.2 社区公共服务的内容

社区的类别不同、服务的范围不同，社区服务的内容存在较大差异性。

1. 社区就业服务

其主要内容包括：街道、社区劳动保障工作平台的建设，就业和再就业咨询服务、再就业培训服务、就业信息服务、社区公益性岗位开发、创业服务。

2. 社区社会保障服务

其主要内容包括：为企业离退休人员的社会化管理和服务、社区老年公共服务设施和网络建设、老年护理服务。

3. 社区救助服务

其主要内容包括：加强对失业人员和城市居民最低生活保障对象的动态管理，及时掌握他们的就业及收入状况，切实做到"应保尽保"，发展社区居家养老服务业，加强对社区捐助接收站点、"慈善超市"的建设和管理。

4. 社区卫生和计划生育服务

其主要内容包括：建立健全以社区卫生服务中心（站）为主体的社区卫生和计划生育服务网络，以妇女、儿童、老年人、慢性病人、残疾人、贫困居民等为重点为社区居民提供预防保健、健康教育、康复、计划生育技术服务和一般常见病、多发病、慢性病的诊疗服务。

5. 社区文化、教育、体育服务

其主要内容包括：逐步建设方便社区居民读书、阅报、健身、开展文艺活动的场所，加强对社区休闲广场演艺厅、棋苑、网吧等文化场所的监督管理，调动社会资源和力量支持和保障社区内中小学校开展素质教育和社会实践活动，积极创建各种类型的学习型组织，面向社区居民开展多种形式的教育培训和科普活动，培育群众性体育组织，配置相应的健身器材。

6. 社区流动人口管理和服务

其主要内容包括：实行与户籍人口同宣传、同服务、同管理。

7. 社区安全服务

其主要内容包括：加强社区警务室建设，实施社区警务战略，建立人防、物防、技防相结合的社区防范机制和防控网络。加强群防群治队伍建设。深入开展法制宣传教育和咨询服务活动，建立完善收集、反馈社情民意的工作机制，组织巡逻守望、看楼护院活动。建立矛盾纠纷排查、调处工作机制，加强对刑释解教人员、监外执行人员和有不良行为青少年的帮助、教育和转化工作。做好消防工作。深入开展打击"黄赌毒"和禁止传销等工作。

8. 社区互助和自助服务

社区互助和自助服务是社区成员的自我服务，其主体是社区成员，包括驻社区单位、社区组织、家庭和个人。服务的对象包括居家的孤寡老人、体弱多病和身边无子女老人、优抚对象、残疾人及特困群体。服务的方式有捐赠、互帮互助，电话救助网络、智能服务网络、社区服务站等。

9. 社区志愿服务

所谓志愿服务，就是指任何人志愿奉献个人的时间、精力、技能，在不取得任何物质报酬的情况下，为满足社会需要、促进社会进步、推进社会福利进步而提供的服务。

10. 社区商业服务

社区商业服务是由企业为社区居民提供的服务。从更广泛的意义上看，可以将社区中的一些商业服务业纳入社区服务的框架中。

2.2.3　社区公共服务的方式

1. "一站式"服务

"一站式"服务是指政府将所有面向居民的公共服务全部集中于一处的服务方式。其实现方式，有的是集中于同一幢楼内，有的是集中于某一楼层大厅内，也有的集中于社区的某一平房内。

2. 委托服务

是指政府与社区组织之间的委托关系。有些行政性工作，本身属于政府或其职能部门的分内职责，但落实到社区时，由社区组织做起来更有优势。在这种情况下，应采取这种服务方式。但是在办理委托关系时，必须赋予与职责相应的权利和经费。

3. 购买服务

购买服务是指政府购买公共服务，是指政府将由自身承担的为社会发展和人民日常生活提供的公共服务事项交给有资质的社会组织来完成，而由政府全额或部分埋单，具体实施是通过竞争的方式，向所有符合资质的服务提供者购买服务。这里的购买服务是指政府向社区组织或其他社区民间组织购买的服务。这是政府投入机制的一种方式。

4. 项目管理

项目是指一系列相互关联的活动，这些活动有着一个明确的目标或目的，必须在特定的时间、预算、资源限定内，依据规范完成。项目管理就是把各种知识、技能、手段和技术应用于项目活动之中，以达到项目的要求。

项目管理是通过应用和综合诸如启动、规划、实施、监控和收尾等项目管理过程来进行的。社区公共服务中的项目管理，就是将某一项公共服务作为一个项目，运用项目管理的技术来进行管理。

5. 服务热线

服务热线实际上就是服务电话，居民有服务需求时，都可以通过服务热线来提出，服务热线根据居民的需求事项和要求，联系有关组织或个人为居民提供服务。

2.3　公众信息服务

公共服务的核心是一种民主价值观的体现，公共服务应该做到个性化，多元化和无缝隙服务。公共服务信息化的发展使政府的管理呈现出一种动态和透明的趋势，有利于加强政府的管理和服务职能。利用信息技术手段将使城市的公共服务模式发生根本性的变化，信息化管理是公共服务管理改善的核心元素。

2.3.1　公众信息服务概述

随着信息化技术不断发展，尤其是党的十八大之后，建设信息基础设施，大力推进现代化信息产业的发展，积极推动网络技术的广泛应用成为一种趋势。信息化技术渗透到社会发展的方方面面，不仅带动了工业的发展，在企事业的管理方面，信息化技术起到了举足轻重的作用。

　　广义来讲，信息技术是一个技术群的综合体。作为基础的信息，是人类通过感官而获取的客观世界的事物的状态和特征。人类通过感官获取信息的能力极其有限，那么借助于现代化信息技术帮助人类获取和处理很多基础感官能力所不能达到的信息。信息的获取是通过采集、输入、描述、储存、输出和传播的过程，与其他所有技术一样，具有一定的层次，在技术功能的角度看，可以分为主体层次和应用层次。主体技术包括感测技术、计算机技术、通信技术和控制技术。其中计算机技术与通信技术是整个信息技术的核心部分，而感测技术与控制技术则是与外部世界的信源与信宿相联系的接口。信息化技术在应用过程中，设备的技术化升级和更新，产品品种的增加、产品质量的检测都是根据其层次来划分的。在传统管理的基础上更新或创新管理的技术层面。公用服务管理中电子商务管理的应用是通过网络技术实现的，这样对于城市管理产品的服务，运行及维护方面产生了翻天覆地的变化。电子商务在公用管理服务中的应用也越来越多。随着网络的普及，电子交易都是在网络平台上进行，企业也进行在线服务和管理，通过和企业网络的联网进行及时有效地沟通和交易。这些交易不仅仅局限于商品，而且涉及传统市场管理中的方方面面。网络帮助企业，政府及公众建立某种自己需求的联系，然后以信息化技术手段为基础进行贸易交易、网络对话、产品销售、物流派送、货款结算、售后服务等商务活动。那么既然信息化技术在公共服务管理体系中起到如此巨大的作用，那么转变管理方式及组织方式是现代化社会公共管理和其他企事业管理中必然要发生的改变。信息化技术使得传统企业的专业分工越来越细化，与社会公共事务有了越来越多密切的关联性，这就需要整个社会密切合作，有效协作来完成社会管理的科学化和规范化程序。

2.3.2　政府公众信息服务系统

　　政府公众信息服务系统能够使公众在获取信息的过程中不受时间、不受空间的限制，不论是在工作时间还是在休息时间，不论是在生活区域还是在工作区域和公共区域均可以通过移动通信设备实现信息获取的目的。

　　政府公众信息服务系统是政府及相关机构通过网络向公众公开政府工作信息、提供公众服务的无障碍交流渠道。政府公众信息平台是保障广大人民群众便捷地获取政务信息服务、融入信息社会、平等分享社会发展进步的公共设施和公益事业。

　　政府公众信息服务平台实现政府各部门网站的互联互通，使得各种信息实现共享，构架起一站式公众信息服务的综合平台。平台以计算机网站、移动终端为主，辅以相应的客户端支撑，形成完整通畅的政务信息服务环境。通过对平台各网站信息和服务的整合，向社会广大用户全面提供政府公众信息服务搜索和数据服务。

　　政府公众信息服务平台主要分为以下几个层次：基础设施层、信息资源层、业务应用层、用户访问层。政府内部与外部是政府公共信息资源的主要来源。公安、行政、工商、司法、统计、交通、医疗等属于政府内部系统的范围，旅游、医院、航空、金融等系统属于政府外部系统的范围。整合梳理政府各部门、社会各机构日常工作中获取的各类信息资源是政府创建公共信息服务系统的主要目的。将获取的全部信息资源予以保存、梳理、集中、处理，构建数据查询检索服务系统，为各类应用提供信息服务和数据支持。以此为前提，实现整合信息资源、共享信息资源的目标，公众可以通过访问门户网站，满足自身的信息需求，也可以利用多种移动 App 访问公共信息服务平台。

1. 基础设施层

网络基础设施的功能在于实现公众服务系统的网络连接和管理，其主要功能在于满足各级部门、机关单位对于海量信息的存储需求，促进各级部门应用系统的建设，为各级部门开展信息化建设项目提供基础服务。构建完善的公众信息服务系统一方面要整合现有的各类信息资源，另一方面还要采集、整合各类新鲜资讯，故应当重视对政府公共信息资源开发和基础性设备的投资，引入各类信息化设备如移动通信设备、传感设备以及通信网络，将分散于各类软件、服务器中的所有信息资源进行整合和交换。通过对网络系统、存储设备、硬件设备的优化升级，提高互联网信息传输的准确性、稳定性和安全性。

2. 信息资源层

资源开发与建设的意义在于各级职能部门电子政务系统之间的信息共享、整合和传输，同时为进一步分析用户行为、数据挖掘提供数据支持。通过整合各类资源，建立起电子政务公用的基础信息库，将宏观经济数据、公司、法人、物质资源、地理资源信息纳入其中。

政府公众信息资源的建设主要包括三个方面。其一，是信息数据采集、数据存储与整合，其主要功能是政府公共信息传输、汇总、梳理、处理等；其二，便于对公共数据的组织、编目和管理；其三，推动信息公开，为各类应用提供数据支持。将宏观经济信息、企业信息、法人信息、人口信息、房屋信息、地理资源信息纳入基础数据库中，数据库相对具有较高的稳定性。在基础数据库中，业务数据库的作用是拓展业务，为了满足业务需求而实现拓展。而服务数据库是由多种专题应用数据库组成，其作用在于汇总、分析、挖掘公共信息资源和公共业务资源，形成面向特定应用的公共服务数据库。

3. 目录管理层

数据编目的意义在于梳理各类信息资源，按照特征相同的标准实现元数据赋值，制作相应的目录。构建目录管理层通过汇总、共享各类信息资源，对数据库、文本、报告、档案、服务等各类公共信息进行编目。目录的形式主要包括：图片、文本、视频、数据库、网页等。将经过编目的各类信息发布在门户网站上，同时设置浏览下载权限，将信息予以公开，有权限的机关、部门、企业可以实现信息的查询和浏览。

公众信息服务平台将不同的信息汇总并分类，针对用户的需求而设置专题分析、多维分析数据库，以满足不同用户的信息需求，有针对性地设置相应的专题，提供数据支持从而形成目录，并进行管理。目录管理服务系统的建设主要目的在于通过编目的方式达到资源共享的目的，通过制作信息目录，为各级部门、单位、用户提供更加灵活的信息服务，实现资源的衔接和共享。

4. 业务应用层

业务应用层主要是指平台门户系统，其主要功能在于维护平台的正常运行，实现外部展示。业务应用层基于平台管理人员、政府机关、企业、用户的不同需求，向其提供以平台为基础的各个支撑系统的服务，其价值在于为平台上的各项应用提供支撑，最终目标是建立起政府公共信息服务平台的统一门户系统。

公众信息服务平台应用是政府公共信息服务的最终目的，对于系统发挥各项业务功能具有重要作用，可以向政府职能部门、企业、用户提供公共信息服务。以智能交通为例，出行困难往往是由于不能预知道路交通状况而盲目出行造成的，而大数据的优势则在于能够实现对交通状况的预测和报告。利用车辆联网的方式对沿途交通情况进行分析，发挥数据预测功能，对交通状况作出预判，合理规划出行路线，避免交通堵塞造成的出行困难。

2.3.3 社区公众信息服务系统

21世纪以来，社区被看作是促进政府、社会、市场共同作用的社会治理格局的一支重要力量。随着社会转型的加快和人们各种公共需求的快速增长，传统的社区管理已经越来越显得力不从心，迫切需要一个更加开放、便捷、高效的服务管理平台弥补传统手段的不足，从而实现政府统一领导、部门分工协作、各方共同参与、资源有效整合的综合治理格局。

通过智慧社区建设，可以有效实现社区管理的"全员化、精细化、动态化、信息化、智能化"，充分整合力量和资源，推进基本公共服务均等化，并拓展社区公共服务领域，强化社区自治和服务功能。智慧社区建设是一个综合性系统工程，不仅要从智能化的角度来考虑其功能、性能、成本、扩充能力及现代相关技术的应用等问题，而且要从现代城市社区管理和智慧城市建设的角度出发，切实考虑数字化系统在未来运行的实用性、可操作性。

智慧社区建设重点是实现逻辑网格内包括邻里社交服务、社区物业服务、社区商业服务、政府公共服务接入等内容的"社会服务"的预期目标。

1. 邻里社交服务

邻里圈（核心是以解决问题的社交邻里沟通为主，分为社区分享、邻里帮忙、跳蚤市场、失物招领、我来推荐、安全警告六大板块）。

1）社区活动（由物业或者业主发起小区各种线下、线上互动。报名活动、活动分享、活动后评价等）。

2）兴趣社群（按照业主的兴趣或者物业组织各种兴趣群体进行信息交流和线下活动组织管理。如：羽毛球协会，爱狗群组，广场舞群组等）。

3）社区地图（该功能包含小区、社区周边信息导览。让业主及访客快速熟悉小区服务及周边环境，能够通过地图获取相应商家服务信息）。

4）社区黄页［业主加入好友（加关注邻居）目录，并有加入社区周边配套黄页信息（以社区公众号）形式存在］。

5）社区通（提供一个社区居民、物业、商家、政府参与的即时沟通信息工具）。

2. 社区物业服务

1）物业通知：物业客服人员可以通过后台发送文字及图文通知到手机客户端告知小区业主相关问题，如停水停电等信息。功能包括信息查看、信息发布、信息审核、信息删除、信息修改。

2）物业报修：业主通过手机端App能够对室内室外设施维修报修，功能包括：文字描述和图片描述上传。物业客服在接到请求之后会在后台系统中看到服务记录，并根据服务记录内容生成服务工单后指派相应的维修人员进行任务处理。服务完成后业主可以通过后评估功能对其进行后评估。

3）访客管理：该功能主要对小区内出入访客进行移动化管理。主要内容是由业主在手机上生成来访信息并生成来访二维码发送给访客。访客通过二维码凭证扫码进入小区。临时访客也可以由小区保安生成二维码数据发送以后通行。

4）应急管理：该功能主要用于小区内应急突发事件处理。业主或者物业管理人员发送紧急应急消息给所有业主，通过手机 App、短信、邮件等多种方式推送告知给业主，保证消息的快速准确到达，让业主和物业能够快速应急处理应对突发事件和灾害。

5）物业缴费：业主可以查询物业费情况，并可以通过支付宝或者其他网上支付方式支付相关费用。

6）停车缴费：业主可以直接查看停车费的情况，并可以直接支付停车费。

3. 社区商业服务

社区平台提供商家登记、注册，并筛选具有良好信誉、品质保障的社区周边商家长期入驻社区平台，提供针对社区内餐饮、娱乐、健身、教育、家政等综合消费服务一体的线上、线下互动。平台能够为社区商家提供构建电商店铺的功能，具备开店、商品、支付、结算的全功能。建立线上预约、消费，完善社区物流体系，完善平台消费评价体系，创建针对社区内移动互联网商圈服务。

4. 政府公共服务接入

社区平台提供电子政务服务内容展示窗口，后续可以对接上级电子政务平台，实现智慧城市电子政务连接社区一体化融合，如户籍、计生、医社保、教育、出入境等电子政务服务窗口，此外提供政务和社区直接沟通交流窗口，实现政务宣传精准化、定向化，社区居民需求直接受理接收，打造高效率、便捷、贴心的政务服务。

5. 社区硬件服务接入

系统提供开放接口，能够支撑后期将社区的硬件服务系统分阶段接入，为社区居民提供各类服务统一的整合入口，增加社区居民生活便利性。平台支撑接入的社区智能硬件系统服务包括社区监控、周界警戒、基础设施监控、水电表查抄、电子巡更系统等各类外部服务系统功能。

2.4　社区公共服务与公众信息系统

2.4.1　智慧社区的概念

智慧社区不是社区信息化，智慧社区是社区综合管理、服务和运行的新模式。智慧社区指的是以住宅小区为平台，将网络通信、智能家电、家庭安防、物业服务、社区服务、增值服务等整合在一个高效的系统之中，为小区住户提供安全、舒适、便捷、环保、智慧化和人性化的居住环境。智慧社区充分借助电子信息技术，涉及智能楼宇、智能家居、安防监控、智能社区医院、社区管理服务、电子商业等诸多领域，在新科技创新和信息产业技术的发展下，充分发挥信息通信（ICT）产业发达、RFID 相关技术领先、电信业务及信息化基础设施优良等优势，通过建设 ICT 基础设施、认证、安全等平台，构建社区发展的智慧环境，形成基于海量信息和智能过滤处理的新的生活、产业发展、社会管理等模式，面向未来构建全新的社区形态。

智慧社区作为智慧城市的一个重要组成部分，利用物联网、云计算、移动互联网、信息智能终端等新一代信息技术，通过对各类与居民生活密切相关信息的自动感知、及时传送、及时发布和信息资源的整合共享，实现对社区居民"吃、住、行、游、购、娱、健"生活七大要素的数字化、网络化、智能化、互动化和协同化，为居民提供更加安全、便利、舒适、愉悦的生活环境。

2.4.2 智慧社区的发展

智慧社区的发展是一个持续过程，从 20 世纪 80 年代末开始，经过了几个阶段，包括智能化、数字化、智慧化，产品与技术从非可视楼宇对讲开始逐步向网络化、信息化、社区服务化方向发展，服务范围也从楼宇、家居扩展到周边商圈。如图 2-1 所示：

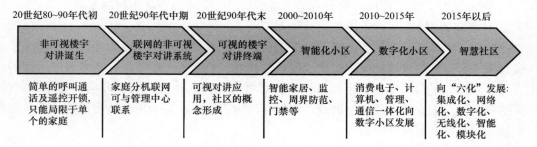

20世纪80~90年代初	20世纪90年代中期	20世纪90年代末	2000~2010年	2010~2015年	2015年以后
非可视楼宇对讲诞生	联网的非可视楼宇对讲系统	可视的楼宇对讲终端	智能化小区	数字化小区	智慧社区
简单的呼叫通话及遥控开锁，只能局限于单个的家庭	家庭分机联网可与管理中心联系	可视对讲应用，社区的概念形成	智能家居、监控、周界防范、门禁等	消费电子、计算机、管理、通信一体化向数字小区发展	向"六化"发展：集成化、网络化、数字化、无线化、智能化、模块化

图 2-1　智慧社区发展历程

2.4.3 智慧社区功能架构

智慧社区的用户除居委会为代表的政府部门、物业公司、社区住户外，还包括相关贸易商、银行、物流公司等社区服务提供者，不同用户因其功能需求的不同，其享有的服务内容及整个系统的使用权限也会不同。

智慧社区的总体框架，基于相关的技术支持，主要包括以政府职能部门为核心服务对象的社区电子政务系统，以物业公司为核心服务对象的社区物业与综合监管系统，以社区住户为核心服务对象的九大业务功能系统，以及基于系统集成技术的智能决策支持系统。

智慧社区功能框架如图 2-2 所示。其中，以政府职能部门为核心服务对象的社区政务服务平台以政府职能部门为核心，提供社区住户相关政府信息、网上政务处理等；社区物业与综合监管系统主要是为社区物业管理单位提供物业管理支持并对其工作进行相关的监督管理；以社区住户为核心服务对象的九大业务功能系统包括一卡通系统、社区物业管理系统、社区安防管理系统、社区环境监控系统、社区家政服务系统、社区智慧家居系统、社区电子商务系统、社区物流服务系统、社区健康医疗系统，主要功能体现在对社区住户提供全方位的社区服务，直接为社区居民提供安全保障、提供全方位的人性服务。社区决策支持系统基于整个智慧社区的运作数据，利用大数据技术对智慧社区的运转进行分析，为社区的管理提供决策支持，并为智慧社区的持续优化和不断完善，提供数据基础。此外，智慧社区的运转，还需要相关的技术支持，包括 EDI 系统、GIS 系统、GPS 系统、条形码数据采集管理系统、射频码数据采集管理系统以及处理器、传感器、设备终端等软硬件基础设施。

智慧社区的总体规划与设计基于云计算技术、物联网技术、系统集成、人工智能技术等，为实现社区住户生活和社区综合管理的智慧化进行构思与设计，总体规划如图 2-3 所示。政府法律法规体系是整个智慧社区的基础。另外，社区安全保障体系、标准与规范体系，是智慧社区运营的重要且必要的支柱，运营管理体系和运营协调机制是智慧社区建成后运营的基本要求。智慧社区的主体部分包括基础设施层、基础环境层、公共支撑层、公共信息层、业务应用层、呈现层和用户层七层。

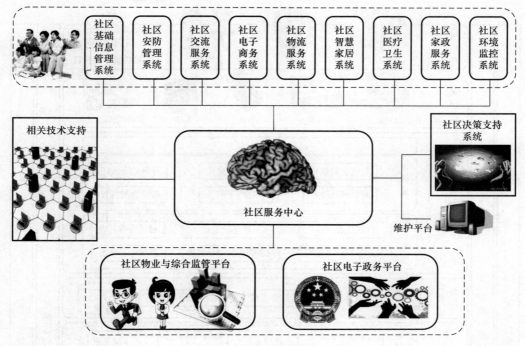

图 2-2　智慧社区功能架构

1. 基础设施层

智慧社区基础设施层是智慧社区建设的基础内容，是支撑社区管理和社区服务的根基和基础。主要包括智慧社区系统的基础应用条件，不仅包括支持电子政务功能的政府机构，支撑智慧社区运作的智慧人群，高度智能化、自动化的智慧楼宇，绿色、智能的智慧家居，还包括诸如监控摄像头、传感设备的感知设备设施。

基础设施层中的感知设备设施在智慧社区中的作用越来越重要，它们是智慧社区正常运转的基础，它们收集相关信息，经过初步处理后，将其提交给相关的智慧应用系统进行综合应用。可以说，覆盖全社区各个角落的感知设备设施是社区能够"智慧"起来的重要基础。

感知传输网络将各传感器以及智能楼宇、智慧家居、智慧人群直接联系在一起，使它们不再是一个个独立的个体，而是一个网络状的整体。感知传输网络主要实现数据信息和控制信息的双向传递、路由和控制。在机器到机器、人到机器和机器到人的信息传输中，有多种通信技术，包括低速近距离无线通信技术、低功耗路由、自组织通信、无线接入、M2M通信、IP 承载技术、网络传送技术、异构网络融合接入技术以及认知无线电技术。

2. 基础环境层

基础环境层是智慧社区信息处理和交互传输中心，是最重要的组成部分之一，它包括平台支撑环境和支撑网络。

（1）平台支撑环境

基于物联网的技术架构支撑环境包括系统的运营环境、操作系统环境、数据库及数据仓库环境，他们为物流系统运行、开发工具的使用、Web Service 服务和大规模数据采集与存储等提供了环境支撑，保障了整个平台架构的运营环境完整性。

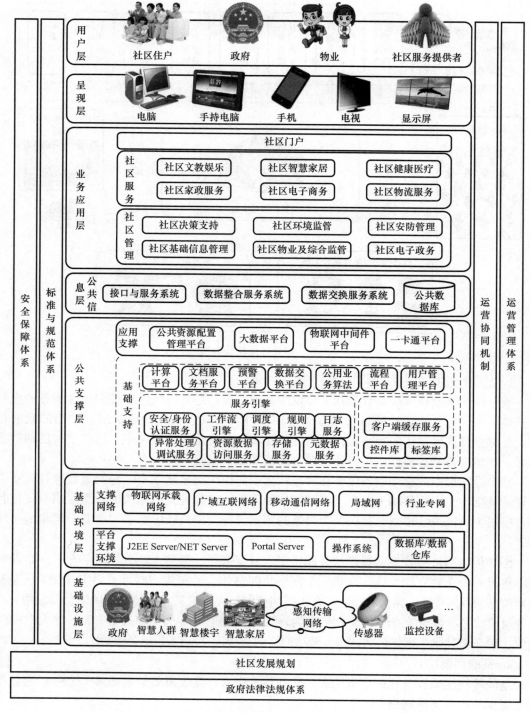

图 2-3　智慧社区总体规划

（2）支撑网络

主要提供平台运行的网络设施，包括物联网的承载网络、广域互联网、局域网、移动通信网、网络设备以及接入隔离设备。网络层与相关系统接口可为 Web Service 信息服务、资源寻址服务等提供服务基础，用于支持社区外进行相关业务的信息传输。

3. 公共支撑层

智慧社区建设的大部分工作是信息化，尽管涉及不同行业，不同业务，但都要采用共性的技术和平台化软件，智慧社区公共支撑层的核心目标就是通过需求分析，抽象出公共的软件平台、软件组件，用于提高智慧社区信息化的一体化水平，以保证智慧社区应用系统开发效率高、可靠、易于扩展，易于维护。智慧社区的公共支撑层主要包括基础支持平台和应用支撑平台两部分。

（1）基础支持平台

基础支持平台一方面通过服务引擎与资源、数据访问与感知技术相关功能的有机结合，以安全认证服务、调度引擎、工作流引擎、规则引擎、异常处理机制、元数据服务等关键功能为基础，实现感知系统的数据管理、业务过程执行引擎功能等。另一方面，通过云计算平台、数据交换平台、数据字典等对感知数据在业务应用方面提供传输、处理、转换等功能支持。

此外，技术基础支持平台还应引入相关开发工具集，为各种复杂的社区应用系统提供专业、安全、高效、可靠的开发、部署和运行应用软件的开发工具平台。

（2）应用支撑

智慧社区"应用支撑"主要包括四部分：

① 公共资源配置平台

公共资源配置管理平台是整个系统建设的基础，平台中包括了机构用户管理、资源权限管理等基础配置功能，同时提供 API（应用程序接口）及 Web 服务接口，并通过浏览器控制台进行操作控制管理。

② 物联网中间件平台

物联网的前端是感知设备，常用的感知设备包括传感器、身份识别（射频卡）、卫星定位、视频采集等，在智慧社区建设中，如何将各大类、标准不一的小类传感设备更好地管理和通信是一个重要问题，采用中间件的概念，在感知设备和后台的应用平台之间建立一中间层，中间层到应用平台之间设计成标准的通信体系，而中间层到传感设备之间的通信要求设计针对性的通信应用，这样就可以大大减轻各领域应用系统的开发压力，增强智慧社区的可维护性。设计物联网中间件平台，应尽量选用符合行业、国家、国际通信标准的感知设备，减少中间件平台感知设备驱动的开发量。

③ 大数据平台

智慧社区智慧加工的主要平台是大数据平台，大数据面向个体、预测性、相关性分析的特点使得其成为智慧社区建设必备的工具，而在智慧社区建设许多业务都需要大数据平台的帮助，因此将大数据列为智慧社区公共支撑体系的组成部分。

大数据平台，意味着抽象大数据数据采集、数据存储、数据加工、访问的通用功能，使之可以运用于各业务领域。

④ 一卡通平台

社区居民在生活中通过使用附着身份标识的大容量 IC 卡，可以大大提升居民生活的便利性，例如楼宇门禁、水电气等生活必需品的购买，快递物品的领取等，作为诸多业务的共同载体，将一卡通平台也作为支撑平台。

4. 公共信息层

公共信息层是实现社区不同异构系统间的资源共享和业务协同，避免多头投资、重复建设、资源浪费等问题，有效支撑智慧社区的正常、健康的运行和管理。公共信息层的建设主要包括：

(1) 接口与服务系统

接口与服务系统主要为智慧社区提供数据接口及其相关服务，具体包括：开发接口服务、数据服务、时空信息承载服务、专题数据库挖掘服务等。

① 开发接口服务

公共信息平台提供开发接口服务，支持开发者或应用开发商调用平台提供的服务和自己的业务应用进行集成，或是开发基于公共信息平台的应用系统。公共信息平台提供二次开发包、Web Service 开发接口，以满足不同的开发用户需要。

② 数据服务系统

数据服务系统的服务内容为基础数据、业务数据和公共服务数据。系统提供服务申请、审核、使用等管理功能和服务注册、上架、撤销等维护功能。

③ 时空信息承载服务

实现具备时间、空间特性的公共数据库数据的可视化展示和管理，通过与 3S 技术 (GPS、GIS、RS) 结合，可以构建各种时空可视化的信息系统。同时，基于业务数据的信息资源图层也可以通过服务的时空化接口功能来进行快速制作，从而大大降低了信息资源图层更新的成本和复杂度。

④ 专题数据挖掘服务

功能主要分为多维数据透视、建筑物信息综合挖掘、个人信息综合挖掘和法人信息综合挖掘等四部分，系统的数据来源为公共基础数据库与公共业务数据库，系统产生的分析成果数据以服务数据形式存储于公共服务数据库。

(2) 数据整合服务系统

数据整合服务的作用体现在两个方面，一方面通过数据加工、数据整合、数据关联等功能，能够动态配置实现各类不同主题的信息处理，在社区人口库、社区服务提供者库、社区部件库等基础数据库的基础上，通过进行清洗、转换、集成，构建业务应用所需的业务数据库，充实公共服务数据库，提升数据的价值，实现数据向信息的转变；另一方面，在新智慧应用的建设中，支撑业务数据库及公共服务数据库的指标项扩展，这些指标项的扩展也会充实基础数据库的指标项及数据内容。

(3) 数据交换服务系统

数据交换服务系统的作用在于实现信息资源的统一交换，通过交换实现社区人口、社区服务提供者、社区部件等信息资源的同步更新，以及数据比对、清洗、转换、异常处理等交换服务所需的基本功能。

(4) 公共数据库

在智慧社区的建设与运营过程中，社区会产生和需要大量的基础数据资源，但由于管理分散，制度规范不健全等因素，重复采集、口径多乱、数据资源分散管理等现象较为常见，造成数据共享不足，数据使用成本高，因此，为降低数据使用成本，提高数据共享率，将一些基础性的公共数据库进行集中管理，建立公共数据库以解决以上问题。

公共数据库主要包括社区人口库、社区服务提供者库、社区部件库、公共数据字典等基础性并共享程度较高的数据。

5. 业务应用层

业务应用层是智慧社区的最关键部分，也是智慧社区的相关用户能够感受智慧服务的最直接部分之一。强大的智慧社区基础只有通过业务应用层内各个模块才能将信息转化为服务，最终为社区住户、政府、物业等提供相关的服务。

业务应用层主要包括：社区门户、社区服务、社区管理等三大部分。其中，社区门户是整个智慧社区的统一服务入口，它将智慧社区所提供的各项功能，根据用户的需要和权限，个性化地呈现给相关人员。社区服务和社区管理分别包含为智慧社区用户提供的各项管理服务和生活服务的内容。社区服务包括社区家政服务、社区电子商务服务、社区物流服务、社区健康医疗、社区智慧家居、社区文教娱乐 6 部分；社区管理包括：社区基础信息管理、社区安防管理、社区物业及综合监管、社区电子政务、社区环境监管、社区决策支持 6 部分。

6. 呈现层

呈现层是直接面向智慧社区用户部分，也是呈现智慧社区智慧、友好的直接载体，因此，呈现层直接关系到智慧社区应用的满意度，其主要目的是将相关信息呈现给智慧社区的相关用户，使其能够得到必要的和需要的信息，同时也能够采集到需要的信息，以供使用。

智慧社区在建设和运营过程中，智慧社区每时每刻都在产生着大量的信息，尤其是作为智慧社区服务对象的社区住户、政府工作人员、物业工作人员、社区服务提供者等，不仅产生大量的信息，还需要随时根据需要获取大量的数据信息，如何使相关人员能够方便、快捷、高效地获得其想要获得，并需要获得的信息，是智慧社区呈现层的主要任务。

随着科学技术的发展智慧社区的信息呈现设备不再局限于电视、电脑等，还包括各种手持设备，如 PAD，手机，以及分布于社区内的显示屏等，使智慧社区的用户能够随时随地接收到相关信息。

7. 用户层

智慧社区的重要特点之一就是"以人为本"，提供个性化服务，因此，将智慧社区的服务对象划分为四类，即政府、社区住户、物业、社区服务提供者，根据用户的不同特点，智慧社区提供定制化服务，提高智慧社区的运行效果。

2.4.4　智慧社区技术架构

依据智慧社区建设的总体思路，结合对智慧社区内相关业务的研究分析，智慧社区技术架构，如图 2-4 所示。

总体技术架构由下至上由感知层技术、网络层技术、应用控制层技术、系统集成技术及物联网相关技术构成。每一层都是上一层的底层支持，整个架构集中体现：以感知层为技术依托，以网络层技术与应用控制层技术为支撑，通过系统集成技术对各系统的聚合集成，同时，全方位借助于物联网相关技术，最终为各层次用户提供高品质的个性化服务。

2.4.5　智能社区网络拓扑架构

智慧社区系统采用现代化的网络技术和信息集成技术，建立一个沟通住户与住户、住户与小区的综合服务中心、住户与外部社会的多媒体的综合信息交互系统。该系统以社区中心机房为枢纽，有机地将智慧家居住户、社区数字化服务、物业数字化管理、社区智能化管理结合起来，真正地实现：住户与住户之间的信息联通；住户享受小区电子购物、家政服务、自动缴费等快捷服务；社区管理自动化。

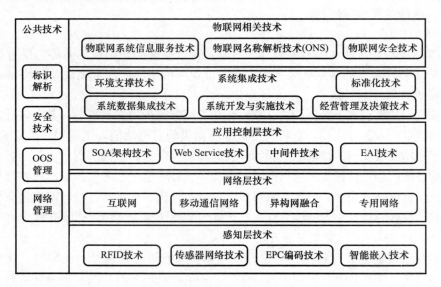

图 2-4　智慧社区技术架构

　　智慧社区网络拓扑结构由社区信息中心、IDC 机房系统、社区办公区、社区用户及社区外五大部分构成如图 2-5 所示。主要硬件设施有拼接大屏显示墙，负责智慧社区信息状况的实时监控与管理；中心机房使用成熟、高效的数据库管理系统，由数据库服务器、通信服务器以及应用服务器组成，主要用于整合社区内各项业务过程数据的传输和交换。

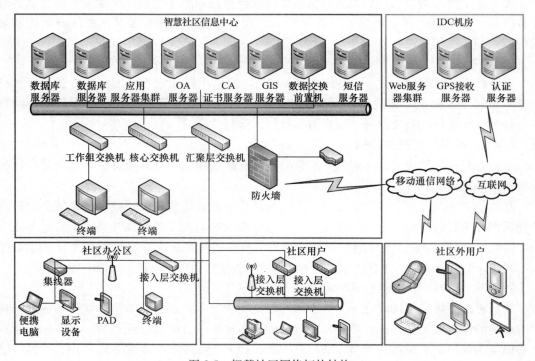

图 2-5　智慧社区网络拓扑结构

2.4.6 智能社区应用系统设计

1. 社区服务门户

智慧社区服务门户主要面向社区用户，社区用户可以选择通过家庭上网访问社区服务门户，也可以通过手机上网连接门户，用户只需通过社区服务门户来管理家居环境里的多种智慧应用系统，通过一站式的服务平台享受智慧的多方应用。

智慧社区主要由统一身份认证、智慧应用集成、信息发布、自助查询、社区信息调查、社区资源发布、社区论坛、在线交流八个模块组成，如图 2-6 所示。

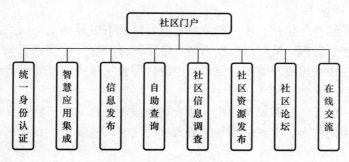

图 2-6 智慧社区服务门户

1）统一身份认证

统一身份认证和授权模块用来管理用户身份信息、处理智慧社区用户登录认证和使用授权。

（1）提供对社区用户统一的身份管理、管理企业用户与其所订购应用的映射关系；

（2）提供统一的认证功能，对社区用户在平台和应用中的登录和使用提供统一的认证接口；

（3）屏蔽非法用户的登录。

2）智慧应用集成

各应用系统按照技术规范进行改造后集成到智慧社区服务门户上，为用户提供信息化应用服务。用户通过订购应用产品，由门户入口使用智慧社区各项应用提供的服务。用户登录后，只看到自己权限范围内的相关服务。

3）信息发布

信息发布是指面向智慧社区用户的各项信息公开，包括国家政策、地方性法规、社区规章以及社区停电、停水、停煤气等与业主日常生活息息相关的信息，还可以发布物业缴费、催缴通知、社区活动通知等。相关发布信息除在常规网站上发布外，还可以根据需要发送到相关用户的手机上、社区微博上，或者发布于设立于社区重要公共场所的电子大屏上，以使相关用户能够及时快速地获得所发布的相关信息。

4）自助查询

自助查询能够使社区相关人员根据条件检索自己所需要的相关信息，例如，社区公告、自己的缴费情况等，除在常规网站查询外，社区人员还可以通过设置与社区重要场所的互动一体机进行相关问题的检索和查询，互动一体机的自助查询基于多媒体技术设计，图文并茂，具有动画、语音提示，操作人性化。自助查询具有以下功能：

（1）具有社区公告功能，可以实时发布社区的公告信息；

（2）具有物业管理信息公开功能，实时发布小区物业管理费用使用情况，物业管理人员考核情况，公共设施新建、使用、维护情况等；

（3）具有社区事务表决功能，业主只需在茶余饭后在自助查询终端上插入自己的业主卡，即可对小区的费用收取、新建项目等社区事务进行投票表决，方便双职工的业主；

（4）具有广告信息发布功能，物业发布牛奶、报纸等商家、小区内的商店、便民维护、搬家等信息，既可方便业主，又可增加物业收入，同时可以防止在小区内乱发广告，有利于小区环卫工作。

5）社区信息调查

为了更好地了解社区住户、相关商家对智慧社区的态度及感受，以及建议意见等，特设立社区信息调查，管理人员可以根据需要自定义调查问卷，被调查对象在线填写，系统自动汇总整理，并根据需要公布调查结果，以改进智慧社区的管理和运营模式。

6）社区资源发布

借由社区门户的社区资源发布功能，结合智慧旅游平台，创新将社区闲置房与旅游民宿相结合，将可用闲置房、空置房等社区资源进行实时信息发布，将社区闲置资源利益最大化。

7）社区论坛

社区论坛是社区居民沟通交流的重要平台，通过此平台可以提高社区居民交流方式的多样性，社区论坛面向的主要群体是社区住户、社区相关商户、社区相关管理人员，社区门户内的用户自动成为社区论坛的用户，外部用户需要进行注册，审核通过后，方能在论坛内活动。

8）在线交流

在线交流主要实现社区居民与社区管理人员的在线交流，包括社区咨询、建议投诉、社区聊天室和社区微博。

（1）社区咨询

为了让社区居民参与社区的管理及和谐社区的建设，社区居民通过本项功能以在线交流或留言的形式向社区管理人员咨询相关问题，在获取相关信息的同时，而实现对社区、街道、委办局为民服务工作的监督。

（2）建议投诉

居民可以通过注册和匿名发送两种模式就投诉、咨询的问题发送给政府的监督机构，并可以通过查询知道投诉事件、咨询事件的处理结果。

（3）社区聊天室

该模块包括在线私人聊天、群体聊天等，用户可方便地创建临时聊天窗口。

（4）社区微博

社区管理人员可以通过社区微博增强与居民的沟通。

2. 社区安防管理

社区安全是智慧社区提供给社区住户的最基本功能之一，也是对社区住户人身、财产安全的保障。

安全防范主要是避免危机社区住户的危险事件发生，防患于未然，以减少不必要的损失，其主要包括：视频监控子系统、楼宇对讲子系统、周界报警子系统、电子巡更子系统、门禁管理子系统、停车场管理子系统、电梯管理子系统等。

1）视频监控子系统

视频安全监控分为两部分内容，一部分为社区治安安全监控，另一部分为家庭内部视频监控。其中，社区治安安全监控为社区统一提供，为社区整体提供安全监控服务，而家庭内部视频监控为扩展性服务，各社区住户可根据实际需要进行安装。

（1）社区治安安全监控

社区治安安全监控是社区总体的安全保障，根据本社区实际情况，在社区出入口、社区内重要路口、物业管理中心、机房、重要设备房间等重点部位安装摄像机。监控系统将视频图像监控，具有实时监视，多种画面分割，多画面分割显示，云台镜头控制等功能，监控主机自动将报警画面纪录，做到及时处理，提高保卫人员的工作效率并能及时处理警情，以有效地保护小区财产和人员的安全，最大限度地防范各种入侵，提高处理各种突发事件的反应速度，给保卫人员提供一个良好的工作环境，确保整个小区的安全。

（2）家庭内部安全监控

在社区中可以根据住户实际需要，实现居民家庭内部的安全监控。通过在家庭内部安装视频监控设备，并结合住户内各种传感设备，完成家庭安全的实时视频监控、实时报警、告警联动等。同时，可对相关功能根据需要进行扩展应用，社区居民可以利用手机和无处不在的互联网，随时随地浏览家庭内部的视频图像。

2）社区出入口管理系统

出入口管理系统采用网络化、高清化、智能化等全新技术，整合道闸控制系统，能有效地丰富出入口管理手段，减少社区管理人员的配置和工作强度，改善传统人工登记方式造成的进出社区拥挤、车辆被盗等风险。具体结构如图 2-7 所示。

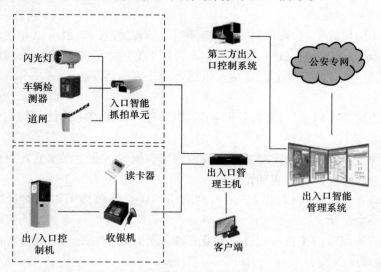

图 2-7　智慧社区出入口管理系统结构

主要应实现的功能包括：

（1）高清视频监控

系统采用高清智能网络摄像机，确保对通过车辆的高清晰抓拍，司乘人员面部特征、车牌等重要信息一览无余。同时通过补光以及成像控制技术，实现在强顺光、强逆光、夜间等各种光照条件下，对机动车车牌、车型等进行全天候有效识别。对于抓拍到的车辆图片，系统可识别车牌号、车牌颜色、车型、车身颜色等车辆信息。

（2）车牌自动识别

系统可对所有出入的机动车辆进行图像捕获，支持地感线圈检测及视频检测等多种检测方式。系统还可支持多种检测方式间的备份，当地感线圈检测设备出现故障时，系统可自动转换为视频检测模式。

（3）司乘人脸抓拍

在各种时段、各种环境光（强顺光、强逆光情况下）及各种天气下均要获取清晰的驾驶人脸像信息。抓拍车辆信息的同时，也能记录当前车辆实际驾驶人，方便管理人员进行身份验证。

（4）驾驶员与车主识别报警

通过车牌识别及司乘人脸识别获取的信息与社区车主信息进行比对，发现司乘人员为陌生人时，系统自动报警，方便社区保安人员进行有效查问处理，有效降低社区内车辆的被盗风险。

（5）道闸自动控制

系统支持的白名单车辆设置，可实现当此类车辆进出时，直接联动道闸开启，无需人工方式控制，车辆通行后，道闸自动下落，保证在车辆通行压力比较大的上下班高峰期间，固定车辆的快速通行和车主的良好驾车体验。

（6）车辆布控管理

对于长期欠费的业主车辆可设置为黑名单，进行布控管理。当前端卡口采集车辆信息与黑名单数据库中的布控车辆信息匹配时，在系统界面上进行提示，或使用声光报警。

3）可视对讲子系统

系统通过楼门口安装的对讲门口机控制开门。访客通过门口机可以和住户通话，住户如同意，则可以开启控制锁，让访客进入。在管理中心的主管理机也可以和住户通话，转接住户间的对讲。实现物业中心、业主、来访者的三方通话功能。

主要功能有：

（1）业主或访客可以通过门口机呼叫小区中任意一台室内主分机，与户内业主进行可视对讲及开锁操作。

（2）如果业主不在家，可以对主机进行留影留言操作，业主回家后，可以查看当天的访客信息，并查看访客的语音视频留言。

（3）业主与业主之间可以进行户户可视对讲，整个系统内可以同时进行多路可视对讲，相互之间不会干扰。

（4）在门口机或室内主机可以呼叫物业管理人员，与物业管理人员进行可视对讲。

4）门禁管理子系统

用社区卡代替传统的人工查验证件放行、用钥匙开门的落后方式，系统自动识别智能卡上的身份信息和门禁权限信息，持卡人只有在规定的时间和在有权限的门禁点刷卡后，门禁点才能自动开门放行允许出入，否则对非法入侵者拒绝开门并输出报警信号。由于门禁权限可以随时更改，因此，无论人员怎样变化和流动，都可及时更新门禁权限，不存在钥匙开门方式时的盗用风险。同时，门禁出入记录被及时保存，可以为调查安全事件提供直接依据。

5）周界报警子系统

周界报警系统成了智慧小区必不可少的一部分，是小区安全防范的第一道防线。为了保障住户的财产及人身安全，迅速而有效地禁止和处理突发事件，在小区周边的非出入口和围栏处安装红外对射装置，组成不留死角的防非法跨越报警系统。一旦有人非法闯入，遮断红外射束，就会立即产生报警信号传到小区管理中心，并可通过与小区视频监控系统的联动，自动将现场的摄像机对准报警信号现场，同时在监控中心的显示屏上弹出现场画面，对现场所发生的事件进行录像存储。

6）电子巡更子系统

将巡更点安放在巡逻路线的关键点上，保安在巡逻的过程中用随身携带的巡更棒读取自己的人员点，然后按线路顺序读取巡更点，在读取巡更点的过程中，如发现突发事件可随时读取事件点，巡更棒将巡更点编号及读取时间保存为一条巡逻记录。定期用通信座（或通信线）将巡更棒中的巡逻记录上传到计算机中。管理软件将事先设定的巡逻计划同实际的巡逻记录进行比较，就可得出巡逻漏检、误点等统计报表，通过这些报表可以真实地反映巡逻工作的实际完成情况。

7）安防报警子系统

入侵报警系统用于对重点部位和出入口的防范，完成对防区的自动或人工设防、撤防，并实现对布防点进行成组管理，各区报警信号接入本区安保设备间的报警主机，通过分区报警主机上传至综合管理监控指挥中心。同时，设置在各处的探测器具有与闭路电视监控、门禁等系统联动的功能。可以通过手机进行监控和查看，并实现自动报警。

8）背景音乐与紧急广播子系统

为营造一个轻松愉悦、安全舒适的家居环境，背景音乐及紧急广播系统是小区建设不可缺少的一个组成部分。系统的主要功能是提供小区背景音乐和广播、消防和保安报警以及紧急通知等。小区背景音乐系统涉及小区大门口、休闲广场、主干道的背景音乐和小区消防保安的紧急广播系统。紧急广播系统用以满足火灾等紧急情况下，引导疏散人员、全区通知等目的。

本系统与社区治安视频监控子系统、消防报警联动，当发生紧急事故（如陌生人入侵、火灾时），可根据报警信号自动切换到紧急广播工作状态。

3. 社区一卡通

社区一卡通是实现智慧社区诸多智慧应用的基础平台之一，它为社区住户的便捷生活提供了必要的硬件基础。

以小区内的宽度网络为基础，统一实现 RFID 身份识别，节省资金、携带方便、信息准确，确保社区服务"智能便捷"。社区一卡通可实现的功能如图 2-8 所示。

社区一卡通的运营需要并设立统一的运营服务中心，除使社区居民享受本社区的各项免费服务和功能外，需与更多的第三方商家进行充分合作，使业主享受更多的商业性服务。

社区一卡通系统主要由三部分组成，即发卡管理子系统、社区消费子系统以及对外数据交换子系统组成。

1）发卡管理系统

发卡系统主要是完成社区住户身份证的服务授权，同时为不适用身份证的住户发放替代卡片。

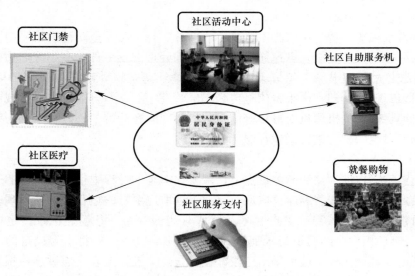

图 2-8　智慧社区一卡通系统结构

替代卡片使用 IC 卡，可以分为主卡和副卡，每户有一张主卡和多个副卡。主卡及副卡由社区运营中心发放，都可享受社区服务，如门禁、自助服务、社区内消费等。

2）社区消费系统

用于社区内服务中心、健康小屋服务、自助服务、小区缴费等，实现 IC 卡持有者及外来的非持卡用户的收费，减少不必要的现金流动。

社区消费系统由 IC 卡消费/收费终端（POS）、管理主机、IC 卡读写器、通信网络和管理软件组成。移动 POS 机采用脱机方式，通过数据采集器实现 POS 机与主机的数据上传和下载，固定 POS 机（健康小屋等）采用联网方式，由管理主机实时汇总各消费点的消费数据并通过网络下载 POS 中的消费数据。

3）数据交换

一卡通与智慧社区其他智慧应用的数据交换统一采用智慧社区总体架构中的信息资源层相关数据接口服务完成。

4. 社区物业管理

社区物业管理系统可以对社区房产、住户、车位、报事、特服、收费等进行全程信息化管理。同时，社区住户可以查询社区服务指南、房产信息、抄表信息、车位信息、缴费信息、代扣信息等，从而实现物业管理的信息化；综合监管系统则是通过一卡通服务和视频监控等服务来监控整个社区的安全情况，业主通过社区综合监管系统可以实时地查询自己居住房间的安全状况。

社区物业管理主要包括社区资源管理、社区服务管理、社区收费管理、协同办公等四个模块，具体逻辑结构如图 2-9 所示。

1）资源管理

主要包含以下几个部分：

（1）社区住户信息管理

实现对社区住户的入住、出租、退房的全过程管理，可以随时查询住户历史情况和现状，加强对业主及住户的沟通和管理。包括业主信息管理、业主家庭成员、车辆信息、电话信息、宠物信息、报修欠费历史等信息。

（2）采购库存管理

物资管理信息系统为企业提供了一种管理库存的电子集成化方案，从采购、入库，到库内作业、出库、核算等。

主要模块：采购计划管理、供货商管理、物料档案管理、物资入库管理、物资出库管理、统计查询等。

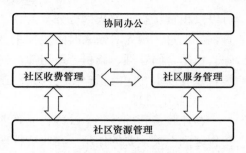

图 2-9　智慧社区物业管理系统

（3）工程设备管理

建立设备基本信息库与设备台账，定义设备保养周期等属性信息；对设备运行状态进行监控并生成运行记录、故障记录等信息，根据生成的保养计划自动提示到期需保养的设备；对出现故障的设备从维修申请，到派工、维修、完工验收、回访等实现过程化管理。

（4）合同管理

合同类别与供应商信息管理，合同签订审批流程管理；合同归档、变更、终止、解除、续订管理；合同收付款计划管理，支持合同件扫描归档、查询。

2）协同办公

（1）内部沟通：即时通信、内部邮件（支持短信群发）、文档管理、车辆管理、会议管理等。

（2）个人事务：工作计划（日程安排）、工作日志（任务/计划完成反馈自动添加、临时工作录入）、未完成/持续进行工作自行添加至当日工作计划。

（3）工作流：发起审批、工作表单导入/自定义。

3）社区服务

（1）安保管理

消防保安管理是企业正常运转的重要保证。本模块主要包括保安人员档案管理、保安人员定岗、轮班或换班管理、安防巡逻检查记录、治安情况记录以及来人来访、物品出入管理等功能。

（2）绿化环卫管理

绿化环卫管理主要包括三个方面：绿化管理，保洁管理，联系单位。绿化管理即绿化安排及维护记录，保洁管理包括清洁用具管理、保洁安排及检查记录，联系单位即联系单位信息及联系记录。

（3）日常服务

为客户订阅或收发邮件、书报期刊，为客户出差订票等是一些物业管理公司的服务性业务。主要模块有日常服务管理、客户投诉管理、报修管理、社区活动管理；本模块包括服务申请、派工、完成、回访、统计等流程化日常服务管理功能。

（4）提醒服务

物业管理人员能够向社区居民发送安全防范注意事项等提示，并在发生火灾、台风、地震等紧急情况时，指导居民防灾、疏散等。

（5）租赁管理

提供给物业公司的房产租赁部人员使用，能够对所管物业房产的使用状态进行管理，可以按租赁状态等方式进行分类汇总、统计，还可根据出租截止日期等租赁管理信息进行查询、汇总，预先对未来时间段内的租赁变化情况有所了解、准备，使租赁工作预见性强。包括合同管理、调租、退租等；到期提醒设定：可设置在合同到期日多少天前自动提醒，在界面上相应的租户以不同颜色显示。

4）收费管理

物业收费管理是整个社区物业管理的日常业务管理模块，对物业管理单位的经营管理工作起到至关重要的作用。在收费管理中，系统将收费分为社区、大楼、楼层、房间等多个级别。主要功能模块：收费项目定义、收费标准设置、合同管理、应收款管理、实收、欠费管理、收费情况统计查询等，对于社区住户可以获得缴费通知、进行欠费查询、余额查询等。

社区物业向社区住户提供自助缴费服务，也就是社区住户可做到足不出户即可进行水、电、煤气、电话费等的缴费购买。

5. 社区家政服务

家政服务是指部分家庭事务社会化、职业化、市场化，帮助家庭与社会互动，提高家庭生活质量，以促进社会发展。

社区家政服务系统为社区住户提供全面、丰富且充分自主的家政和维修服务。社区家政服务系统的主要目的是加强对家政服务客户资料及家政服务情况的管理。一方面通过对客户信息及家政服务的跟踪，掌握员工的服务情况，收集客户信息，有针对性地开发新的家政服务项目；另一方面，家政服务管理系统可以使家政服务工作更加系统化、规范化、简易化、智能化，提高家政服务质量和效率。

家政服务平台主要由商户管理、服务人员管理、会员管理、自助家政服务、服务需求、服务推介、服务人员推介、服务管理、服务评价、评价管理 10 个模块组成，具体逻辑结构如图 2-10 所示。

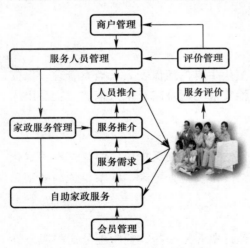

图 2-10　智慧社区家政服务

6. 社区电子商务

社区电子商务系统主要为社区内的居民、外来旅游者提供在线购物、订餐、本地特产订购等多项服务，社区电子商务系统的商品主要来自社区周边商家，这样的模式能够为社区住户的购物行为提供更多参考信息，同时，也为周边商家创造商机和利润，比如，社区周边餐馆也可将自己的商品信息发布在社区订餐服务系统上，社区住户登录到社区订餐服务系统在线订餐，并且，社区订餐服务系统还提供订餐优惠券和打折促销活动。

社区电子商务主要由八部分组成，具体包括：商品展示子系统、网上交易子系统、网上支付子系统、订单管理子系统、物流配送子系统、商户管理子系统、顾客服务管理子系统、反馈建议子系统等，具体如图 2-11 所示。

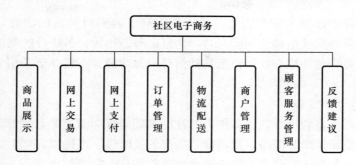

图 2-11　智慧社区电子商务

7. 社区物流服务

社区物流与社区电子商务紧密联系，是其不可或缺的组成部分，但是，社区物流除满足电子商务物流的需求外，也可以独立存在，为社区住户、社区商家单独提供相关的物流服务。社区物流是以社区为单元，以家庭为节点，以生活用品为核心，以定制服务为特征的物流集约化行为，它直接面向社区住户和社区商户，将物品直接送到社区店铺或居民手中，是物流中的"真正的最后 100m"。

智慧社区物流服务主要解决社区居民或社区商户的物品收取、物品发出、物品暂存、物品跟踪等四个问题，主要是通过社区物流自助服务平台、社区智能货柜来实现，具体逻辑结构如图 2-12 所示。

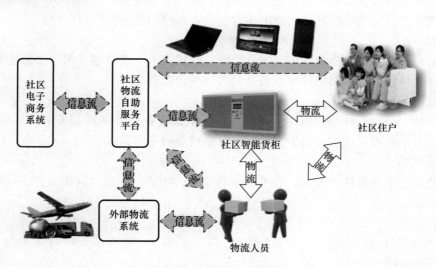

图 2-12　智慧社区物流服务

社区物流自助服务平台实现与社区住户、社区电子商务系统、外部物流系统以及物流人员的信息交互。社区智能货柜能够实现社区住户部分货物的临时存储，从而节省社区住户及物流人员的时间，提高物品的流动效率。

8. 社区政务服务平台

社区政务服务平台是体现政府工作理念从管理型向服务型转变的基石，基于"以人为本，方便百姓，精细治理"的宗旨和原则，以优化业务流程、提高办事效率、方便百姓生活、提高服务水平为平台的建设目标，并通过有效的整合资源、创新机制、全面覆盖，保证街道、社区居委会联动工作的需要，极大地提高了政府对社区的治理、服务和监督能力，在进一步提升政府威望和公信的同时，为打造和谐社区、美丽社区奠定坚实的基础。

社区政务服务平台的核心功能包括基础信息资源管理、在线办事、信息公开及社区志愿者等。

1）基础信息资源管理

通过社区基础信息管理，建立各街道、社区基础信息资源台账，统筹各种来源的信息采集需求，信息采集于政务服务，提高信息采集的及时性、准确性，同时，使业主了解社区内的基本信息，包括人口信息、安全信息、消费信息、需求信息等。

基础信息资源管理建立统一的社区基础数据库，并对其进行管理，实现民政、劳动保障、计划生育、医疗卫生、残联等基础业务数据采集、统计、管理、更新、上报的系统化、网络化。

通过该功能可以规范社区管理工作，政府各部门必须按职责权限采集数据、使用数据和管理数据，改变社区重复摸查上报数据的工作现状，减轻工作强度，提高工作效率。

2）在线办事

在线办事主要实现居民在线办理各委办局、街道行政性审批，以及社区办事、商业机构提供服务在线办理；并实现针对各业务办理条件的查询、表单下载等；实现在线办理业务状态、进程、办理结果的跟踪，同时公开办事结果。

在线办事，通过在线展现办事流程、条件、办理地点等要素实现办事明晰化；通过外网申请、内网办理实现在线办事状态的实时可查，办理结果及时公布。

3）信息公开

信息公开是指将一些重要的信息向外公开，使相关人员清晰地了解，以增加政府政务的透明度，具体包括三大类，即政府类、公共类和公益类。

（1）政府类

政务公开、公告、法律法规性信息的发布需求；政府行政审批办事条件、办事时限、办事时间、办事地点、办事机构等方便居民办事信息的发布需求。

（2）公共类

面向公众的重大事件的处理、意见征求的需求；社区、街道、区政府关于某项调查信息的发布需求。

（3）公益类

社会公益性组织、活动信息发布的需求。

4）社区志愿者

社区志愿者是社区建设中默默奉献、辛勤付出的一个群体。他们的举动是高尚的，为促进社区进行文明建设以及促进和谐社区的建设做出了重大贡献。

建立志愿服务时间登记、社会反馈统一有序的认证管理体系，定期统计"志愿者实践"结果，服务满一定时间后，除了可以获得政府文明办颁发的证书（精神奖励）外，根据不同的服务时间还能获得社会各服务组织、商家的一定商品或服务的折扣反馈，并实施服务小时社会公开监督制、审核制、储备制、馈赠制、社会"反哺"制。

建立信息化的志愿者管理体系，有效地对志愿者的信息和志愿者活动进行高效的管理。对于每位参加过志愿者服务的居民，通过服务地的信息终端系统刷卡，系统将自动进行记录，同时，根据奉献时间数给予不同形式的反馈。同时，当社区内需要招募志愿者时，可直接将信息发布到志愿者网站上，这样保障了每户居民都能看到信息，减少了志愿者招募的难度。

9. 社区健康医疗

社区医疗卫生服务系统以人的健康为中心，以家庭为单位，在社区范围，以妇女、儿童、老年人、慢性病人、残疾人等为重点，解决社区主要卫生问题，满足基本卫生服务需求。

健康医疗主要由健康档案管理、社区保健医疗平台、便民健康小屋、家居助老养老等部分组成，具体结构如图 2-13 所示。

10. 社区环境监控

给社区住户提供一个安全、绿色、优美的自然环境是智慧社区的重要目标之一，这需要对社区内的环境进行监测和控制。近年来，由于物联网技术的不断成熟，信息化技术也得到了广泛的应用，对于环境的监测和控制手段越来越多，越来越先进。

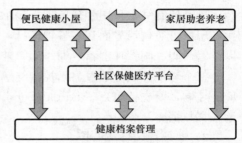

图 2-13　智慧社区健康医疗

智慧社区环境监控系统运用先进的探测技术、传感技术、通信网络技术实现对污染源及环境质量实施长期、连续、有效、科学、准确、全面、高效地监测，为社区管理者和社区住户及时提供环境预警信息，并提出管理建议。

社区环境监控分为室内家庭环境与室外社区环境两部分。

1）室内家庭环境监控

室内家庭环境监控主要目的是对社区家庭的室内环境进行监测和控制，以保证社区居民室内生活的安全、健康和舒适，其主要由四部分组成，即数据采集模块、智能环境控制模块、设备控制模块、显示控制终端。具体结构如图 2-14 所示。

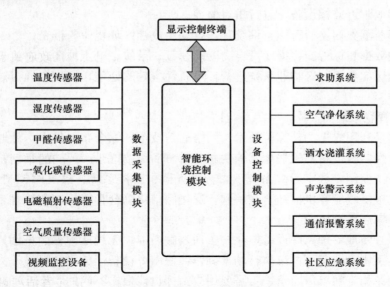

图 2-14　智慧社区家庭环境监控

数据采集模块由温度传感器、湿度传感器、甲醛传感器、一氧化碳传感器、电磁辐射传感器、空气质量传感器、视频监控设备以及传感器数据传输网络组成，其分别采集温度、湿度、甲醛浓度、一氧化碳浓度以及电磁辐射强度等室内环境数据，然后将其传输给智能环境控制模块进行处理。

环境控制模块对传感器数据网络传输来的环境数据进行处理，根据设定的规则，形成处理方案，然后将相关的控制信号传输给设备控制模块进行相关设备的控制，已完成对环境处理方案的执行。例如，当甲醛或一氧化碳浓度过高时，MCU 会控制声光警示系统进行报警，并且打开空气净化系统改善环境，在必要时通过通信报警系统给相关人员短信或邮件报警。

显示控制终端采用触摸屏进行显示和控制，编程实现触摸屏上的软件界面，界面人性化，用户可通过该界面查看各种信息，比如温度、湿度、电磁辐射强度、历史记录，还可以设置时间、闹铃加湿器、通风扇等外围设备，操作要方便人性。

整个环境控制除通过显示控制终端以及电脑完成外，也可以使用手机进行家庭室内环境的控制，要支持 IOS/Android/Symbian/Mobile 等主流操作系统，可远程点播视频、查询采集数据。

2）室外社区环境监控

室外社区环境监控主要是针对社区家庭环境以外的环境进行监测控制，包括楼道、楼宇之间、社区公共场所等。其结构与室内家庭环境监控类似，但是提供社区级别的高精度电子地图作为支持，能够快速定位出现环境问题的位置，并能够与社区安防管理、社区物业管理等系统实现无缝互联互通，协同工作，以增加对环境控制的效率和质量，最终形成结合视频监控、环境监控、动力监控、安防监控为一体的完善的环境监控系统，达到无人值守实时监控的目标。

室外社区环境监控除完成室内家庭环境监控的类似功能外，还要满足以下要求：

（1）GIS 电子地图定位技术，可标注监测点地理位置信息，并在社区三维模型中动态显示，实时调取附近监控设备，进行重点监控；

（2）环境监测数据支持智能查询统计，自动生成社区环境业务报表；

（3）监测数据超标智能报警，可自动联动视频、录像、电子地图、手机短信等报警方式，并通过社区应急、社区物业系统进行环境恶性事件的处理，事后可通过查询报警日志调取录像。

11. 社区智慧家居

智慧家居是利用先进的计算机技术、网络通信技术、综合布线技术，依照人体工程学原理，融合个性需求，将与家居生活有关的各个子系统如安防、音视频设备、灯光控制、窗帘控制、空调控制、数字影院系统、影音服务器、影柜系统、煤气阀控制、信息家电、场景联动、地板供暖等有机地结合在一起，通过网络化综合智能控制和管理，实现"以人为本"的全新家居生活体验。

用户可以方便地管理家庭设备，比如：通过触摸屏、无线遥控器、电话、互联网或者语音识别控制家用设备，更可以执行场景操作，使多个设备形成联动；另一方面，智能家居内的各种设备相互间可以通信，不需要用户指挥也能根据不同的状态互动运行，从而给用户带来最大程度的高效、便利、舒适与安全。

智慧社区的智慧家居，由多个部分组成，具体如图 2-15 所示。

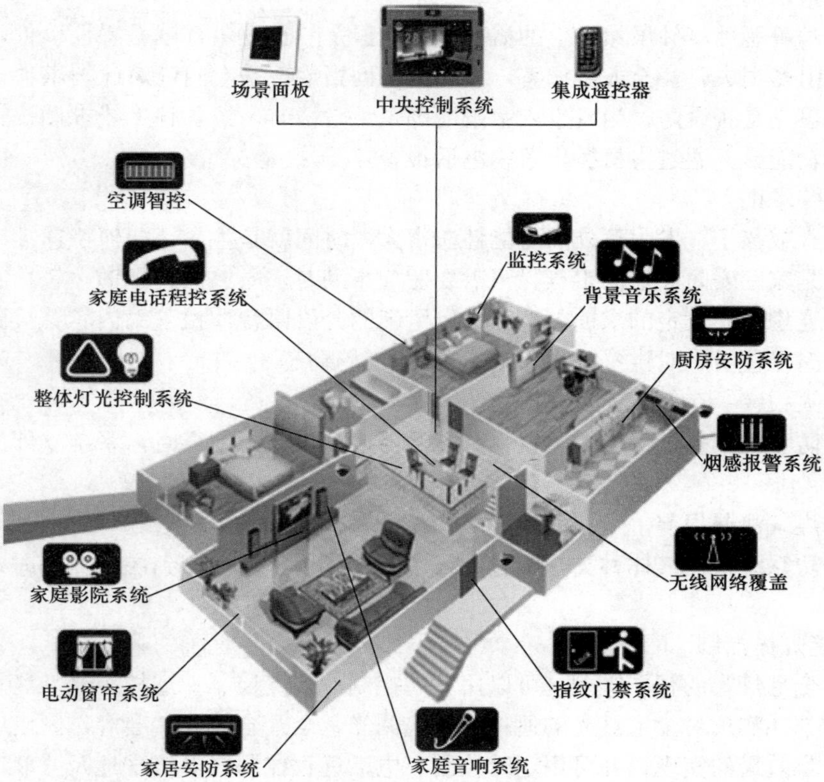

图 2-15　智慧社区智慧家居

对智慧家居包含各个组成部分进行组合统计，主要包括：智能家居（中央）控制管理系统、家庭安防系统、智能灯光控制、智能电器控制、家庭智能背景音乐、家庭影院多媒体等，下面对各个子系统的目标和功能进行说明。

1）智能家居控制管理系统

是以住宅为平台，家居电器及家电设备为主要控制对象，利用综合布线技术、网络通信技术、安全防范技术、自动控制技术、音视频技术将家居生活有关的设施进行高效集成，构建高效的住宅设施与家庭日程事务的控制管理系统，提升家居智能、安全、便利、舒适，并实现环保节能的综合智能家居网络控制系统平台。智能家居控制系统是智能家居核心，是智能家居控制功能实现的基础。

2）家庭安防系统

给社区住户提供最安全的环境，是智慧社区的最基本功能之一，社区安防系统主要完成社区级别的安全防护，而家庭安防是社区安防管理的重要补充和延伸，使安全防护真正地覆盖到家庭，从家庭层面为社区提供更加细致、人性化的安全保护。

智慧社区的家庭安防主要包括以下几个功能：

（1）防盗报警

在社区的每家住户根据需要配置门磁、红外、微波等探测器，当有人进入探测区域或门窗被非法开启，系统立即执行事先设定的现场阻吓功能和拨打防盗电话报警。

（2）防抢求助报警

入室抢劫等恶性事件虽然发生的概率不高，但是一旦发生，就是恶性事件，会给家庭带来严重的财产损失，甚至人身伤害，而防抢求助报警就是专门针对此类事件进行设计和搭建，无论事先是否设防，当发生入室抢劫等紧急险情时，按各种无线求助按钮，即可启动现场阻吓功能，并通过主机拨出求助电话报警。

（3）医疗求助

家有老人或孩子，发生意外的可能性非常大，时间就是生命，如何快速准确地进行医疗救助，也是家庭安防关注的重点，当需要医疗帮助时，通过操作求助按钮，家庭安防系统可迅速拨通您事先设定的求助电话，并以清晰的分段语音播报求助内容，接到家中的报警求助电话时可监听、对讲（现场广播），了解现场动态。

（4）防火报警

智能安防系统配置了优质的无线烟雾探测器，当检测到烟雾时，系统立即拨打防火报警电话。

（5）防煤气泄漏报警

智能安防系统根据气体种类，配置无线燃气探测器，当检测到燃气泄漏时，系统立即报警。

3）智能灯光控制

实现对全宅灯光的智能管理，可以用就地控制、多点控制、遥控控制、区域控制等多种智能控制方式实现对全宅灯光的遥控开关，调光，全开全关及"会客、影院"等多种一键式灯光场景效果的实现；并可用定时控制、电话远程控制、电脑本地及互联网远程控制等多种控制方式实现功能，从而达到智能照明的节能、环保、舒适、方便的功能。

智能灯光控制通过弱电控制强电方式，控制回路与负载回路分离，社区住户根据环境及自己的需要，自己修改设置实现灯光布局的改变和功能扩充。

4）智能电器控制

电器控制采用弱电控制强电方式，既安全又智能，可以用遥控、定时等多种智能控制方式实现对在家里的饮水机、插座、空调、地暖、投影机、新风系统等进行智能控制，避免饮水机在夜晚反复加热影响水质，在外出时断开插排通电，避免电器发热引发安全隐患；以及对空调地暖进行定时或者远程控制，让用户到家后马上享受舒适的温度和新鲜的空气。

5）家庭智能背景音乐

家庭背景音乐是在公共背景音乐的基本原理基础上结合家庭生活的特点发展而来的新型背景音乐系统。智慧社区的家庭智能背景音乐使社区住户在家庭任何一间房子里，比如花园、客厅、卧室、酒吧、厨房或卫生间，可以将MP3、FM、DVD、电脑等多种音源进行系统组合，让每个房间都能听到美妙的背景音乐。

6）智能视频共享

视频共享系统是将数字电视机顶盒、DVD机、录像机、卫星接收机等视频设备集中安装于隐蔽的地方，系统可以做到让客厅、餐厅、卧室等多个房间的电视机共享家庭影音库，并可以通过遥控器选择自己喜欢的音源进行观看，采用这样的方式既可以让电视机共享音视频设备，又不需要重复购买设备和布线，既节省资金又节约空间。

7）家庭影院系统

智能家庭影院系统涉及投影成像系统、音响功放系统、建筑消声系统以及信号的输入输出等，其组成相对复杂，但是，其操作要求简单，一键可以启动场景，如音乐模式、试听模式、卡拉 OK、电影模式等，操作方式要多样，可通过遥控器/平板在不同的房间操作投影仪、电视机，分享私家影库等，能够与智能视频共享系统进行无缝对接，可以随时选择自己喜欢的电影进行观看。

另外，家庭影院系统要实现与智能灯光、智能电器控制、背景音乐等其他家庭系统联动，实现家庭一体化。

12. 智慧社区移动服务

随着无线智能终端的普及，移动媒介逐渐成为一个主要的信息查询和业务办理的手段。智慧社区移动服务系统通过建设手机 App 子系统以及微信公众服务号子系统，一方面为社区各级管理人员提供了快捷的业务办理手段，使"随时随地办公"成为现实；另一方面为社区居民提供便捷的社区服务信息查询、社区服务办理、投诉与意见反馈等服务，很大程度上方便了居民的日常生活，为建设"智慧社区"提供重要的服务渠道补充。

智慧社区移动服务系统逻辑功能结构如图 2-16 所示。

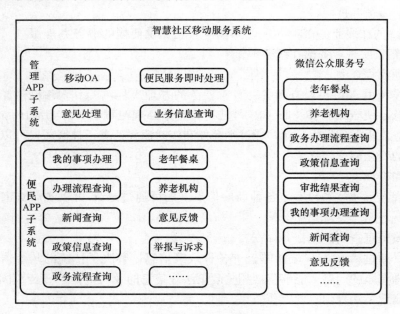

图 2-16　智慧社区移动服务系统功能结构图

1）管理 App 子系统

管理 App 子系统，实现社区工作人员的上门服务、移动办公，手机应用系统所有数据与智慧社区平台实时保持同步，当社区工作人员到居民家，可以实时通过手机终端查询到该户的登记状况，并进行核对。如发现变更或新增信息，可通过终端实时修改或录入。该系统根据手机号码进行操作人员身份识别，并实时反馈到平台，平台根据身份分配操作权限。主要功能有：

（1）移动 OA

实现社区 OA 功能移动化，办公人员利用手机 App 可以随时随地进行办公，如会议室管理、请假管理、流程审批等。

（2）便民服务即时处理

实现便民服务即时处理，办公人员可以及时处理居民提交的服务请求，如居民问答处理、居民办理业务流程审批等，能够大幅度提高便民服务的处理效率，缩短业务处理时间，更好地为居民进行服务。

（3）意见处理

对居民提交反馈的意见以及投诉等信息进行处理，可以对相关意见直接在线回复反馈。

（4）业务信息查询

利用 App 客户端可以实时查询相关业务信息，如居民信息等，方便了办公人员的外出办公，提高了办公效率。

2）便民 App 子系统

便民 App 子系统，实现居民便捷的信息查询服务、在线业务办理服务、在线意见反馈服务以及举报与诉求等功能，社区居民利用手机 App 即可享受丰富的社区信息服务，方便了社区居民的日常生活，便民 App 子系统包括如下功能：

（1）我的事项办理

实现 App 的在线业务事项办理，为社区居民提供便捷的业务办理服务，居民利用手机 App 即可轻松实现业务的在线办理。

（2）办理流程查询

社区居民利用 App 可以查询各种日常业务的办理流程，App 软件提供详尽、实时的流程办理信息，使居民能够及时了解到对应的业务办理流程，节省了居民办理业务的时间，某项业务流程办理发生变化，通过平台发布实时流程信息，社区居民可以第一时间得知流程办理的变化相关信息。

（3）新闻查询

社区管理人员通过平台发布各种新闻信息，居民通过 App 可以实时查询各种新闻动态信息。

（4）政策信息查询

社区居民通过 App 客户端能够查询各种政策信息，解决了传统的政策信息发布不及时、传播范围有限的问题，能够实现相关政策法规信息的及时宣传，宣传范围最大化，很大程度上提高政策法规信息的宣传效果。

（5）政务流程查询

实时查询自己的事项办理进度，使居民能够及时了解到相关的业务办理进度，缩短了业务办理时间。

（6）老年餐桌

提供老年餐桌信息查询服务，使得老年人以及家人方便地查询老年餐桌的相关信息，解决了老年人日常吃饭的问题，通过平台监管，可以较好地保证餐桌的质量和卫生安全。

（7）养老机构

提供养老机构信息的查询服务，方便老年人及时了解正规养老机构的相关信息。

（8）意见反馈

社区居民通过 App 可以随时进行意见和建议的反馈，社区管理人员能够及时收集居民的意见，并对意见进行反馈处理，居民通过 App 可以随时查询反馈信息。

（9）举报与诉求

居民通过下载手机 App，按照 App 软件提示按要求拍照写明详细信息直接上报立案，管理人员通过平台可以对举报与诉求相关内容进行进一步办理，可以及时发现并解决居民的矛盾，尽量使居民矛盾社区内部化处理，维护了社区的繁荣安定。

3）微信公众服务号

微信公众服务号作为腾讯公司的一个产品平台，可以对移动 App 进行很好的渠道补充，在安装使用方面公众服务号较 App 系统更为便捷，居民只需要通过关注微信服务号即可享受服务号提供的各种服务。社区微信公众服务号系统，实现居民便捷的信息查询服务、在线业务办理服务、在线意见反馈服务以及举报与诉求等功能，社区居民利用微信服务号即可享受丰富的社区信息服务，方便社区居民的日常生活。

思考与实践

1. 简述公共服务的概念。
2. 常见的社区公共服务有哪些方式？试举例说明。
3. 查阅文献总结现阶段政府公众信息服务系统应提供的信息服务有哪些？
4. 智慧社区应用系统的体系架构有什么特点？用到的关键技术有哪些？
5. 简要说明智慧社区服务的内容有哪些？
6. 简要说明移动互联网技术在智慧社区信息服务中如何发挥作用？

第 3 章　物业管理系统

3.1　管理信息系统概述

管理信息系统（MIS，Management Information Systems）是一个不断发展的新技术，MIS 的定义随着计算机技术和通信技术的进步也在不断更新，在现阶段普遍认为管理信息系统是一个由人和计算机设备或其他信息处理手段组成的系统，能够实测企业的各种运行情况，并利用过去的历史数据预测未来，从企业全局的角度出发辅助企业进行决策，利用信息控制企业的行为，帮助企业实现其规划目标。

管理信息由信息的采集、信息的传递、信息的储存、信息的加工、信息的维护和信息的使用六个方面组成。完善的管理信息系统 MIS 具有以下四个标准：确定的信息需求、信息可采集与可加工、可以通过程序为管理人员提供信息、可以对信息进行管理。具有统一规划的数据库是 MIS 成熟的重要标志，它象征着管理信息系统 MIS 是软件工程的产物、管理信息系统 MIS 是一个交叉性综合性学科，组成部分有：计算机学科（网络通信、数据库、计算机语言等）、数学（统计学、运筹学、线性规划等）、管理学、仿真等多学科。信息是管理上的一项极为重要的资源，管理工作的成败取决于能否做出有效的决策，而决策的正确程度则在很大程度上取决于信息的质量。所以能否有效的管理信息成为企业的首要问题，管理信息系统在强调管理、强调信息的现代社会中越来越得到普及。

3.1.1　管理信息系统的产生背景

随着全球经济的蓬勃发展，众多经济学家纷纷提出了新的管理理论。20 世纪 50 年代，西蒙提出管理依赖于信息和决策的思想。同时期的维纳发表了控制论，他认为管理是一个过程。1958 年，盖尔写道："管理将以较低的成本得到及时准确的信息，做到较好的控制。"这个时期，计算机开始用于会计工作，出现数据处理一词。

1970 年，Walter T. Kennevan 给刚刚出现的管理信息系统一词下了一个定义："以口头或书面的形式，在合适的时间向经理、职员以及外界人员提供过去的、现在的、预测未来的有关企业内部及其环境的信息，以帮助他们进行决策。"在这个定义里强调了用信息支持决策，但并没有强调应用模型，没有提到计算机的应用。

1985 年，管理信息系统的创始人明尼苏达大学的管理学教授 Gordon B. Davis 给了管理信息系统一个较完整的定义，即"管理信息系统是一个利用计算机软硬件资源，手工作业，分析、计划、控制和决策模型以及数据库人机系统。它能提供信息支持企业或组织的运行管理和决策功能。"这个定义全面地说明了管理信息系统的目标、功能和组成，而且反映了管理信息系统在当时达到的水平。

3.1.2　管理信息系统的组成部分

从概念上分析，管理信息系统由四个部件构成：信息源、信息处理器、信息用户和信息管理者。它们的联系如图 3-1 所示。信息源是信息的产生地；信息处理器负担信息的传输、加工、保存等任务；信息用户是信息的使用者，利用信息进行决策；信息管理者负责信息系统的设计、实现和维护。

管理信息系统一般被看作一个金字塔形的结构，分为从底层的业务处理到运行控制、管理控制、最高层的战略计划。最基层由任务巨大处理繁杂的事务信息和状态信息构成。层次越往上，事务处理的范围越小，针对也是比较特殊和非结构化的问题。一个组织的管理信息系统可分解为如下四个基本部分。

1. EDPS 部分

主要完成数据的收集、输入，数据库的管理、查询、基本运算、日常报表的输出等。

2. 分析部分

主要在 EDPS 基础之上，对数据进行深加工，如运用各种管理模型、定量化分析手段、程序化方法、运筹学方法等对组织的生产经营情况进行分析。

3. 决策部分

MIS 的决策模型多限于以解决结构化的管理决策问题为主，其决策结果要为高层管理者提供一个最佳的决策方案。

4. 数据库部分

主要完成数据文件的存贮、组织、备份等功能，数据库是管理信息系统的核心部分。

3.1.3　管理信息系统的基本功能

管理信息系统（MIS）的基本功能主要包括以下几个方面：

1. 数据处理功能

由于管理信息系统需要收集各个部分发送过来的信息，不同部门发出的信息可能格式不同，需要对其进行统一处理。除此之外，需要对各个部门数据进行分析计算，以执行相应决策。

图 3-1　管理信息系统总体结构图

2. 计划功能

根据现存条件和约束条件，提供各职能部门的计划。如生产计划、财务计划、采购计划等。并按照不同的管理层次提供相应的计划报告。

3. 控制功能

根据各职能部门提供的数据，对计划执行情况进行监督、检查、比较执行与计划的差异、分析差异及产生差异的原因，辅助管理人员及时加以控制。

4. 预测功能

运用现代数学方法、统计方法或模拟方法，根据现有数据预测未来。

5. 辅助决策功能

采用相应的数学模型，从大量数据中推导出有关问题的最优解和满意解，辅助管理人员进行决策。以期合理利用资源，获取较大的经济效益。

3.1.4　管理信息系统的主要任务

管理信息系统（MIS）辅助完成企业日常结构化的信息处理任务，一般认为 MIS 的主要任务有如下几方面：

1. 对基础数据进行严格的管理，要求计量工具标准化、程序和方法的正确使用，保证信息流通渠道顺畅。有一点要明确，"进去的是垃圾，出来的也是垃圾"，必须保证信息的准确性、一致性。

2. 确定信息处理过程的标准化，统一数据和报表的标准格式，以便建立一个逻辑上集中统一的数据库。

3. 高效低成本地处理日常业务，优化各种资源的分配，包括人力、物力、财力等。

4. 充分利用已有的信息，包括现在和历史的数据信息等，运用管理数学模型，对数据进行加工处理，支持管理和决策工作，以辅助其实现总目标。

3.1.5 管理信息系统的特点

管理信息系统的特点可以从七个方面来概括：

1. MIS 是一个人机结合的辅助管理系统。管理和决策的主体是人，计算机系统只是工具和辅助设备。

2. 主要应用于结构化问题的解决。

3. 主要考虑完成例行的信息处理业务，包括数据输入、存储、加工、输出，生产计划，生产和销售的统计等。

4. 高效率低成本地完成数据业务的处理任务，追求系统处理问题的效率。

5. 目标是要实现一个相对稳定的、协调的工作环境。因为系统的工作方法、管理模式和处理过程是确定的，所以系统能够稳定协调地工作。

6. 数据信息成为系统运作的驱动力。信息处理模型和处理过程的直接对象是数据信息，完整地采集数据资料是系统运作的前提。

7. 设计系统时，要符合实际情况，应用科学的、客观的处理方法。

3.1.6 管理信息系统的问题

管理信息系统的开发是一个相对复杂的系统工程，它涉及计算机处理技术、系统理论、组织结构、管理功能、管理知识等各方面的问题，至今没有一种统一完备的开发方法。但是，每一种开发方法都要遵循相应的开发策略。每一种开发策略都要明确以下问题：

1. 系统要解决的问题

如采取何种方式解决组织管理和信息处理方面的问题，对企业提出的新的管理需求该如何满足等。

2. 系统可行性研究

确定系统所要实现的目标。通过对企业状况的初步调研得出现状分析的结果，然后提出可行性方案并进行论证。系统可行性的研究包括目标和方案可行性、技术的可行性、经济方面的可行性和社会影响方面的考虑。

3. 系统开发的原则

在系统开发过程中，要遵循领导参与、优化创新、实用高效、处理规范化的原则。系统开发前的准备工作：做好开发人员的组织准备和企业基础准备工作。

4. 系统开发方法的选择和开发计划的制定

针对已经确定的开发策略选定相应的开发方法，是结构化系统分析和设计方法，还是选择原型法或面向对象的方法。开发计划的制定是要明确系统开发的工作计划、投资计划、工程进度计划和资源利用计划。

3.1.7　管理信息系统开发方法

管理信息系统开发方法主要有：结构化生命周期开发方法、原型法、面向对象的开发方法等。

1. 结构化生命周期开发方法：目前较为流行的 MIS 开发方法是结构化生命周期开发方法，其基本思想是：用系统的思想和系统工程的方法，按用户至上的原则，结构化、模块化地自上而下对生命周期进行分析与设计。

用结构化生命周期开发方法开发一个系统，将整个开发过程划分为五个阶段：

（1）系统规划阶段：主要任务是明确系统开发的请求，并进行初步的调查，通过可行性研究确定下一阶段的实施。系统规划方法有战略目标集转化法（SST，Strategy Set Transformation）、关键成功因素法（CSF，Critical Success Factors）和企业规划法（BSP，Business System Planning）。

（2）系统分析阶段：主要任务是对组织结构与功能进行分析，理清企业业务流程和数据流程的处理，并且将企业业务流程与数据流程抽象化，通过对功能数据的分析，提出新系统的逻辑方案。

（3）系统设计阶段：主要任务是确定系统的总体设计方案，划分子系统功能，确定共享数据的组织，然后进行详细设计，如处理模块的设计、数据库系统的设计、输入输出界面的设计和编码的设计等。该阶段的成果为下一阶段的实施提供了编程指导书。

（4）系统实施阶段：主要任务是讨论确定设计方案、对系统模块进行调试、进行系统运行所需数据的准备、对相关人员进行培训等。

（5）系统运行阶段：主要任务是进行系统的日常运行管理，评价系统的运行效率，对运行费用和效果进行监理审计，如出现问题则对系统进行修改、调整。

这五个阶段共同构成了系统开发的生命周期。结构化生命周期开发方法严格区分了开发阶段，非常重视文档工作，对于开发过程中出现的问题可以得到及时的纠正，避免了出现混乱状态。但是，该方法不可避免地出现开发周期过长、系统预算超支的情况，而且在开发过程中用户的需求一旦发生变化，系统将很难作出调整。

2. 原型法：该方法在系统开发过程中也得到不少应用。原型法的基本思想是系统开发人员凭借自己对用户需求的理解，通过强有力的软件环境支持，构造出一个实在的系统原型，然后与用户协商，反复修改原型直至用户满意。原型法的应用使人们对需求有了渐进的认识，从而使系统开发更有针对性。另外，原型法的应用充分利用了最新的软件工具，使系统开发效率大为提高。

3. 面向对象系统开发方法：面向对象的系统开发方法（OO，Object Oriented），是近年来逐渐流行的系统开发方法。面向对象的系统开发方法的基本思想是将客观世界抽象地看成是若干相互联系的对象，然后根据对象和方法的特性研制出一套软件工具，使之能够映射为计算机软件系统结构模型和进程，从而实现信息系统的开发。

3.2　物业管理系统概述

管理信息系统是一个广泛的概念，目前它的应用范围已经越来越广，由于服务对象不同、目标不同，在系统的功能和结构上也相差很远。比如，企业管理信息系统主要面向工业企业；高校管理信息系统面向高等院校；医疗管理信息系统面向医院；超市管理信息系统（也称POS系统）面向超市。我们把用于物业管理的信息系统称为物业管理信息系统。

物业管理信息系统是专门用于物业信息的收集、传递、储存、加工、维护和使用的系统，它能实测物业及物业管理的运行状况，并具有预测、控制和辅助决策的功能，帮助物业管理公司实现其规划目标。在日新月异高速变化的现代社会中，办公室自动化已成为公司管理人员与办公人员共同追求的目标。物业公司为了谋求生存与发展，为了在竞争激烈的市场中获得一席之地，就必须寻找自身的竞争优势，而有效地利用手中掌握的各类有价值的基础性资源（如物业信息），就能够为各自的经营战略的制订、实施、协调与监督提供科学的决策依据，为顺利地实现各自的经营目标服务，从而求得长期的、可持续的发展。同时，作为办公室人员，每天处理的事务繁多、单调，利用现代化的工具，使自己从现有机械而单调的工作中解脱出来，提高工作效率与工作质量，已经成为刻不容缓的需求。另外，在信息领域，人们越来越重视信息的收集、整理、鉴定、保管、统计、分析以及应用工作，正待形成一些方法与体系。

3.2.1 物业管理系统的产生背景

早在19世纪末，物业管理便在英国出现，奥克塔维亚·希尔编写的租户行为管理办法是物业管理的早期雏形。20世纪初，由约翰·威尔特创立了世界上第一个物业管理组织：芝加哥建筑物管理人员组织。随后，建筑物业主组织应运而生，成为一个覆盖全美国的物业行业组织。之后，产生了建筑物业主与管理人员协会。然而，手工管理是所有早期物业管理的一个共同特点，因此，其模式信息化程度很低。

我国的物业管理行业发展起步较晚。第一家涉外商品房产管理的专业公司于1981年3月在深圳成立，开启了我国对物业管理的探索与尝试。从20世纪90年代初广东省决定推行物业管理到我国房地产行业蓬勃发展的今天，相关部门先后颁布实施了很多相关的政策法令，如1994年颁布的《城市新建住宅小区管理办法》以及《城市房地产管理法》、2003年颁布的《物业管理条例》以及2007年颁布的《物权法》和《国务院关于修改〈物业管理条例〉的决定》等，这些都为物业管理的持续健康发展提供了法律的保障。目前，我国物业管理行业已经初具规模，物业管理的场竞争也日趋激烈。

伴随着信息技术的发展，物业管理企业已普遍采用了基于计算机技术的专业物业管理信息系统，这些信息系统功能较为完善，在很大程度上提高了物业管理的工作效率。然而过去受制于计算机技术的发展水平，早期的物业管理信息系统大多采用C/S即客户端/服务器模式，存在的弊端较多。而在新一代信息技术应用日益普及的今天，用多种方式对物业信息进行灵活的管理已成为一种必然。

3.2.2 物业管理信息系统的任务

各个公司所开发的物业管理系统可能并不相同，但其基本任务一般包含如下几个方面：

1. 对各种物业档案资料的管理

物业档案资料是原始记录，包括各种合同、图纸、文件和住户信息，它们是管理的凭证和证据。例如，物业接管验收中的原始记录，可以成为日后保修和索赔的依据；住户的基本情况反映服务对象的层次和差别，可为设定服务项目提供依据。目前，不少物业管理公司在档案管理方面还存在不少问题，档案不全，管理不规范，给查阅和使用带来很多的不便。用计算机进行管理，可以使这种状况得到根本的改变。现在多媒体技术可以保存声音、图像等信息，比如，房屋的外观、装修等都可以以图像形式保存在计算机中，更加直观。

2. 高效低成本地完成日常信息处理业务

作为服务性行业，物业管理公司平时主要处理一些事务性的工作。信息系统可以大大提高信息处理效率，减轻劳动强度，从而提高工作效率和效益，同时又可以促进管理人员整体素质的提高，改进管理质量和服务水平。比如，深圳某物业管理公司运用计算机收费获得良好的效果：①节省50%~70%的人力；②收费稳定可靠；③避免个人徇私情；④财务报表反映及时、准确；⑤方便业主。

3. 辅助决策

利用系统的信息资源和各种管理模型，辅助高层管理人员进行各种决策。物业管理中的决策工作相对来说不是很复杂，但是，随着科学技术的进步和市场经济的发展，物业管理的范围日益扩大，管理程度也日益复杂，面对激烈的市场竞争，客人们对生活质量的要求不断提高，凭经验已不能适应时代的要求，物业管理实现现代化是一种必然趋势，作为物业管理的决策者，必须学习和运用现代管理理论和方法，运用现代化的管理手段来试着管理，其中涉及保密，比如正常资金的运营新型服务项目的策划，服务价格制定，物业化规划，导航都可以借助数学模型的定量分析，以提高决策的效率和可靠性。

4. 联网服务用计算机网络检查系统内部以及系统与外部环境特别是住户的联系

物业管理信息系统可以根据工作需要，与金融机构、公用事业单位（如自来水公司，供电部门）联网，与用户的家用电脑联网，从网上提供服务信息，加强与住户的联系，物业管理服务质量会大大提高，这是开发物业管理信息系统的根本目的。

3.2.3 物业管理信息系统的结构

对管理信息系统结构描述有许多不同的模式，比如，可以从通信的硬件设备到拓扑结构角度来描述，称之为景物结构、物理结构，也可以按业务功能来描述。一个典型的企业管理系统，一般包括，生产管理子系统，财务管理子系统，人事管理子系统，销售和市场管理子系统，信息处理子系统和高层管理子系统等，这些子系统覆盖了工业企业的所有管理业务，实地组织的职能部门并不一定是这样划分的。

由于各个物业管理公司的规模、管理对象、管理内容不同，组织结构设置可以不同，为之服务的信息系统的结构也可以多种多样。互联网信息管理系统的结构，可以多种多样，管理公司的管理业务主要包括：房屋管理、卫生管理、绿化管理、治安管理、财务管理和经营性项目管理。物业管理信息系统的结构可以围绕其主要业务，并结合其物业管理企业具体的组织结构来确定。

下面从业务功能的角度来介绍一个典型的物业管理系统结构。此物业管理信息系统分为两大部分，物业公司内部管理系统和住宅小区管理系统。物业公司内部包括六个子系统：经理查询、管理部、办公室、财务部、经营部和房管部。这种子系统的划分基本上与典型的机构设置吻合，具体结构见图3-2。

住宅小区管理系统包括六个子系统：小区概况、房产管理、住户管理、绿化环保、日常事务和系统维护。这种划分是以信息管理功能为依据的，具体结构如图3-3所示。

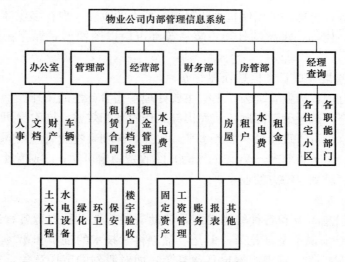

图 3-2　物业公司内部管理系统结构

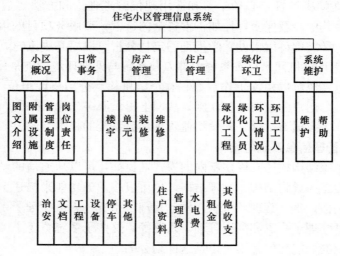

图 3-3　住宅小区管理系统结构

　　整个系统的物理结构和信息流是公司内部管理系统采用 NOVELL 总线形局域网结构，把每个办公室的计算机连接起来，各个住宅小区管理系统处理各种具体的业务，他们的计算机与公司内部网连接，把采集到的各类原始数据传回到公司内部，供各归管职能部门使用。

3.3　物业管理系统的需求分析

3.3.1　物业管理系统的功能需求

　　小区物业管理系统作为智能化小区的信息化窗口，需要界面设计美观大方，符合智能化小区的形象主题，可以展示小区的风貌、小区的新闻、业主的信息、各种物业使用情况，可以提供小区一些信息的处理功能，网站管理员能够在后台处理这些信息。可以作为物业管理人员和小区业主之间的一个沟通的平台。

根据分析结果，系统需要实现的功能包括：

1. 整体界面设计应美观大方，操作简单明了。

2. 系统前台功能主要包括：用户资料查看、用户资料修改、楼盘信息查询、工作人员信息查询、小区新闻、物业使用信息查询、故障报修登记、小区论坛。

3. 系统后台的功能主要包括：管理员信息注册、管理员信息修改删除、用户信息管理、小区楼盘信息删除修改、小区新闻发布删除、小区物业办工作人员信息录入与修改、住户物业使用信息录入修改删除、故障报修处理、小区论坛的访问。

4. 网站后台根据用户类型分为系统管理员和保安模块管理员两种。

5. 保安模块管理员根据系统管理员分配的权限，只拥有保安模块的使用功能。

3.3.2　物业管理系统的软件需求

物业管理系统有三方面的性能需求：（1）数据精确度：基础数据应按照严格的数据格式输入，否则系统不予响应；（2）适应性：符合智能物业管理对小区物业管理系统的需求；（3）稳定性：系统必须稳定支持多人同时访问。

实体关系图：通过对需求进行了适度的分析后，基本可以确定一个简单的实体关系图。实体对象主要有：人员、信息。其中人员又分为 3 种：管理员、保安人员、普通用户；信息可分为：用户信息、物业信息、其他信息；实体之间的联系主要由数据库来完成，定义该过程的名称为"处理"，得到的实体关系如图 3-4 所示。

数据流图是结构化分析的基本工具，它描述了信息流和数据转换，通过对加工进行分解可以得到数据流图。其分为四种元素：

外部实体：与系统进行交互，但系统不对其进行加工处理的实体。

加工：对数据进行的变换和处理。

数据流：在数据加工之间或数据存储和数据加工之间进行流动的数据。

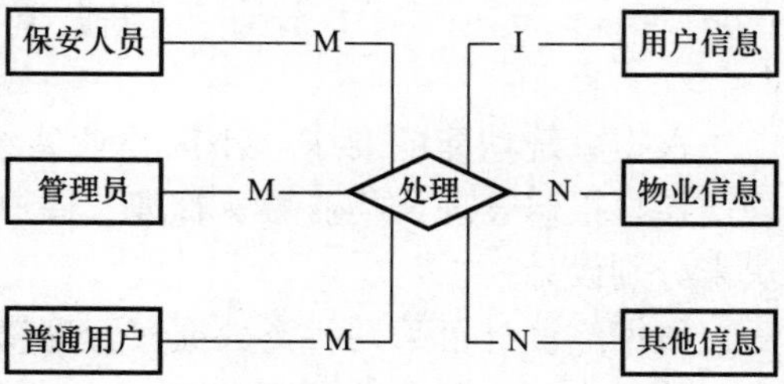

数据存储：在系统中需要存储的实体。

图 3-4　实体关系图

第 0 层数据流图（DFD，Data Flow Diagram）如图 3-5 所示：它主要说明了系统的总体处理能力，用来表示系统的输入和输出。管理员负责录入和处理信息，用户登录查询信息和提交信息。

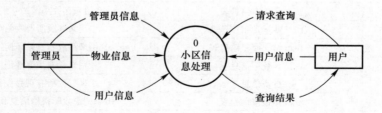

图 3-5　第 0 层 DFD 图

第一层 DFD 图：对第 0 层里的一个加工"小区信息处理"进行一个展开。主要对管理员的职责和用户的操作流程进行描述。如图 3-6 所示。

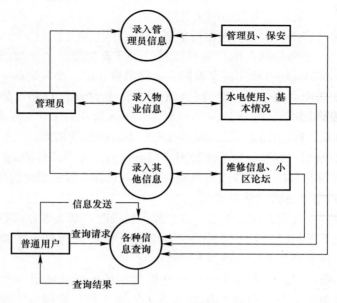

图 3-6　第一层 DFD 图

3.4　物业管理系统的构建方法

根据系统功能的要求，小区物业系统分为五个主要模块。即住户资料管理、投诉管理、住户报修管理、物业缴费管理、住户停车车位管理。可以将系统分解成为几个功能模块来分别设计。

数据库设计可采用各类数据库管理软件进行数据库设计，并使用"通过设计器来创建表"功能来建立各个数据表。

3.4.1　数据库结构

根据对要实现的物业服务功能进行需求分析后，可设计表 3-1 的数据表：

物业服务功能　　　　　　　　　　　　　　　　　　　　　　　　　　　表 3-1

数据表名	描述	设计原因
Admin	管理员信息表	用来存放管理员和保安的信息
Baseinfo	小区基本信息表	用来存放小区的基本信息
BBS	BBS 帖子发布信息表	用来存放所有发帖信息
BBSBACK	BBS 帖子回复信息表	用来存放所有帖子回复信息
Caller	访客登记信息表	用来存放访客登记信息
Equipment	设备信息表	用来存放所有现存设备信息
GZ	故障报修信息表	用于记录故障报修信息和处理结果
News	小区新闻信息表	用于存放小区新闻
Parking	小区停车信息表	用于记录小区车位情况
Payinfo	用户缴费信息表	用于记录用户缴费的信息
Search	用户物业使用信息表	用于记录每个用户的物业使用情况

数据表名	描述	设计原因
Userinfo	用户信息表	用于记录每个用户的个人信息
Wyry	物业人员信息表	用于存放物业工作人员信息
Zf	物业资费标准信息表	用于记录小区的物业资费信息

3.4.2　数据表详细设计

进行了功能需求分析，并且进行了数据库文件建立和基本表的建立后，就可以进行每个数据表的详细字段设计，如表 3-2～表 3-15 所示。

Admin（管理员信息表）　　　　　　　　　　　　　　　表 3-2

字段名	数据类型	设计原因
Id	文本	用于存储用户 ID
Username	文本	用于存储用户姓名
Password	文本	用于存储用户密码
Sex	文本	用于存储用户性别
Email	文本	用于存储用户 EMAIL
Telephone	文本	用于存储用户电话
Enroldate	日期	用于存储用户注册时间
Lx	文本	确定用户类型，session 效验（分为 ADMIN 和 safe 这两种）

Baseinfo（小区基本信息表）　　　　　　　　　　　　表 3-3

字段名	数据类型	设计原因
Lh	文本	用于存储楼号
Lhqk	文本	用于存储绿化情况
Zhzs	文本	用于存储楼内住户总数
Xiao	文本	用于存储 90m^2 以下房屋数量
Zhong	文本	用于存储 90～150m^2 房屋数量
Da	文本	用于存储 150m^2 以上房屋数量
Ltjg	文本	用于存储楼体结构
Lfzcs	文本	用于存储楼房总层数

BBS（BBS 帖子发布信息表）　　　　　　　　　　　　表 3-4

字段名	数据类型	设计原因
Id	数字	用于标记帖子序号
Guestname	文本	用于存储发帖人姓名
Title	文本	用于存储帖子标题
Neirong	备注	用于存储帖子具体内容

BBSBACK（BBS 帖子回复信息表）　　　　　　　　　表 3-5

字段名	数据类型	设计原因
Id	自动编号	用于排序
Guestname	文本	用于存储回帖人姓名

续表

字段名	数据类型	设计原因
Title	文本	用于存储回帖帖子标题
Neirong	备注	用于存储回帖帖子具体内容
Wzbh	数字	用于确保回帖与原帖的关系对应

Caller（访客登记信息表）　　　　　　　　　　　表 3-6

字段名	数据类型	设计原因
caller _ id	自动编号	用于存储访客序号
caller _ xm	文本	用于存储访客姓名
caller _ zjlx	文本	用于存储访客证件类型
caller _ zjhm	文本	用于存储访客证件号码
caller _ yz	文本	用于存储访客寻找哪位业主
caller _ lfrs	文本	用于存储访客人数
caller _ ddsj	日期/时间	用于存储访客到达时间
caller _ lksj	日期/时间	用于存储访客离开时间

Equipment（设备信息表）　　　　　　　　　　表 3-7

字段名	数据类型	设计原因
equipment _ id	自动编号	用于记录设备编号
equipment _ name	文本	用于记录设备名称
equipment _ num	数字	用于记录设备数量
equipment _ status	文本	用于记录设备状态（良好、正常、损坏）
equipment _ position	文本	用于记录设备位置
equipment _ fixrecord	备注	用于记录设备维修记录

GZ（故障报修信息表）　　　　　　　　　　　　表 3-8

字段名	数据类型	设计原因
gz _ ID	自动编号	用于记录报修序号
gz _ name	文本	用于记录报修者姓名
gz _ fh	文本	用于记录申报人房号
gz _ date	日期/时间	用于记录报修日期
gz _ phone	文本	用于记录申报人电话
px _ info	文本	用于记录报修问题
px _ info	文本	用于记录派修记录
px _ person	文本	用于记录派修人员

News（小区新闻信息表）　　　　　　　　　　　表 3-9

字段名	数据类型	设计原因
xwbt	文本	用于记录新闻标题
xwnr	备注	用于记录新闻内容
xwsj	日期/时间	用于记录新闻发布时间

Parking（小区停车信息表）　　　　　　　　　　表 3-10

字段名	数据类型	设计原因
parking _ id	数字	用于记录停车车位号
parking _ type	文本	用于记录停车类型，内部车/外部车/空车位
parking _ time	文本	用于记录停车日期时间
parking _ chehao	文本	用于记录所停车号
parking _ money	文本	用于记录停车金额

Payinfo（用户缴费信息表）　　　　　　　　　　表 3-11

字段名	数据类型	设计原因
id	文本	用于记录用户 ID，同用户管理 ID
pay _ date	日期/时间	用于记录缴费日期
pay _ type	文本	用于记录缴费类型（水/电/暖气）
pay _ money	数字	用于记录缴费金额（人民币：元）

Search（用户物业使用信息表）　　　　　　　　　表 3-12

字段名	数据类型	设计原因
id	文本	用于记录用户 ID，和用户注册 ID 相符
water _ base	数字	用于记录用户水表初始读数
water _ info	数字	用于记录用户水表使用读数
water _ remain	数字	用于记录用户水剩余量
water _ date	日期/时间	用于记录信息录入日期
elec _ base	数字	用于记录用户电表初始读数
elec _ info	数字	用于记录用户电表使用读数
elec _ remain	数字	用于记录用户电剩余量
elec _ date	日期/时间	用于记录信息录入日期
heat _ base	数字	用于记录暖气表初始读数
heat _ info	数字	用于记录用户暖气使用读数，因采用冬季结算制，不考虑剩余量
heat _ date	日期/时间	用于记录信息录入日期

Userinfo（用户信息表）　　　　　　　　　　　表 3-13

字段名	数据类型	设计原因
id	自动编号	用于记录用户 ID
nc	文本	用于记录用户昵称
xm	文本	用于记录用户姓名
xb	文本	用于记录用户性别
nl	文本	用于记录用户年龄
mm	文本	用于记录用户密码
fh	文本	用于记录用户房号
ah	文本	用于记录用户爱好
qq	文本	用于记录用户 qq 号码
msn	文本	用于记录用户 msn 号码

续表

字段名	数据类型	设计原因
email	文本	用于记录用户电子邮件地址
dh	文本	用于记录用户联系电话
zcrq	日期/时间	用于记录用户注册时间
lx	文本	用于记录用户类型

Wyry（物业人员信息表） 表 3-14

字段名	数据类型	设计原因
gh	文本	用于记录物业工作人员工号
xm	文本	用于记录物业工作人员姓名
zw	文本	用于记录物业工作人员职务
dh	文本	用于记录物业工作人员电话

Zf（物业资费标准信息表） 表 3-15

字段名	数据类型	设计原因
wyf	数字	用于确定物业管理费
sf	数字	用于确定水费标准
df	数字	用于确定电费标准
nqf	数字	用于确定暖气费标准

3.4.3 数据库的建立和链接

应先实现每个模块（包括数据库设计和功能设计），最后再将这些模块组装起来，实现全部的功能。其中软件应在 Windows Server，安装 IIS 的环境下工作。设计工具和开发工具可分别考虑使用 Dreamweaver 和 ASP＋Microsoft Access。在集成该系统的时候，可采用 Microsoft. Jet. OLEDB. 4. 0。

3.4.4 查询数据库设计

在设计数据库查询的时候，可把 ADO 与 ASP 结合起来，建立提供数据库信息的脚本文件，在网页中执行 SQL 命令，对数据库进行查询、插入、更新、删除等操作。

下面举例说明对数据库查询、修改和删除的管理。

1. 确定数据源

要访问网上数据库，首先设定数据来源。建立一个 conn. asp 的文件，并在其敲入如下的命令用来链接服务器上的数据库：

```
<%
dim conn,connstr,db,rs
db="../database/data.mdb"——数据库文件相对路径
Set conn= Server. CreateObject("ADODB. Connection")
connstr="Provider= Microsoft. Jet. OLEDB. 4. 0;Data Source
="&Server. MapPath(""&db&"")
conn. Open connstr
%>
```

2. ADO 查询数据库的使用

ADO 查 询 数 据 库 的 设 计 方 法 是 先 用 Server.CreatObject 取 得 对 象 "ADODB.Connection" 的一个实例，并用 "Open" 打开待访问的数据库：

Set Conn= Server.CreatObject("ADODB.Connection")

Conn.Open"待访问的数据库名称"

然后执行 SQL 命令，即对数据库进行操作，这里使用 Execute 命令：

Set RS= Conn.Execute("Select...From...Where...")

下一步就可对数据库进行查询操作，要用到 RecordSets 对象的如下命令：

*RS.Fildes.Count:RecordSets 的字段数

*RS(i).Name:第 i 个字段名

*RS(i):第 i 个字段的记录

*RS("字段名"):指定字段的记录

*RS.EOF:是否指向最后一个字段 True or False

*RS.MoveFirst:指向第一条记录

*RS.MovePrev:指向前一条记录

*RS.MoveNext:指向后一条记录

*RS.MoveLast:指向最后一条记录

*RS.GetRows:将查询结果存放在数组中,然后再从数组中读取

*RS.Properties.Count:得到 ADO 的 Connection 或 ResultSet 的属性总数

*RS.Properties(Item).Name:得到 ADO 的 Connection 或 ResultSet 的属性名称

*RS.Properties(Item):得到 ADO 的 Connection 或 ResultSet 的属性值

3.5　物业管理系统的设计

3.5.1　系统设计过程说明

在实现各个功能模块时，也采用先模块后系统集成的方式，即各个系统功能模块分别独立设计和调试，在创建系统主窗体时才将各个功能模块通过主窗体的菜单系统集成到一起，最后进行系统整体设计和调试。

在各个功能模块中，宜统一采用 ADO 完成数据库的访问。ADO 可以让应用程序直接访问并修改数据源。数据库服务器作为服务器端，为浏览器端应用程序提供数据服务。

在实现过程中，首先需要根据系统功能分析设计出需要的数据库，包括数据库和数据库表的详细结构。这个在上一章节已经将数据库设计完毕。

3.5.2　系统功能模块的设计

根据系统功能的需求分析和小区物业管理系统的特点，按照功能模块分别设计的原则，将系统划分管理员、用户两级，共计十二个功能模块，如图 3-7 所示。

1. 模块系统

这个模块整体处于管理员子系统中，其主要功能是对所有用户的信息进行管理，包括管理员信息和普通用户信息，其中管理员可以进行注册或是对现有管理员进行信息的修改、删除，而管理员对于普通用户则是具有浏览和删除的功能，普通用户的注册在登录系

统的界面完成。在这个模块的设计上，考虑到需要把管理员注册放在超级管理员登录之后，这样可以保证系统的安全，也就是说普通用户是无法注册成管理员的。另外，设计的时候也应考虑到管理员需要了解普通用户注册情况，所以多设计浏览和删除功能，发现不符合条件的用户立即删除，保证整个系统人员的统一和规范。在设计整个用户机制的时候，常使用 ASP 内置组件 Session 用来控制基本权限，在整个系统的每一个页面都设置了 Session 效验，分别放以不同的 Session 效验文件用来区别用户权限，如果不是该级别用户是无法进入该级别的页面的。

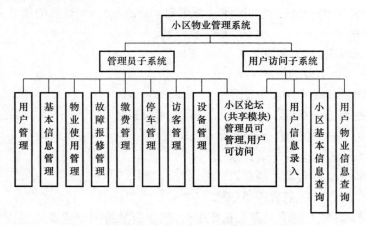

图 3-7 物业管理系统的功能模块

2. 基本信息管理模块

设计这个模块的原因是方便管理员对小区的基本信息进行一个系统化的管理，比如可以录入小区的楼盘信息（每一栋楼的周边绿化情况、房屋结构、总户数等信息）可以录入小区物业工作人员的信息，方便普通用户进行浏览，另外可以确定小区的物业资费标准，用以用户水电缴费计算。同时，这个模块还具备一个简单的新闻发布系统，管理员可以进行一个有关小区的新闻发布。

在设计这个模块的时候，将所有的信息录入放入一个页面，但是相对应的每个部分的信息录入都是独立提交的。这样的话管理员在进行信息录入的时候就可以在一个页面内完成，而不用切换页面。进行完信息录入之后，管理员可以进入"基本信息管理"模块进行已录入信息的管理和删除，在设计这部分的时候，对于楼盘信息、物业工作人员信息、小区新闻这些信息，设置了"删除"功能，而在物业资费上设置了"修改"功能，这样主要是防止管理员误删资费信息而造成后续统计错误。

3. 物业使用信息管理模块

这个模块是小区物业管理系统中很重要的一个功能，可以通过输入信息来统计用户的物业使用情况，并且使用户可以及时了解。有些高级的物业管理系统直接可以和水电进行一个数字化连接（比如通过 PLC＋传感器），直接统计信息。

在设计这个功能的时候，主要是通过 ID 确定用户的信息（通常是用户的房号），通过第一次录入各种数据包括水、电、暖气的初始读数，和当前读数来确定用户使用情况。然后再通过"物业使用信息管理"这个功能来进行查看和修改，通过修改可以使用户的各种数据保持更新。通过管理功能，也设置了剩余量查看的功能，可以了解到用户的各种物业使用剩余情况，以便及时和用户沟通。

4. 故障报修管理模块

这个模块的设计主要是用于处理用户的故障报修信息，及时服务用户。

在这个模块设计的时候，采用了用户报修，管理员进行处理的模式来进行开发。所以这一部分也是管理员子系统和用户子系统衔接最紧密的一个模块。在用户子系统，设计了一个用户报修的功能，用户在填完用户报修单并反馈上来的时候，管理员就可以在管理员子系统看见用户报修的故障情况，然后管理员会进行电话派修并且在维修完成以后填写派修单。

5. 缴费管理模块

在这个模块的设计上，很多基于 B/S 的小区物业管理系统采用支付宝或网上银行的业务模式，支持用户直接在线缴费。另外还有一种方式就是虚拟货币，采用预付费、消费扣点的方式，这种方式经常可以在一些小型购物网站上看到。也可以采用用户网下缴费，管理员进行现场登记的方式，这种方式最大的好处就是可以被几乎所有人接受。而不用担心自己是否会使用电脑，对于老年人来说是很合适的。所以在设计的时候主要还是通过 ID（房号）来确定缴费用户，缴费后，缴费金额自动进行数据库，并且和每个人的物业使用信息相关联。

6. 停车模块

在这个模块的设计上，多采用车位为主导的方式。该模块主要有三个子功能：车位状态查询、临时停车和车位购买。其中车位状态查询可以了解到目前所有车位的信息，如是否停车，是否被买断。临时停车则可以用来记录外部车辆进入小区停车的信息。车位购买主要用于小区业主购买车位，购买后车位将长期占用。在设计中，在新添车位的设置问题上，经过仔细的考虑最终采用了空车位录入的方式。通过录入空车位可以将小区内所有的车位录入进去，然后有临时停车或是车位买断都可以通过"修改"这个功能来实现。

7. 保安模块

这个模块在进行 Session 校验的时候，只允许保安人员进入，管理员和普通用户都无法进入。在设计这个模块的时候，考虑到小区保安需要一个快捷方便的方式来登记访客，所以设置了一个较为简单的表单来让保安人员填写。在来访者离开以后，保安可以通过"访客信息管理"中的"离开"功能进行一个状态变更。

必要时也可以直接删除信息。

8. 设备管理模块

这个模块主要用于管理小区内所有的常用设施，大到一些电气设备，小到清洁用的扫帚都入库进行管理。这样的好处就是作为管理者可以及时了解到设施或是工具的当前状态，以便采购和维护。在设计方面，管理员填写设备登记表，先对设备进行统一的登记。在进行完设备登记后，就可以进入"设备信息管理"功能，然后进行设备信息的查看。在设备丢失或是损耗后，则可以将其信息删除。

9. 小区论坛

在小区论坛的设计上，设计一个功能较为简单的文字性 BBS，可以实现发帖和回帖以及帖子搜索的功能。这样的设计中基本没有什么太大的难度，但是在跟帖的设计上，需要在数据库设计方面使用一些技巧，如可设计一个字段（假设取名为 WZBH），用来存放一个帖子的编号。发帖时自动产生一个 ID，然后回复的时候把这个原帖的编号发送到回复帖子里的 WZBH 字段，然后在浏览帖子的时候，原帖下面的跟帖就是所有编号和原帖 ID 相同的帖子。

整个管理员子系统的设计思路及过程基本如此，在用户子系统的设计与实现上主要实现浏览查看功能，保证在故障报修方面对服务器有一个回馈。

3.5.3 性能优化设计

物业管理系统的性能决定物业管理的水平，对其性能优化设计尤为重要，其重要的优化设计有如下几个方面。

1. 将经常使用的数据缓存在 Session 对象中

Session 对象为将数据缓存在内存中提供了方便的容器，将数据指派到 Session 对象中，这些数据在 HTTP 调用之间保留在内存中。Session 数据多按每个用户分别存储的。

2. 使用响应缓冲

可以通过启用"响应缓冲"，将要输出的一整页缓冲起来。这样就将写到浏览器的量减到最少，从而改善总体性能。每个写操作都会产生很大的系统开销（在 IIS 中以及在通过网络发送的数据量方面），因此写操作越少越好。由于其启动慢且使用 Nagling 算法（用来减轻网络塞车情况），TCP/IP 在发送一些大的数据块时比必须发送许多小的数据块时的效率高得多。

有两个方法启用响应缓冲。第一种，可以使用 Internet Services Manager 为整个应用程序启用响应缓冲。建议采用这种方法，一般在 IIS 中默认为新的 ASP 应用程序启用响应缓冲。第二种，可以在每个 ASP 页面的接近顶端的地方加入代码行，从而启用响应缓冲。

3.6 物业管理系统的测试

3.6.1 软件测试的概述

软件测试的目的决定了如何去组织测试。如果测试的目的是尽可能多地找出错误，那么测试就应该直接针对软件比较复杂的部分或是以前出错比较多的位置。如果测试目的是给最终用户提供具有一定可信度的质量评价，那么测试就应该直接针对在实际应用中会经常用到的假设。

Grenford J. Myers 在《The Art of Software Testing（软件测试的艺术）》一书中的观点受到广泛认可：

1. 软件测试是为了发现错误而执行程序的过程；
2. 测试是为了证明程序有错，而不是证明程序无错误。
3. 一个好的测试用例是在于它能发现至今未发现的错误；
4. 一个成功的测试是发现了至今未发现的错误的测试。

这种观点可以提醒人们测试要以查找错误为中心，而不是为了演示软件的正确功能。但是仅凭字面意思理解这一观点可能会产生误导，认为发现错误是软件测试的唯一目的，查找不出错误的测试就是没有价值的，事实并非如此。

首先，测试并不仅仅是为了要找出错误。通过分析错误产生的原因和错误的分布特征，可以帮助项目管理者发现当前所采用的软件过程的缺陷，以便改进。同时，这种分析也能帮助软件工程师设计出有针对性的检测方法，改善测试的有效性。

其次，没有发现错误的测试也是有价值的，完整的测试是评定测试质量的一种方法。详细而严谨的可靠性增长模型可以证明这一点。例如 Bev Littlewood 发现一个经过测试而正常运行了 n 小时的系统有继续正常运行 n 小时的概率。

3.6.2 软件测试的基本概念

软件测试从不同的角度出发会派生出两种不同的测试原则，从用户的角度出发，就是希望通过软件测试能充分暴露软件中存在的问题和缺陷，从而考虑是否可以接受该产品，从开发者的角度出发，就是希望测试能表明软件产品不存在错误，已经正确地实现了用户的需求，确立人们对软件质量的信心。

为了达到上述的原则，那么需要注意以下几点：

（1）应当把"尽早和不断的测试"作为开发者的座右铭；

（2）程序员应该避免检查自己的程序，测试工作应该由独立的专业软件测试机构来完成；

（3）设计测试用例时应该考虑到合法的输入和不合法的输入以及各种边界条件，特殊情况要制造极端状态和意外状态，比如网络异常中断、电源断电等情况；

（4）一定要注意测试中的错误集中发生现象，这和程序员的编程水平和习惯有很大的关系；

（5）对测试错误结果一定要有一个确认的过程，一般由 A 测试出来的错误，一定要有一个 B 来确认，严重的错误可以召开评审会进行讨论和分析；

（6）制定严格的测试计划，并把测试时间安排得尽量宽松，不要指望在极短的时间内完成一个高水平的测试；

（7）回归测试的关联性一定要引起充分的注意，修改一个错误而引起更多的错误出现的现象并不少见；

（8）妥善保存一切测试过程文档，其意义是不言而喻的，测试的重现性往往要靠测试文档。

测试的定义：程序测试是为了发现错误而执行程序的过程。测试（Testing）的目的与意义可以描述为：

测试的目的：发现程序的错误；

测试的意义：通过在计算机上执行程序，暴露程序中潜在的错误，消除软件故障，保证程序的可靠运行。

测试的特性：

（1）挑剔性。测试是为了证明程序有错，而不是证明程序无错。因此，对于被测程序就是要"吹毛求疵""鸡蛋里挑骨头"。只有抱着程序有错的目的去测试，才能把程序中潜在的大部分错误找出来。

（2）复杂性。设计测试用例比较容易，这其实是一个误区。设计测试用例是一项需要细致和高度技巧的高能工作，稍有不慎就会顾此失彼。

（3）不彻底性。实际测试都是不彻底的，当然不能够保证测试后的程序不存在遗漏的错误。

（4）经济性。通常这种测试称为"选择测试（Selective Testing）"。为了降低测试成本，选择测试用例时应注意遵守"经济性"的原则。

软件测试在软件生命周期中占据重要的地位，在传统的瀑布模型中，软件测试学仅处于运行维护阶段之前，是软件产品交付用户使用之前保证软件质量的重要手段。近来，软件工程界趋向于一种新的观点，即认为软件生命周期每一阶段中都应包含测试，从而检验本阶段的成果是否接近预期的目标，尽可能早地发现错误并加以修正，如果不在早期阶段进行测试，错误的延时扩散常常会导致最后成品测试的巨大困难。

事实上，对于软件来讲，不论采用什么技术和什么方法，软件中仍然会有错。采用新的语言、先进的开发方式、完善的开发过程，可以减少错误的引入，但是不可能完全杜绝软件中的错误，这些引入的错误需要测试来找出，软件中的错误密度也需要测试来进行估计。测试是所有工程学科的基本组成单元，是软件开发的重要部分。自有程序设计的那天起测试就一直伴随着。统计表明，在典型的软件开发项目中，软件测试工作量往往占软件开发总工作量的 40% 以上。而在软件开发的总成本中，用在测试上的开销要占 30%～50%。如果把维护阶段也考虑在内，讨论整个软件生存期时，测试的成本比例也许会有所降低，但实际上维护工作相当于二次开发，乃至多次开发，其中必定还包含有许多测试工作。

测试开始得时间越早，测试执行得越频繁，所带来的整个软件开发成本的下降就会越多。

测试分为两步来进行，一是界面测试；二是功能测试。

首先是界面测试，为了使软件在不同的操作系统平台上运行界面能保持原来的风格，应把完整程序拷贝到各种有代表性的操作系统环境下，观察程序运行界面，若界面的布局、字体等设置都保持原样，没有出现字体变形就认为通过测试。

其次是进行功能的测试。一般采用黑盒测试中的等价分类法，如可使用系统的各类用户身份登录本系统，假设使用普通用户身份登录 5 次，使用管理员身份登录 8 次。当使用普通用户身份登录系统时的查询结果与数据库中的数据相同；使用管理员身份登录系统时的查询结果与数据库中的数据相同；对楼盘、单元、房屋、住户信息、住户请修申请、普通用户信息、公司概况、部门信息等的添加、编辑或删除操作结果与数据库中的数据对应无误时，则认为系统功能的测试结果正常。

3.6.3 白盒测试与黑盒测试

白盒测试又称为结构测试或玻璃盒测试。顾名思义，测试者能够看到程序内部结构的测试。主要应用于结构化开发程序。由于白盒测试只根据程序的内部结构进行测试，而不考虑外部特性，如果程序结构本身有问题，比如说程序逻辑有错误或是有遗漏，那就无法发现。

白盒测试分为静态测试与动态测试。静态测试不实际运行软件，主要是对软件的编程格式、结构等方面进行评估，而动态测试需要在 Host 环境或 Target 环境中实际运行软件，并使用设计的测试用例去探测软件漏洞。动态测试包括功能确认与接口测试、覆盖率分析、性能分析、内存分析等。

静态测试包括代码检查、静态结构分析、代码质量度量等。它可以由人工进行，充分发挥人的逻辑思维优势，也可以借助软件工具自动进行。物业管理信息系统的设计比较简单，对这样的系统多采用静态测试方法中的代码检查方法。代码检查包括代码走查、桌面检查、代码审查等，主要检查代码和设计的一致性，代码对标准的遵循、可读性，代码的逻辑表达的正确性，代码结构的合理性等方面；可以发现违背程序编写标准的问题，程序中不安全、不明确和模糊的部分，找出程序中不可移植部分、违背程序编程风格的问题，包括变量检查、命名和类型审查、程序逻辑审查、程序语法检查和程序结构检查等内容。

在实际使用中，代码检查比动态测试更有效率，能快速找到缺陷，发现30％～70％的逻辑设计和编码缺陷；代码检查看到的是问题本身而非征兆。但是代码检查非常耗费时间，而且代码检查需要知识和经验的积累。代码检查应在编译和动态测试之前进行，在检查前，应准备好需求描述文档、程序设计文档、程序的源代码清单、代码编码标准和代码缺陷检查表等。

白盒测试对代码的检查非常繁杂，但由于 Dreamweaver 的人性化设计非常好，很多 ASP 内置对象都可以自动给出相应的事件触发代码，减小了代码输入错误的可能性，另外配合 Windows 自带的 IIS 报错信息也可以了解到程序的问题出在哪一行，这对于程序测试来说是很重要的，可以根据错误提示逐一地修改程序中的错误。当所有的错误被改正后，再次运行调试，该系统就会被 IIS 加载处于运行状态。静态测试后，再进行动态测试，确认功能。

黑盒测试（Black-box Testing，又称为功能测试或数据驱动测试）是把测试对象看作一个黑盒子。利用黑盒测试法进行动态测试时，需要测试软件产品的功能，不需测试软件产品的内部结构和处理过程。采用黑盒技术设计测试用例的方法有：等价类划分、边界值分析、错误推测、因果图和综合策略。

黑盒测试注重于测试软件的功能性需求，也即黑盒测试使软件工程师派生出执行程序所有功能需求的输入条件。黑盒测试并不是白盒测试的替代品，而是用于辅助白盒测试发现其他类型的错误。

黑盒测试用于发现以下类型的错误：

（1）功能错误或遗漏；

（2）界面错误；

（3）数据结构或外部数据库访问错误；

（4）性能错误；

（5）初始化和终止错误。

黑盒测试的优点是无需人工介入，如果程序停止运行，就说明被测试程序异常；缺点是测试结果取决于测试例的设计，而测试例的设计部分来源于经验，且缺乏状态转换的概念。如果是一个缺乏状态概念的测试，寻找和确定造成程序异常的测试例是个麻烦事情，必须逐一把可能的测试例单独确认一遍。

思考与实践

1. 简述管理信息系统的基本功能和特点。

2. 简述物业管理信息系统的任务。

3. 物业管理信息系统设计阶段的内容和步骤是什么？

4. 简述物业管理系统测试的基本原理。

5. 物业管理信息系统功能模块有哪些？

6. 简述信息管理的主要任务。

第 4 章　智能卡系统及其应用

现代公共建筑中的智能卡系统不仅是当前主流大型公共建筑现代化管理的客观需求，其建设水准也是衡量一个公共建筑的运行效率、资源利用率和安全保障方面的重要标志。智能卡系统为建筑信息化应用系统，特别是为公共服务管理与公众信息服务系统的实现提供基本硬件和软件支持，例如物业管理系统的实现就要依赖于智能卡技术的支持。智能卡系统以计算机为管理核心，以非接触式智能卡为通行证，以网络作为纽带，通过完善的软件功能和硬件配套设施，为智能建筑和智慧城市的信息化建设带来了大量重要应用。本章将对智能卡系统及其应用进行详细介绍，包括智能卡系统的原理、智能卡系统软硬件架构、智能卡系统应用设计的方法、各种典型智能卡应用系统的原理。最后将一个重要的公共服务管理与公众信息服务系统——校园智能卡系统作为智能卡系统应用的典型案例进行介绍，该案例将系统地介绍智能卡系统的设计方法。

4.1　智能卡系统概述

1974 年法国人罗兰·莫雷诺发明了内部嵌有集成电路芯片的塑料卡片，即集成电路卡（IC，Integrated Circuit Card），又称为智能卡（Smart Card），其大小和普通信用卡相仿，卡上内嵌一颗用来储存数据和数据计算的硅芯片。由于 IC 卡的高安全性和可靠性，1984 年 IC 卡被作为电话卡的应用取得了极大的成功，随后，国际标准化组织与国际电工委员会的联合技术委员会为 IC 卡制定了一系列国际标准和规范，极大地推动了 IC 卡的研究和发展。

IC 卡外形与覆盖磁条的磁卡相似，也可以将之封装成钥匙、纽扣、饰物等特定形状。IC 卡根据其内部镶嵌芯片的不同可分为三种基本类型：即存储器卡、逻辑加密卡和智能 CPU 卡。智能 CPU 卡也称为芯片卡或微处理器卡，卡内部芯片嵌有中央处理器（CPU）、带电可擦可编程只读存储器（E2 PROM）、随机存储器（RAM）及固化于只读存储器（ROM）中的片内操作系统（COS）。CPU 卡的内部集成有微处理器，不仅具备存储记忆功能，还可对存储在内部的数据进行简单的处理加工，因此只有 CPU 卡可以称为真正意义上的智能卡，当需要实现较大数据量随用户或目标物体转移时，使用智能卡可有效地解决此类应用问题。本书中不严格区分 IC 卡和智能卡，书中的 IC 卡即指智能卡。

智能卡没有独立的供电模块，没有输出和输入设备，因此体积小、携带方便，但同时也决定了智能卡必须配合终端（有些还包括后台服务器）才能工作。智能卡通过通信接口与终端通信，按卡与外界数据传送形式来分，智能卡可以分为如下三类：

1. 接触式智能卡

目前使用较为广泛，这种卡的芯片上有 8 个触点与外界接触。

2. 非接触式智能卡

非接触式智能卡的集成电路没有触点,因此它除了包含接触式智能卡的电路外,还带有射频收发电路及其相关电路,通过电磁场与外界读写设备交换信息,读写器对卡的读写为非接触式,因此称这种 IC 卡为非接触式或者感应式 IC 卡(射频卡)。非接触式 IC 卡出现较晚,但由于它具有接触式 IC 卡所不具备的优点(如应用的可靠性高,操作速度快等优点),因此在某些应用领域得到了很大发展。

3. 复合卡

近年一些知名智能卡芯片厂商推出一种将射频卡和接触卡合而为一的复合卡,以增强智能卡的兼容性能和增加智能卡的应用灵活性。

目前各种 IC 卡应用中采用最多最广泛的是非接触式智能卡,该种卡具有以下特点:

1. 高安全性

具有全球唯一固化序列号,卡与读写设备间采用双向验证机制,通信过程中的所有数据都进行加密,不同分区的数据均有不同的操作密码和访问条件。

2. 抗干扰能力强

具有防冲突电路的非接触卡,在多张卡同时进入读写范围内时,读写设备可对卡进行一一处理,提高了应用的并行性,加快了系统的工作速度。

3. 可靠性高

无外露触点,避免了接触读写易产生的各种故障。且提高了防磁、抗静电和环境污染能力,令使用寿命延长,一般可重复读写 10 万次以上。

4. 可一卡多用

卡片上采用数据分区管理,能运用于不同系统,可实现一卡通功能。

5. 操作方便

通信方式采用非接触式的射频传输技术,读写距离从几厘米到几米之间。

随着电子信息技术和互联网技术的迅猛发展,智能卡已被社会各行各业所广泛接受并应用,目前智能卡的应用范围越来越广泛,已不仅局限于早期的通信领域,更加广泛地扩展到金融、行政、社会保险、医疗行业、交通旅游、商业贸易和休闲娱乐等领域,并取得了巨大的社会效益和经济效益。当前的智能卡,不仅具备高度的安全性和巨大的存储容量,最重要的是它的功能正在逐渐扩大,从以往单一的身份识别功能逐步扩展到多用途功能,可处理多种类型的数据,从而智能卡应用从一张卡只能实现单一功能逐渐转变为多子系统集成在一张卡上的"一卡通"功能,包括校园一卡通系统、物业一卡通系统、医院一卡通系统等。

在"一卡通"功能的信息管理系统中,身份识别、门禁、停车场控制、考勤、消费/POS、设备物品设备管理等是最常用的功能,智能"一卡通"系统将安防门禁管理和各类人员事务性管理全面纳入一台计算机综合管理系统,仅用一张经过授权的智能卡,即可实现出入口控制、停车场管理、考勤管理和消费管理的功能目标。该系统将以智能卡作为个人身份认证和操作终端,将身份识别、门禁、考勤、消费、停车、物品设备管理等功能集中到一张卡上进行统一管理。由发卡中心控制系统统一发行卡片,每个用户持有一张卡,卡号具有全球唯一性。卡内存储有持卡者的特征信息,如姓名、年龄、固定编号等,持卡者的个人照片、所属部门及编号等其他相关资料均存储在计算机内。每张智能卡上的个人信息均与计算机内的本人信息一一对应。如用户将卡片遗失，只需及时挂失并在计算机上取消该卡号即可。根据安防管理需要，持卡者的通行范围由安防中心的门禁管理系统授权，该管理子系统可对每张卡片进行分级别、分区域、分时段管理。由消费管理系统对智能卡的消费金额进行充值服务。结合其他智能系统，在建筑物内采用基于非接触式 IC 卡技术的智能卡信息管理系统，将大大提高其综合管理水平和管理效率，为设备物品设备管理提供一个安全方便的管理手段。

4.2　非接触式智能卡系统原理

非接触式智能卡由于非接触式的使用方式和成熟的技术，使得该类智能卡成为各种应用场合采用最多的 IC 卡。非接触式智能卡通常采用射频识别（RFID, Radio Frequency Identification）技术与外界设备进行信息通信。RFID 是一种非接触式的自动识别技术，它的作用原理是用无线射频信号的空间耦合作用来实现对目标对象的自动识别功能。RFID 技术诞生于二战期间，是继条码技术之后产生的，又称为"电子标签"，它不但可以识别高速运动中的物体，并可同时识别多个电子标签，操作快捷方便。非接触式 IC 卡同样也可被视为电子标签的一种，只是此时被识别的物体是智能卡本身。

基于 RFID 技术的智能卡或电子标签仅仅是一个被识别的设备，要使得这类设备在各行业得到应用，还需要能识别它们的设备，被识别的智能卡或电子标签与识别设备是组成 RFID 系统最基本的硬件设施。典型的 RFID 系统一般分为三个部分：标签、读写器和数据库系统，RFID 系统组成结构图如图 4-1 所示。标签通常作为待识别的信息采集物体的标识，可对读写器信号进行响应。读写器即为对物体上的标签进行读写识别操作，并通过网络将识别和采集的信息传递给数据库系统。数据库系统对信息进行存储和管理。

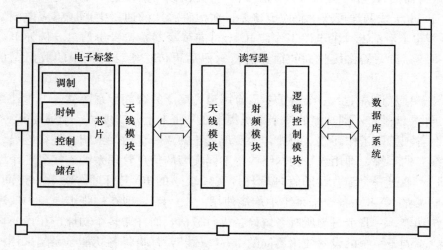

图 4-1　RFID 系统组成结构图

（1）读写器的主要功能是对标签信息进行读取和修改，并向数据库系统传递信息和命令，是连接标签和数据库系统的桥梁。读写器主要由天线、逻辑控制、射频接口三个模块组成。天线模块是读写器与标签进行通信的媒介装置。其主要功能是接收和发射信号，同时还要进行电信号和射频载波信号的转换，将读写器的电信号转换为射频载波信号来发送，并将来自标签的射频载波信号转换为电信号。逻辑控制模块的主要功能是接收和完成来自数据库系统中各类应用的命令，并对读写器与标签的通信进行控制，逻辑控制模块还具有执行防碰撞算法、信号的加解密、信号的编解码、安全性确认等功能。射频接口模块的主要任务是调制发送信号，解调接收信号，还通过高频的发射功率激活无源标签的耦合电源，为无源标签提供其工作所需的能量。

（2）电子标签是 RFID 技术的识别单元，是 RFID 技术中识别物体的代表标志。传统的识别技术如二维码识别技术，其识别标签简单廉价，从本质上来说其二维码标签就是一张贴纸。而电子标签成本远比二维码标签高，复杂性也要远远超出，但这并不影响人们对 RFID 技术前景的看好，虽然其具有众多优点，如信息量大、识别场景要求低、寿命高等。RFID 技术与二维码标签不同，电子标签中需要有天线和芯片两个元件，其中芯片需要集成调制器、存储、时钟、控制多个模块，当读写器需要读写标签时，由控制模块对存储中的信息进行处理，并通过调制器对信号进行调制，由天线完成电子标签与读写器间的信息传输。每个电子标签都有着唯一的电子编码，因为电子标签是 RFID 技术中识别物体的信息载体，需要面对多种不同环境，所以相应的标签有着很多不同的分类。

（3）数据库系统包含 RFID 中间件、数据库、处理系统等多个模块，其主要功能是对与其相连的各个读写器进行控制，将读写器采集的信息数据进行存储和进一步处理，通过向读写器发送命令实现对电子标签的间接控制。不同的应用场景、不同的业务需求对数据库系统的设计有不同的需求。

对于基于 RFID 的智能卡系统来说，图 4-1 中的电子标签就是 IC 卡，而读写器是能和 IC 卡进行信息通信的射频识别设备。智能卡系统的基本工作原理是：当待识别 IC 卡进入到 RFID 读写器读写范围之内（射频场）时，首先由读写器发射一个特定频率的射频信号给 IC 卡，IC 卡天线两端可产生感应电势差，在标签芯片的通路中形成感应电流，从而使 IC 卡获得能量，激活芯片的电路工作使 IC 卡可向读写器发送身份信息，例如 IC 卡编号、存储的数据等，读写器将接收到的信息进行解码后再传送给计算机中的数据库系统进行处理。

现代建筑信息设备中的一个最重要、应用最为广泛的智能卡系统就是一卡通系统。所谓"一卡通"，就是将不同功能的多个系统集中在一张卡上，实现"一卡通用和一卡多用"的目的，令各项管理工作高效、便捷，为实现真正的"一卡通"系统，系统应设计为"一卡一库一线"的系统，即用统一的网络线将不同类型的信息管理系统连接到一个综合数据库（PC 机），通过一个综合性的管理软件，实现统一的 IC 卡管理、发卡和查询等功能，从而使得同一张 IC 卡在各个子系统中均能使用。"一卡"，即在一张卡上集中实现多种不同的子系统功能，一张卡可与所有系统设备进行通信，而并非多个功能应用由不同的多张卡来实现，不同子系统的设备使用不同的卡；"一线"，是指将各功能子系统采用同一类型的网络线集成到一个综合管理服务器中，各子系统管理工作站对各类现场设备的控制也采用相同的控制线路；"一库"，是在同一台管理计算机上、同一个管理软件中、同一个管理数据库内，进行智能卡的发卡、取消、报失、读数据、写数据、资料查询等操作，实现各子系统数据库的统一管理。

4.3　智能卡系统软硬件体系架构

　　智能卡必须要和终端设备（读卡设备、功能服务器、通信网络）组成系统才能正常工作，为用户提供服务。终端通过智能卡读写设备与智能卡进行通信。根据与智能卡通信方式的不同，读写器也有接触式和非接触式两种。智能卡系统中，各模块通过规定的通信协议协同工作，不同的模块之间的通信协议不同。除了硬件基础外，智能卡系统中运行着各类软件系统，这些软件决定了智能卡的功能和特点，通常智能卡在智能卡应用系统中扮演的角色是向终端或者后台服务程序提供对用户身份的鉴权、认证，对用户私人数据的合法访问。一个典型的智能卡系统如图 4-2 所示，该系统中所运行的各类软件说明如下：

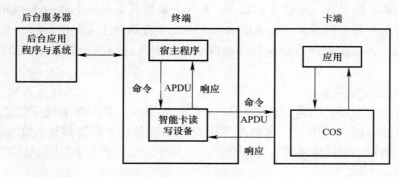

图 4-2　智能卡系统结构

　　1. 后台应用程序

　　后台程序运行在服务器上，通过网络（如互联网和移动通信网络）与读写器终端进行通信。后台服务程序功能提供了支持卡应用的服务。例如，一个后台应用程序利用卡片上的证书可以提供与安全系统的连接，从而提供强大的安全性。在一个电子付款系统中，后台应用程序可以提供信用卡账户及其交易信息的访问。

　　2. 主机程序

　　主机程序也称为主应用程序，它是驻留在个人计算机、电子付款终端、手机或者一个安全子系统中，接收后台服务程序的指令，执行服务程序，与接口设备通信。主机程序的功能通常是复杂的智能卡行业服务协议。这类协议一般由智能卡系统生产厂商提供。

　　3. 接口设备

　　接收主机程序的命令，并转发给智能卡。接口设备的作用一般就是简单地实现终端和卡之间的通信。卡片接受设备是处于主机程序和智能卡之间的接口设备。一个卡片接受设备为卡片提供电源，而且与之进行电子或者射频通信。卡片接受设备可能是一个使用串行端口连接于台式计算机的读卡器，或者是电子付款终端。卡片接受设备可以在主机程序和卡片之间传递命令以及响应命令。

　　4. 通信协议

　　读卡器和智能卡之间的通信通常基于以下两种连接协议中的一种，面向字节的 T＝0 方式，或者面向数据块的 T＝1 方式。还可能会用到被称为 T＝USB 和 T＝RF 的通信协议。智能卡和读写器之间的通信分为接触式通信和非接触式通信，T＝0 和 T＝1 通信协议属于接触式通信，而非接触式通信分为 TypeA 和 TypeB 两种通信协议。随着技术的发展，接口设备和卡的通信协议不断进步。

5. 应用协议数据单元

主机程序和接口设备之间的高层数据通信采用应用协议数据单元。接口设备和智能卡之间的上层应用之间的高层数据通信也采用应用协议数据单元。随着技术的发展，接口设备和卡的通信协议在不断进步。

6. 智能卡操作系统

智能卡的各种应用运行在智能卡操作系统之上，智能卡操作系统负责硬件资源的管理。其功能是接收命令，根据命令的内容完成卡上数据的存取、用户身份的鉴权等工作。智能卡操作系统负责在服务系统中不同模块之间的通信协议，不同模块之间相互配合才能完成一定的功能。随着智能卡技术的提高，智能卡系统模型也在不断进步和改变，智能卡与终端、后台服务器之间的关系和通信协议也在发生着革命性的变化。

主流智能卡系统的实现方法包含非联网型智能卡系统和基于 RS-485 总线技术的智能卡系统两种。

1. 非联网型智能卡系统

非联网型智能卡系统的定义是只对 IC 卡作一般操作，并不会形成详细记录，甚至终端也不需要网络，仅仅利用与终端相连的小型固定设备或者手持移动设备来进行数据采集，并且汇总数据的智能卡系统。例如被广泛应用于公交消费和 IC 卡电话的智能卡系统，这类系统的特点为：

（1）系统运用 IC 卡作为电子钱包；

（2）IC 卡采取不记名、丢失后不挂失、不退卡的原则；

（3）具有简单的设备安装，不用考虑地点的要求；

（4）利用人工方式采集数据，并采用机器汇总来处理数据；

（5）系统一般利用 8 位微处理器来进行数据处理与控制，其价格便宜，设计简单。

由此看出这类系统的处理优点是价格便宜、方便操作，并且系统的扩展不用考虑地域带来的影响；其缺点具体体现在：

（1）由于 IC 卡采取不记名、丢失后不挂失、不退卡的原则，这样一来当用户丢失 IC 卡时，卡上的金额也随之丢失，即便是系统可以挂失，但是由于系统终端的用户比较多、比较分散，也会极大地影响对各个系统终端挂失信息的下载，而且挂失的时间周期非常长，会带来很多麻烦。

（2）由于系统不联网，所以系统的数据采集由人工进行，采用机器汇总的方式处理数据。这样一来就会付出更多的人力和时间，造成对优化管理的影响。

2. 基于 RS-485 总线技术的智能卡系统

该智能卡系统采用二级网络结构，系统网路结构具体分为两部分，分别为实时控制域和信息管理域。其中低速、实时控制域是利用传统的控制网 RS-485 控制网络对分散的控制设备和数据采集设备进行通信连接；众多智能卡系统的工作站以及上位机则由高速管理信息域组成，它运用以太网为系统的主干网，局域网和广域网的创建是由路由器、光缆、电缆、双绞线等媒介设备连接而成的。其特点如下：

（1）它既可以运用 IC 卡作为电子钱包，还可以只作为身份识别卡；

（2）IC 卡采取可记名、丢失后可挂失、允许退卡的原则；

（3）系统运用二级网络结构，即低速的 RS-485 网络与高速的以太网相结合进行网路构建；

（4）系统可以对网络进行自动采集数据以及数据的处理；

（5）系统运用 8 位微处理器消费终端以及 RS-485 网络与以太网信号转换主机（一般用计算机）两部分组建而成。

4.4　智能卡系统设计方法与流程

针对不同应用，智能卡系统具有不同的功能和软硬件设施，但是对于所有智能卡系统应用来说，其设计方法大致相同，都包括功能设计、硬件结构设计、网络架构设计、软件设计和安全设计。

1. 功能设计

针对不同建筑应用的智能卡系统，或者不同商业应用的智能卡系统，其功能可能是千差万别的，例如学校、商场、医院、写字楼、住宅小区，这些场合所需的智能卡应用功能差异是很大的。例如：图 4-3 所示为某写字楼的智能卡系统的功能模块图，其功能是根据大楼的性质特点和业主的需求设计的；图 4-4 是某博物馆的智能卡系统的功能模块图，其功能是根据博物馆管理者和游客需求设计的。写字楼的智能卡系统包括门禁系统、停车管理系统、消费管理系统、会议签到系统和其他管理系统，而博物馆的智能卡系统包括门禁系统、考勤管理系统、停车管理系统、消费管理系统和物品设备管理系统。对比两个系统能看出其功能模块是有差异的，博物馆包含特有的物品设备管理系统，而写字楼有会议签到系统。故建筑应用的智能卡系统是因其不同需求具有不同功能的。同时，相关的软硬件结构设计，网络架构设计和安全设计都要根据该功能模块来设计，如图 4-3 所示。

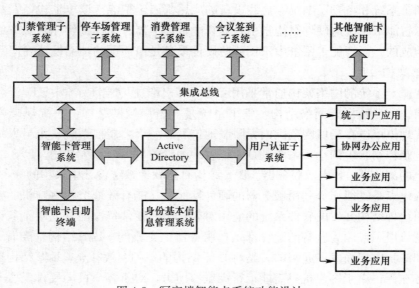

图 4-3　写字楼智能卡系统功能设计

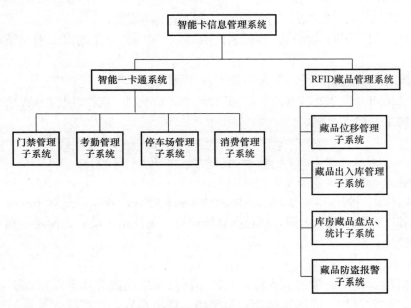

图 4-4　博物馆智能卡系统功能设计

2. 硬件结构设计

智能卡系统的硬件结构设计主要是设计智能卡读写卡操作所涉及的硬件设备及相关各类服务器系统的管理维护。一般会采用一台或多台服务器设备作为智能卡管理中心，负责发卡、销卡、读卡、写卡等功能，同时还需要不同服务器来完成各类数据的存储、管理和分析。图 4-5 为一幢商业办公楼的典型智能卡（一卡通）系统的物理架构图。该办公楼中为智能卡系统提供服务的各种功能服务器与各种智能卡应用通过办公楼的主干网进行连接，并通过内部局域网进行数据信息交换和控制，功能服务器也提供了前端的用户交互设备；另一方面，智能卡系统包括了各种常规的智能卡应用，例如门禁子系统、消费子系统、停车场子系统和考勤子系统，这些设备的应用都属于智能卡读卡器设备及相关控制设备；总之，智能卡系统的硬件结构是由各类智能卡读卡器、为其提供完整服务的软硬件设施和网络构成的。而智能卡系统中采用哪些硬件设备是由前面的功能设计确定的。

3. 网络架构设计

目前智能卡系统的网络架构通常采用 C/S（客户端/服务器）结构或 B/S（浏览器/服务器）结构，C/S 是标准网络结构，整个系统是一个局域网结构，系统规模可以自由伸缩，即系统规模可以在局域网范围内无限制地扩展成一个大规模系统，也可以缩小到只有一台管理电脑控制管理的小型系统，且发行管理的设备可以全系统共用。B/S 结构中 B 表示客户机上的浏览器，S 表示服务器。B/S 结构是指软件系统设计中采用的一种体系结构，这种结构的优点是既能充分利用服务器的硬件性能，又能有效地节约客户机的资源。换句话说，应用这种结构开发的软件系统的应用对客户机的硬件资源配置要求不高，只要能运行浏览器就可以了。因为所有的运算都是在服务器上完成的。B/S 结构是随着 Internet 技术的兴起和广泛应用而发展起来的，是对 C/S 结构的一种有效补充。B/S 结构还有两点比较好的地方在于：由于客户机只需能运行浏览器即可，对于客户机的硬件配置不高，很利于软件系统的部署和应用；维护起来也很方便，要更新软件系统时只需升级服务器端的软件系统即可。因为客户端仅仅只是运行一个浏览器而已。所以 B/S 结构的网络应用相对于 C/S 结构来说，易于实施和维护、成本也是较低的。能够让不同的人员从不同的地点，很方便地就接入系统进行应用。用 B/S 结构开发的软件系统管理起来也很方便、快捷和高效。这种结构的应用也越来越普遍，已经成为当今软件开发的首选体系结构。B/S 结构的网络一般由 Web 浏览器、Web 服务器和数据服务器三部分构成。客户机 Web 浏览器把事务处理逻辑部分分给了功能服务器 Web 服务器，使客户机不再负责处理复杂计算和数据访问等关键事务，只负责显示部分，从而使之变成一个简单的图形交互工具或者简单的控制设备。数据库服务器用于各种数据存储和管理。对于智能卡系统中的读卡器终端，采用 B/S 结构能在这类嵌入式设备中得到简单的开发应用。

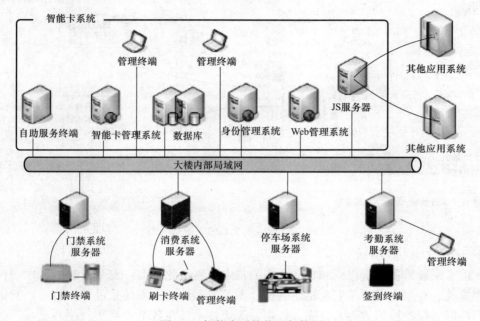

图 4-5　智能卡系统物理架构图

4. 软件设计

基于智能卡系统的功能模块，要设计相应的软件系统，该软件系统一般是围绕基本管理系统展开和拓展开发的，这个管理系统将维护着所有功能相关的信息，包括身份信息以及相关硬件设施的基本信息。并且以此为基础，扩展为网络安全体系的基础。紧密相关的是智能卡管理系统，智能卡管理系统负责与智能卡管理的相关业务和操作，包括往智能卡中写入身份基本信息以及发卡、制卡、维护、删除等操作。与活动目录通过数据总线相连的是两类卡应用系统：第一类是智能卡服务类应用，例如门禁子系统、消费子系统、停车场子系统、会议签到子系统等一些基本的智能卡应用系统，此类系统将充分使用智能卡的唯一性和便利性，提高后勤管理的高效性和安全性；第二类是计算机应用系统，包括门户应用，办公应用以及各类业务应用。这类计算机应用是通过用户认证模块与活动目录相连，充分利用智能卡存储的证书整合活动目录提供的用户安全管理能力，提高整个网络的安全性和可靠性。以上面商业办公楼的智能卡系统为例，考虑各个功能模块之间的相关性，其软件系统构架图如图 4-6 所示。

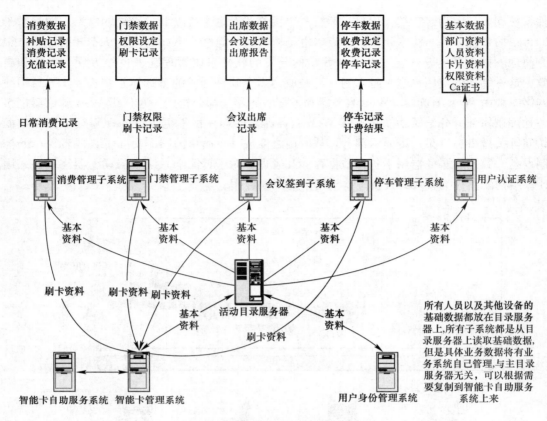

图 4-6　智能卡系统软件系统构架图

5. 安全设计

　　智能卡系统具备范围广泛和功能众多的特点，鉴于此特点，安全机制的考虑与设计显得尤为重要。一般来说对于安全机制的设计考虑主要从两大方面来进行。第一，网络保护措施，在网络保护措施方面，首先，使用防火墙技术，在各个子系统、中心系统、数据交换以及主干网络的各接点均建立防火墙。其次，采用入侵检测技术能够在违规操作及攻击事件等情况发生时，进行网络切断，为系统安全提供保障。最后，在各子系统和数据库服务器上进行杀毒软件的安装，这样做可以有效抵御病毒的侵入。第二，应用软件以及智能卡安全设计，首先，智能卡采用 IC 卡作为载体，各个子系统使用不同的卡的扇区，并且实行一卡一密码，这为系统的安全可靠提供了保障。其次，卡片读取器有专用的操作加密，管理人员能不定期更换，有效阻止非法身份用户进入。再次，系统设立分级密码以及开启密码，对操作权限也进行了设定，这使得管理人员只能进行本职操作权限内的分工工作，保障了系统安全。最后，当智能卡卡片密码输入错误超过限定次数时，自动锁定，用户只能通过管理中心进行解锁，这也为安全提供了有效保障。

4.5　典型智能卡应用子系统

　　由前面介绍可知，智能卡系统的应用广泛，目前应用最多的包括各类消费管理子系统、物品设备管理子系统、考勤管理子系统、物品设备借阅子系统、医疗就诊子系统、供电供水管理子系统、门禁管理子系统、停车场管理子系统等。这些智能卡应用子系统的设计和实现可以分为两大类，上面所举例中的前五个子系统属于一类，这一类智能卡系统的设计和实现所涉及的硬件只需要智能卡、读卡设备和有线或无线网络，它们往往依赖于建筑物中现有的网络设施就能完成系统硬件的安装和设计，一般来说将读卡器与现有计算机系统相连就可完成硬件安装，所以这一类智能卡应用的关键在于软件设计，而软件设计的好坏直接决定了该应用系统能否提供好的公共服务。另一类供电供水管理子系统、门禁管理子系统和停车场管理子系统不仅仅要将读卡设备进行联网来完成各种信息数据的输入、输出、存储和分析，还需要额外的硬件设备支持系统服务，例如供电供水管理子系统需要一个能控制电开关和水阀门的控制设备，该控制设备需要读卡设备的读卡信息对其进行控制，控制电开关或水阀的开或关。又如门禁管理子系统需要读卡设备的读卡信息来控制门锁的开或关，停车场管理子系统需要读卡设备的读卡信息来控制闸门或栏杆的开或关。针对后面三类子系统，被控制系统的安装就涉及在公共建筑物中的智能化系统设计和施工，所以在智能化安装布线时就需要考虑这类智能卡应用的特殊性。本小节重点对公共建筑中的消费子系统、考勤子系统、物品设备借阅子系统、水控管理子系统、门禁管理子系统和停车场管理子系统这六种典型的智能卡应用系统进行详细介绍。由于这些应用子系统通常属于一卡通系统的一部分，所以本节首先对一卡通系统的智能卡管理子系统进行介绍。

4.5.1　智能卡管理子系统

智能卡管理系统是统一的发卡管理中心，与各应用子系统工作站实行分离式管理，各应用子系统功能可集成在一张卡上，由发卡管理中心统一进行卡片的发行、授权、挂失等操作，无需到每一个子系统工作站去单独授权，同一张经过授权的智能卡可同时应用于门禁、考勤、消费、停车场等各种子系统。智能卡管理子系统结构图如图 4-7 所示。

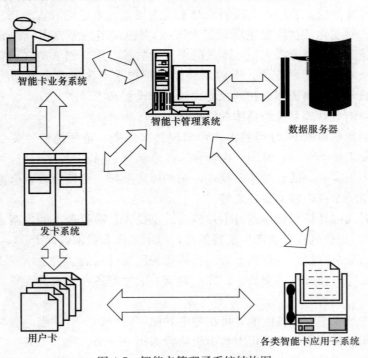

图 4-7　智能卡管理子系统结构图

智能卡管理子系统包括智能卡业务系统、发卡系统、智能卡管理系统和数据服务器。智能卡业务系统代表人工办理处，其功能是对智能卡进行发卡充值等操作；发卡系统是对智能卡进行读写操作的设备，它一般通过 USB 数据线连接到智能卡管理系统，通过射频传输与智能卡进行通信，可完成智能卡识别、数据读写、权限授予、卡片格式化等操作。

智能发卡管理中心一般设置在某单位、某小区或某大楼的一间专用房间中，由专门的业务人员完成对用户智能卡的功能管理操作，所有卡用户需在该发卡管理中心现场办理智能卡功能开通与维护，同时所有智能卡应用子系统需通过有线或无线通信网络与发卡管理中心的智能卡管理系统进行信息数据传输。发卡管理中心办理的功能业务包括：

（1）智能卡发行：按照使用期限，发卡系统一般可发行两种类型的卡，即长期卡和临时卡。长期卡为持卡人长期持用，持卡人身份固定；临时卡用于外来人员临时持有，使用完毕后归还发卡管理中心。在进行发卡操作时，首先选定某一持卡人，通过读写器读入智能卡序列号，在计算机上输入持卡人设定的密码，即可完成发卡操作。针对该持卡人所设置的各类权限，包括门禁等级权限，将会自动被赋予该智能卡。

（2）智能卡消费充值：持卡人如需要在餐厅就餐或在停车场停车，需缴纳一定的充值款项时，可在发行卡片时由管理人员将电子金额写入智能卡内存和系统数据库中。

（3）智能卡挂失、解挂：当持卡人遗失智能卡时，可申请挂失，需输入持卡人个人密码。当需要补发新卡时，旧卡中所有余款将自动转入新卡账户中。如遗失卡找回可申请解挂，通过读写器读入卡号来进行取消挂失操作。

4.5.2 消费管理子系统

消费管理子系统主要用于商业场所、单位、小区或建筑大楼的食堂餐饮消费、超市消费、购物消费和缴费等。智能卡消费系统的主要功能是通过发卡中心对需要消费的人员发卡授权，给卡片充值后，让用户实现消费时不使用现金，通过刷卡实现扣款消费，即消费方式的电子化、制度化。在消费场所设置 POS 消费机，卡内可自由储值和消费，每次消费时，工作人员通过在消费机上设定本次的消费金数额，用户刷卡实现消费，当卡中存储金额不足时，及时提醒用户充值，卡内余额足够时扣除本次消费金额并将数据更新到系统。消费终端数量可按照管理方和商家的协议进行设置和扩展。

一般智能卡消费管理系统的具体功能包括：

（1）每个消费场所的 POS 消费机均可实现计次消费、定额消费、菜单消费或消费查询功能，并记录下消费卡号、时间、金额和卡片余额等信息。

（2）系统可按需要灵活设置消费模式，例如固定金额（可任意设置金额）消费、自动扣款消费、菜单消费或限额消费方式等。

（3）可随时通过计算机操作进行卡片挂失、反挂失，回收卡，补发新卡等，如果使用已挂失的 IC 卡，消费机将自动产生报警信息，提示工作人员没收该卡。

（4）可在消费窗口机或计算机上查询各消费场所窗口机的消费总额和消费次数，可按年、月、日、限定时段或按消费场所、部门类别、卡号等各种方式进行资金流况查询和生成报表处理。

（5）消费终端机带有后备电池，可在停电时独立运行数小时，当电源耗尽时，也可将机内数据长时间保存下来，随后可由抄表机将数据拷贝下来。

（6）系统所采用的智能卡终端通常可采用高频 IC 卡，使用特定的加密措施，卡中金额具有安全效验机制，无数据遗失风险。系统具有自动识别"伪卡"功能，消费机和卡片之间只有密码和加密算法相吻合时才能实现消费，持假卡消费则可自动报警，防止非本系统的卡流通使用。

　　智能卡消费管理子系统网络架构结构如图 4-8 所示，一般由以下设备组成：收费管理计算机、数据服务器、终端收费机、网络接口模块、智能卡发行器。收费管理计算机通过网络接口模块和各种消费终端机进行数据交换，目前很多智能卡系统都采用 RS485 串口通信卡或以太网卡作为网络接口模块来建立总线式网络结构，且每个管理主机可连接多达255 台消费终端机，管理主机通过集线器与管理中心数据服务器进行数据交换，带有无线通信模块的收费管理计算机还可以连接移动消费机，移动消费机脱离系统工作，当完成刷卡消费后，可连接到任意一台消费管理工作站上，将数据采集至管理计算机中。消费管理子系统还可以包括发卡器，该发卡器与收费管理计算机相连，完成智能消费卡的发卡、检测、充值、挂失和退卡功能，发卡器可以发行临时卡和长期卡两种。对于目前应用更多的一卡通系统来说，消费发卡功能通常由智能卡管理子系统实现，而对于相对独立的消费管理系统来说，发卡功能由该系统独立完成。

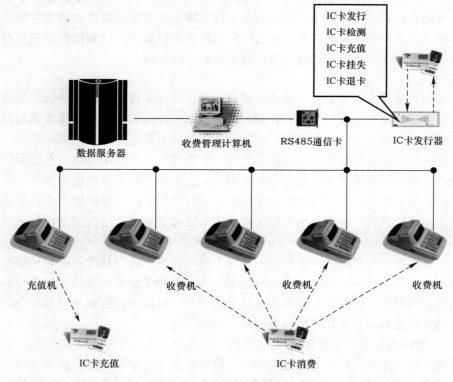

图 4-8　智能卡消费管理子系统结构图

4.5.3　考勤管理子系统

　　考勤管理子系统的主要目的是对建筑物内工作的在编人员进行上下班出勤管理。采用智能卡考勤系统可避免传统的人工方式进行职工考勤所产生的大量数据处理的工作，节省了人力物力，并提高了准确性。在基于射频识别技术，以智能卡、考勤机和管理计算机所构建的智能卡考勤管理系统中，智能卡将作为身份识别的个人终端，实现考勤管理的电子信息化应用，智能卡与考勤机之间使用射频信号进行数据传输，读写数据可在瞬间完成。智能卡考勤管理子系统结构图与图4-8的消费管理子系统结构图相似，只是图中收费机换为了考勤机，另外收费管理计算机换为了考勤管理计算机，其中软件替换为了考勤管理软件。

考勤管理系统的系统功能包括：

1. 考勤功能授权设置

在发卡机上实现对员工发放、撤销考勤功能及卡号变更等授权操作。

2. 考勤终端设置

通过门禁系统在考勤点的门禁读写器上设置通勤时段，统一对员工所持有的智能卡终端进行授权操作。根据博物馆内员工考勤要求，在系统中可设定不同的考勤时间段，编排不同部门、不同员工、不同班次及休息日、法定节假日、事假病假等的考勤时间。并对单位中每个班次工作的时间段和各时段刷卡的时限进行设置。

3. 信息管理和查询

考勤管理系统可以从门禁系统中导入数据，也可以从考勤点的门禁读卡器中手工录入、调整考勤异常。可按照系统中预设的文本数据格式接收或读取员工刷卡考勤纪录；刷卡记录处理，对当天或某天的刷卡记录按所分配班别进行处理。异常数据处理，对某些刷卡中出现的异常情况（如外勤、请假及补刷卡等）进行处理。

4. 信息统计

系统可以自动查询统计员工、部门的请假记录，并与工资管理模块接口，生成工资数据；可提供特定时间内个人、部门、公司的考勤数据统计图表，如汇总休假明细及假期结存报表，并按不同指标进行分析比较；可统计具体月份考勤的情况。

在工程设计中，有时候也以门禁设备替代考勤机进行考勤数据采集，考勤管理子系统可通过门禁控制软件设置任意门禁点作为考勤点，为方便工作人员的使用操作，在职工出入专用通道和办公中心电梯口门禁设置考勤点，进行功能复用，使用此方式比单独设置指纹或面部识别考勤机更为经济适用，作为智能一卡通的子系统一定程度上可缩减成本，提高资源利用率。

在系统设定的考勤时段内，建筑物内工作人员上下班经过门禁考勤点时可刷卡实现个人身份识别，读写器自动、快速、准确地记录下职工号和考勤时间等信息。考勤数据除了保存在门禁控制器中，还可经过网络传递给考勤管理计算机进行数据处理和保存，依靠考勤软件自动生成报表，供管理者随时查询员工出勤情况。

4.5.4 物品设备管理子系统

随着建筑物业务范围的扩大，建筑物内人员交流愈来愈频繁，设备物品的使用频率显著提高，且物品设备经常性的流动给其安全管理带来了实际困难，建设 RFID 物品设备管理系统的主要目的是解决建筑物在物品管理中存在的管理技术问题。基于射频识别（RFID）技术的物品设备管理系统可用非接触式自动识别来实现物品设备数据信息的自动采集工作，不仅显著降低了大量物品设备信息采集上传的工作量，同时也将人为操作失误降至最低；且将传统的人工安全防范变为计算机自动技术安全防范，为物品设备安全和管理提供了一套先进高效的技术管理手段；通过给物品设备发放 RFID "电子身份证"，使物品设备标识、设备工作状态的监测和管理更加简便易行。该系统不仅可提高建筑物的业务管理能力、工作效率和服务水平，减少差错率，更加展现出建筑物个性化、人性化的服务理念，并提升了建筑物的综合竞争力。

物品设备管理子系统是对整个智能化信息管理系统的功能扩展，如果说智能卡考勤子系统是对于人员的管理，那么物品设备管理子系统则是管理对象没有智能应用的物品设备的智能化信息管理，区别于个人智能终端，RFID 系统是一种被动式的智能化应用管理方式。基于 RFID 的物品设备管理系统是将 RFID 自动识别技术和无线网络技术相结合，通过对物品设备的"RFID 电子身份证"的实时自动跟踪识读，降低人工操作出错率，实现管理流程的全自动化，物品设备状态与系统数据库内信息一一对应，即同步化，从而解决物品设备信息动态实时管理方面的技术问题，使整个智能信息管理系统的运行更加智慧、高效、快捷。通过这个管理平台可以实现对建筑物内和库房内物品设备放置的位置和环境变化进行实时动态追踪、监测；对整个物品设备管理流程进行全程的跟踪管理，包括物品设备出入库、移库、盘点、借出、还回、维修保养及出让等；工作人员可利用系统功能生成各种物品设备信息统计分析报表，物品设备管理方还可通过网络远程查看了解物品设备的实时动态信息。

基于 RFID 的物品设备管理子系统结构图，如图 4-9 所示，其系统硬件一般包括带 RFID 电子标签的物品设备、RFID 读写器、读卡器、物品管理计算机、数据服务器、发卡器、网络接口模块和智能卡。带 RFID 电子标签的物品设备是被管理的物品设备，物品设备管理系统为每一个物品设备配备具有唯一识别码的 RFID 电子标签，如图 4-9 所示的书籍或瓷器，电子标签一般采用 13.56MHz 高频电子标签，符合 ISO 5693 标准，每个标签内置固化 64 位唯一序列标识符（UID），不可修改和仿造，且具防冲突功能。标签内有足够的信息存储空间，可将该物品设备的一切信息包括名称、类别、数量乃至物品设备借出归还和维修等记录保存在标签内，以供 RFID 读写器进行查询上报。RFID 读写器用于识读标签和写入标签数据，RFID 读写器可通过无线 AP 接入局域网，方便管理员移动地进行物品设备管理工作。读卡器主要用于读取智能卡的信息，从而确定用户要借出、还回、维护、买入、卖出哪些物品设备，例如从图书馆借阅图书，从工厂中取走某设备进行维修，其作用类似智能卡消费行为。物品管理计算机用于对录入的所有物品设备进行物品信息管理，同时管理智能卡用户对物品设备的操作行为，所有数据将保存在数据服务器中。网络接口模块用于物品管理计算机与 RFID 读写器及读卡器进行信息传输。发卡器用于用户智能卡的办理、退卡等行为。

智能卡物品设备管理子系统的软件是物品信息管理平台软件，负责人员和文物信息档案管理、数据库备份恢复等。可根据需要查询物品设备资料信息及出入库各项数据，并统计出报表显示。如果该物品设备管理子系统属于一卡通的子功能，那么一卡通系统接口物品设备管理系统提供标准的数据接口，通过 TCP/IP 组网方式实现与其他一卡通系统的资源共享和系统联动功能。

智能卡物品设备管理子系统的具体功能设计一般包括：

（1）物品设备出入库管理。当新物品设备入库时，要对物品设备建档管理，具体方法是为物品设备发放唯一对应的 RFID 电子标签作为该物品设备的"电子身份证"，在数据库中创建该物品设备的相关电子信息，与该物品设备的电子标签相关联，记录物品设备类别、入库时间，同时利用 RFID 手持终端设备采集物品设备电子标签在库房内的存放位置，把物品设备的位置信息写入电子标签，并上传计算机存档，利用系统功能可随时针对文物位置变更信息对标签信息进行调整或增减标签数量。

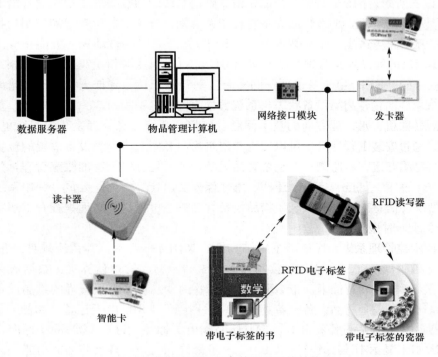

图 4-9 智能卡物品设备管理子系统结构图

（2）物品设备变更管理。系统可利用射频信号来识别物品设备的数据，记录物品设备静态和动态轨迹，包括物品设备入库、鉴定、借出、还回、维修、研究和注销等诸多物品设备变更管理环节。当库房物品设备移出库房时，管理员持有 RFID 读写器到库房进行出库操作，读取每个出库物品设备的电子标签，记录该物品设备标签信息并上传到应用服务器，记录实际出库的物品设备。

（3）库房物品设备盘点和统计。通过 RFID 读写器，快速在库房海量物品设备中找到当前所需要查询的目标物品设备。库房管理员可通过系统服务器制定物品设备盘点清单，将清单传送给 RFID 读写器，管理员持 RFID 读写器在库房内进行物品设备盘点工作。使用射频传输技术可远距离感应电子标签，管理员不必走到每一个物品设备所在位置即可进行物品设备盘点。当管理人员在库房中搜寻目标物品设备时，RFID 读写器扫描到物品设备标签后，物品设备标签主动发送信息到 RFID 读写器，显示目标物品设备所在位置，若没有接收到标签信息，或发现目标物品设备位置发生错误，则管理系统立刻发出警告提示。RFID 读写器每读取到一个盘点清单中电子标签时则进行记录，盘点工作完成后将所有物品设备数据传送至系统服务器，由服务器做出盘点报告，列出未查询到的物品设备标签。

（4）物品设备位移管理。通过 RFID 物品设备定位功能，可实现物品设备监控管理。在固定位置设置阅读器，阅读器天线发送的信号可稳定覆盖在预设监控区域内，若覆盖区域内物品设备未经授权离开本区域，例如博物馆文物被窃取出展柜，则系统立即触发警报。在重要物品设备贴上 RFID 电子标签，将该物品设备的基本信息（名称、年代等）、位置信息保存在电子标签的存储器中，通过固定或 RFID 读写器对物品设备数据进行跟踪。物品设备所附着的电子标签与其所属监控的读写器天线一一对应，一旦某个物品设备位置发生变更，所携带标签也跟随物品设备一起移动，其对应的天线若无法扫描到该标签，则自动发出报警信息。

4.5.5　水控管理子系统

智能卡水控管理子系统实际上也属于消费管理系统，由于水控系统还包括控制系统，故其设计比起单纯的食堂超市消费要复杂。水控管理系统主要由水控管理计算机、数据服务器、充值或转账机、水控器、电磁阀、计量传感器、发卡器、电源控制柜、用户智能卡等几部分组成。通过安装 IC 卡节水控制器对公共建筑内的用水进行控制，以卡控制电磁阀开关，插卡出水，撤卡断水，多用多付费，少用少付费，培养节水意识，达到节约资源的目的。

智能卡水控管理子系统基本功能及特点如下：

（1）在公共建筑中的开水房或浴室中，针对每一个水龙头出水口前端可安装计流量型智能水控器或计时型智能水控器；

（2）在水控管理系统工作站敷设通信线路到每一个水控单元，在每一个水控单元安装流量计、电磁阀；

（3）采用 220V 交流经隔离变压器降为 24V 安全电压给水控器集中供电，并加装漏电保护开关，安全可靠；

（4）使用先扣钱后供水的消费模式。插卡放水，在消费中实时动态显示消费者卡中余额，拔卡关水，显示本次消费额；

（5）消费数据同时上传到水控管理子系统计算机和校园一卡通中心服务器；

（6）管理软件主要用于系统基本参数环境的建立和处理各种日常工作，包括主机存款（充值），数据统计，数据月结，各种卡的操作（挂失、解挂、查看卡信息等），以及各种切合实际的报表和数据的查询功能；

（7）控制软件主要用于对充值机（转账机）的充值记录（转账记录）进行采集。运行控制软件之前需要用户输入正确的用户名和密码，增强系统的安全性。

智能卡水控管理子系统结构图如图 4-10 所示。该结构图主要包括水控管理计算机、数据服务器、网络接口模块、电源控制器、水控器、发卡器和充值或转款机。从图 4-10 能看出，上面的智能卡水控管理中心实际上就已经构成了一个智能卡消费系统，通过网络接口模块与水控系统相连能够对水阀开关进行控制。所以本系统与普通智能卡消费系统相比最大的设计差异也就是水控系统的设计，下面对水控系统进行介绍。

IC 卡计时收费的供水控制设备，包括出水控制、电路控制部分。水控器一端直接安装在水管接头上，另一端接出水龙头，由控制电路读取放置于水控器感应区的 IC 卡内存储的数据来决定电磁阀门的断与通。发射电路一般置于水控器顶端，卡置于水控器顶端就可以实现设置、消费、采集等功能。控制电路与液晶显示屏相连，水控器的各种工作状态可以直观地显示在液晶显示屏上。在断电时，水阀为停止状态，不能出水。通过计算机控制的 IC 卡读写器可以将空白的 IC 卡更改为设置卡和采集卡。水控器的设置以及数据的采集通过设置卡和采集卡来实现对水控器的访问控制。

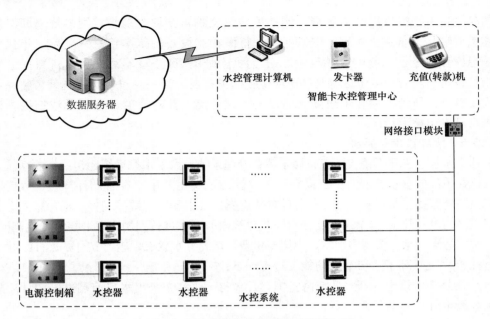

图 4-10　智能卡水控管理子系统结构图

　　水控器通过读取 IC 卡中余额控制供水阀门开启，并根据设定的时间费率自动扣减卡上金额，经过一个计费时段后自动关闭供水阀门，在定时结束时，如卡片离开水控器感应区，水控器则关阀，停止供水，如卡片还在水控器感应区范围内，水控器则扣费，继续供水。操作人员可通过 IC 卡水控器配套的售水管理软件控制 IC 卡读写器，实现卡片发行、充值、水控器的设置以及数据采集等功能，可大大减少管理人员的工作量，通过售水管理软件可以查询、统计、打印各种售水报表。

　　图 4-11 为典型公共浴室水控系统结构示意图。从图中可看出水控器控制着出水孔，手动阀虽然能调节热水管和冷水管道的出水量，但淋浴头最终的出水是由水控器控制的。而水控器还需要与电源和网络线路相连。这样的水控系统在实际应用中还分为计流量水控系统和计时水控系统，计流量水控系统对用户 IC 卡上的余额扣费方式是按照最终水的用量来扣取的，而计时水控系统对用户 IC 卡上的余额扣费方式是按照用户用水的时长来扣取的。两种计费方式也导致其硬件设备有所差异。计流量水控系统布线示意图和计时水控系统布线示意图如图 4-12 和图 4-13 所示，比较两图能看出，计流量水控系统需要流量传感器实时记录用水量，而计时水控系统不需要流量传感器，仅仅对时间进行记录，前一种方法能更加准确地去记录用户的用水量，但安装成本更高一些，而后者安装费用低一些，而且后期需要维护的硬件设备更少，但是对用户用水的计量稍微粗糙一些。目前采用后一种水控设备的公共用水计费方案更多。

4.5.6　门禁管理子系统

　　门禁系统的主要目的是保证建筑物内部通道、出入口、办公区域及公共通道区域内人员的合理流动，对进入监控区域的人流实行出入权限管制，根据需要限制人员随意进出，以保证整个建筑物内物品设备及人员生命的安全。

　　根据各种不同建筑场所的使用功能及安全防范管理要求，在门禁系统中，按各种不同的通行对象及其准入级别，对需要控制的各类出入口实施进/出控制与管理，对各主要通道口的位置、出入时间、出入人员等要素进行集中控制，门禁系统不但具有主动报警功能，还可以将历史数据生成管理报表供随时查询及事件追溯。门禁管理系统一般设计需求：

（1）根据安防管理要求，设置安防中心控制室对门禁系统进行统一的管理和监控，对建筑物的出入口门禁可进行统一管理，也可根据管理方划分的不同等级进行分级别管理，对建筑物内的工作人员按级别设置不同的准入权限，相应承担不同职责。

（2）门禁系统采用各种无线和有线网络方式组建专网，保证系统信号传输的及时性和实施性，设置门禁控制系统，包括外部刷卡/内部出门按钮、内外部刷卡的门禁控制方式。

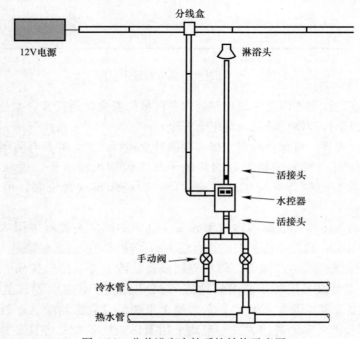

图 4-11　公共浴室水控系统结构示意图

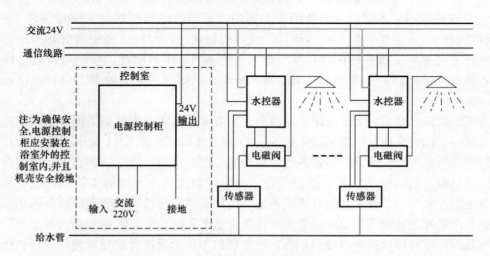

图 4-12　计流量水控系统布线示意图

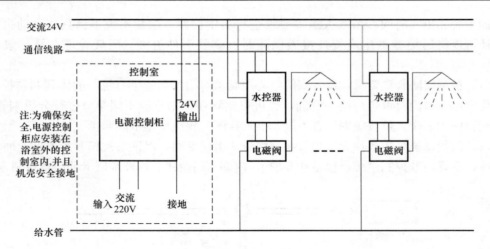

图 4-13　计时水控系统布线示意图

（3）门禁系统的设置不但要保证建筑物内各区域的安全，还应符合紧急逃生时人员疏散的相关要求，以确保控制区域的人员生命安全。

（4）门禁系统设计为可保持脱离主机控制的独立运行功能，并具有防尾随控制功能。

（5）门禁系统可与安防控制中心的其他子系统包括入侵报警、视频监控、声音复核、火灾自动报警、照明等系统实施联动功能，以确保出现警情时，可及时采取管制措施。

（6）系统要具备良好的数据传输速率和安全性，如网络主控器采用 32 位微处理器，其端口输出大于 10M，数据不会丢失，具有较大的存储空间，信息存储量大于 10 万条。

门禁管理子系统通常由智能卡、门禁控制设备、读卡器、出门按钮、锁具系统、电源等设备组成，也可以采用楼宇刷卡模块嵌入到可视楼宇对讲机等其他安防综合系统中。门禁控制设备是整个系统的核心，负责整个系统信息数据的输入、处理、存储、输出，控制器与读卡机之间的通信方式一般均采用 R485 或 R232；锁具是整个系统中的执行部件。目前有三大类：电控锁、磁力锁、电插锁。根据用户的要求和门的材质进行选配，电锁口一般用于木门，磁力锁用于金属门、木门，电插锁相对来说应用较为广泛，各种材质的门均可使用。作为执行部件，锁具的稳定性、耐用性是相当重要的；电源设备是整个系统中非常重要的部分，如果电源选配不当，出现问题，整个系统就会瘫痪或出现各种各样的故障，会为用户带来不便的麻烦，故门禁系统一般都选用较稳定的线性电源。

传统的门禁管理系统大多采用非联网的工作方式，无法进行数据采集和实时监控，功能非常单一。现代智能的门禁系统一般采用联网工作模式。图 4-14 为采用联网工作模式的门禁管理子系统结构图，该门禁系统中的门禁专用电源用于为电插锁、出门按钮和门禁控制设备供电，电插锁是门开关被控设备，门禁控制设备用于智能卡信息读取，并通过 RS485 通信方式与门禁管理系统计算机相连，门禁管理系统计算机数据从服务器中获取用户信息。门禁管理系统计算机中的管理软件负责整个系统监控、管理和查询等工作。管理人员可通过管理软件对整个系统的状态、控制器的工作情况进行监控管理，并可扩展完成巡更、考勤、停车场管理等功能。如果小区或建筑物面积较大，传统的 RS485 通信方式受到通信距离限制不宜采用，因此较大的小区或建筑物的智能卡系统可采用 TCP/IP 协议的通信方式，利用区域内宽带设施实现通信。

　　一个实际的门禁控制设备接线图如图 4-15 所示，该设备作为门禁管理系统的核心部件，具有丰富的输入输出接线端，以实现各种功能模块，例如进门读卡器、出门读卡器、RS485 通信接口、门磁、电锁输出、报警输出、开门按钮、开关电源等。

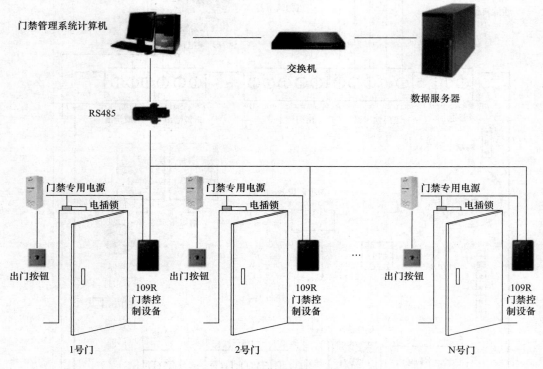

图 4-14　门禁管理子系统结构图

　　一个实际的地上办公楼地上一层和二层的门禁管理子系统的系统图和门禁系统施工大样图如图 4-16 和图 4-17 所示。图 4-16 中画出了每一个门禁控制设备的规格，以及需要连接的磁力锁、门锁和读卡器数量，还包括了电源线和通信总线类型及敷设方式、每个门禁控制设备与门禁控制计算机的连接方式。而门禁系统施工大样图展示了门内外门锁、读卡器、电磁锁等设备的安装位置、连接方式和敷设方式。

　　门禁系统除常规的刷卡开门的基本功能外，还可在通行安全、与物业管理结合、与预警系统联动等方面进行专门设计。多种开门方式：刷卡开门、密码开门、刷卡＋密码开门、刷多卡开门等，可根据不同的安全需要进行设置和自动调整；在一般情况下采用刷卡方式开门，一旦预警系统发出危险警报时，门禁系统将自动提升认证等级，可为刷卡＋密码或刷卡＋指纹触发等方式。

　　胁迫报警是当发生住户被挟持被迫开启单元门禁时，可在读卡器上输胁迫密码，同样可以开启门禁，但同时自动发送胁迫警报至管理中心或者社会 110 报警服务台。应急响应除了前面提到的系统可自动提升安全等级外，对一些突发事件门禁系统也应具有快速的响应。如当发生火警警报时，门禁系统将自动开启所有通道疏散人流。

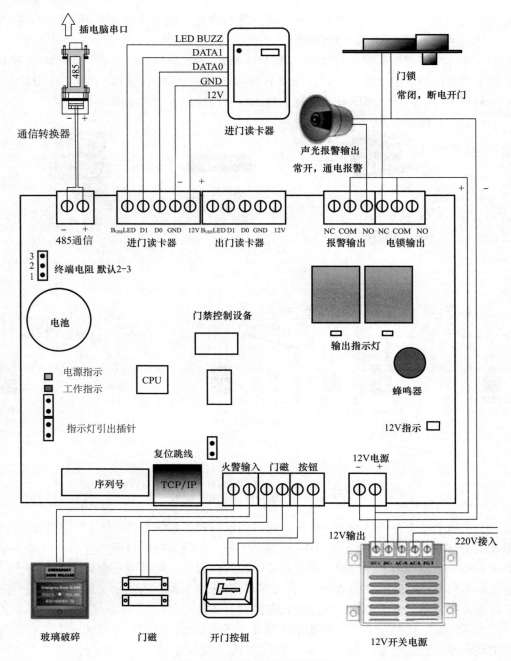

图 4-15　门禁控制设备接线图

4.5.7　停车场管理子系统

停车场管理子系统主要功能是实现建筑物内部停车场车辆进出的自动化、高效安全的管理，包括身份识别、停车收费、自动发卡授权等。该系统集射频识别技术、计算机网络、自动控制技术、视频监控技术于一体，可实现建筑物停车场的车辆全自动化管理，即对车辆出入控制、停车位检索、停车费收取、核查、显示及校对车型车牌等一系列实际使用需求，进行可靠有效且科学化的管理。

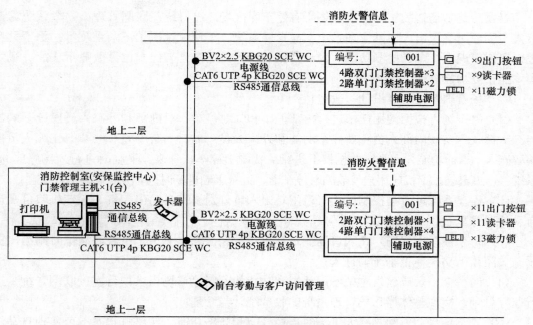

图 4-16 门禁管理子系统系统图

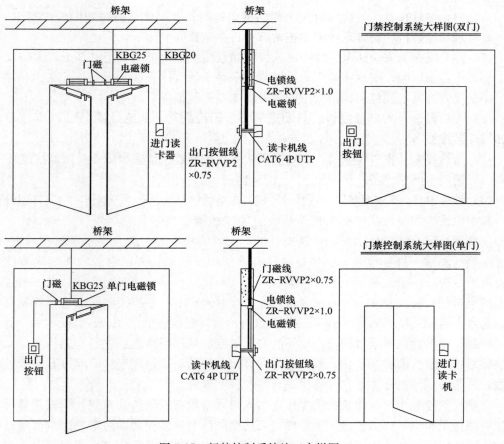

图 4-17 门禁控制系统施工大样图

　　根据建筑物场地的实际需求，将所有停车库（场）进行统一联网管理，一般系统需设置人工管理岗亭、出入口闸管理系统、显示屏系统、车辆视频抓拍记录系统等；除了具有近距离读卡识别、车辆检测功能、发卡授权功能等，还应具有停车位计数显示功能、视频图像抓拍等功能。

　　停车场管理系统功能设计一般包括：

　　（1）停车场可根据使用需求进行内部停车和临时停车，对内部和外来人员发放不同的停车卡授权，实现内部人员免费停车功能和外来人员计时计费停车功能；内部工作人员使用智能卡一卡通功能，在系统的授权下进行免费刷卡停车；外来车辆临时进行入场停放的，系统将通过自动出卡机向用户发放临时停车卡，记录车辆进场时间，并自动计时收费。

　　（2）停车系统可自动控制出入口道闸，出入口分别设有自动出卡机和验卡机，可实现自动计费并显示收费金额；

　　（3）每个停车库（场）在入口处显示屏上显示该区域内空余车位数，满位时则给出提示并关闭读卡功能，拒绝车辆进入；

　　（4）同一个小区或建筑物中不同地域和功能的不同停车场出入口可实现联网，统一进行监控管理，实现整体停车场管理系统的收费统计与管理；

　　（5）停车场自动道闸具有人工无线遥控开闭和防砸功能，在停电状态下可实现自动解锁，满足消防安全需要。

　　（6）停车场管理系统可脱离管理工作站独立运行，在网络故障时依旧可读写 IC 卡完成停车管理功能，待收费计算机工作正常后再将存储数据上传；

　　（7）停车场作为安全防范管理中出入口控制系统中的一个重要组成部分，需与安全防范中心的中控室联网，实现中控室对该智能卡子系统的监控管理。

　　停车场管理系统硬件结构设计中的硬件设施主要包括：

　　（1）入口设施：入口控制机、自动道闸、车辆检测器、地感线圈、LED 车位显示设备和视频监控设备；

　　（2）出口设施：出口控制机、自动道闸、车辆检测器、地感线圈和视频监控设备；

　　（3）智能卡终端设备：用户 IC 卡、读卡器；

　　（4）管理中心：系统服务器、收费计算机、网络通信设备、通道控制器、报表打印机等。

　　其中出入口控制机是停车场管理系统的关键控制设备，它包括以下主要部件：主控板、信息显示屏、满位显示屏、自动发卡机、面板信号系统、语音提示系统和对讲分机。通过地感线圈输入信号检测车辆信息，具有满位指示输出功能。它的内部集成有读卡设备，可识别智能一卡通系统定制的智能 IC 卡，即对临时车辆发放的临时 IC 卡。通过自动出卡机可实现按键自动取卡，向临时车辆发放临时停车卡；主控板可输出信号控制自动道闸的起落。自动道闸可通过 RS485 通信接口与出入口机控制电路联动，接受收费计算机的直接控制。车辆检测器通过埋设在地下的高灵敏度的环形线圈地感进行车辆检测，车辆通过地感时可引起线圈磁场变化，检测器可计算出车辆的流量、速度、时间占有率和长度等参数，并传给入口机和工作站计算机进行停车控制管理。

　　在现代智能化小区或建筑物的停车场出入口通常配有视频监控系统，同时管理计算机内配有图像采集卡，配合图像识别软件，可实现图像对比监控功能。管理人员可通过视频监控系统实时监视各停车场的出入口，了解车辆出入和停车场车位占有率等情况。当车辆驶入停车场，在进入监视范围内时触发监控摄像机工作，自动拍摄车辆图像，图像可清楚地识别出车辆外观、车型及车牌号，同该车辆智能 IC 卡信息一同上传至计算机自动存储；车辆出场时，系统可通过出口机读卡器识别 IC 停车卡卡号，将存储在数据库中的该车辆入场图像自动调取出来，供管理人员进行核对。有效地防止非法卡、重复停车（停车后借卡给他人使用）等情况。

图 4-18 为智能卡停车管理子系统结构图，该系统一般由以下设备组成：停车场管理计算机、数据服务器、网络接口模块、发卡器和带读卡器的车栏杆。停车场管理计算机通过网络接口模块与小区或建筑物内的所有带读卡器的车栏杆进行数据交换，目前很多智能卡系统都采用 RS485 通信卡或以太网卡作为网络接口模块，并采用总线式网络结构，停车场管理计算机与管理中心的数据服务器进行数据交换。发卡机用于智能卡的发卡、检测、充值、挂失和退卡，并将发卡的记录数据实时发回停车场管理计算机。停车场智能卡通常不是单一功能的卡，而是由智能卡的管理系统进行统一管理，包括智能卡的发卡权限。

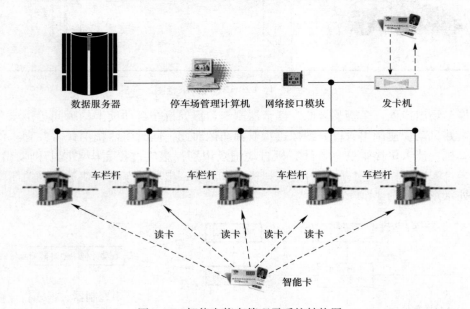

图 4-18　智能卡停车管理子系统结构图

对于现代智能化停车场管理系统来说，入口机（读卡设备、车辆检测器、自动出卡机、LED 显示屏、对讲、语音）和出口机（读卡设备、车辆检测器、LED 显示屏、对讲、语音）是有所差异的，它们可以通过 CAN 总线进行连接。当车辆进入停车场时，车辆入场相关信息将通过 CAN 总线通信自动传送到设备服务器中进行保存，入场记录除了保存在入口机的存储器中，同时还可通过 RS485 通信总线上传至管理主机进行备份；当车辆驶离停车场时，出口机将通过 CAN 总线与设备服务器通信，自动查询该车辆的对应入场信息，然后根据停车时长及馆方制定的收费标准自动计算出停车费用，同时将该车辆出场记录保存至出口机，并上传到管理工作站中保存，而设备服务器中的该车辆入场信息将自动删除，保证车辆入场信息的唯一性，遵循了一进一出逻辑。

在停车场入口处，车辆驶至此在读卡器刷卡，停车场管理计算机自动核对、记录，并显示车牌，摄像机在自动读卡的瞬间拍摄该车入口时图像，并自动存入电脑。感应过程完

毕，发出"嘀"的一声，过程结束；车栏杆快速升起。司机开车入场，进场后车栏杆快速
自动关闭。停车场入口处示意图如图 4-19 所示。

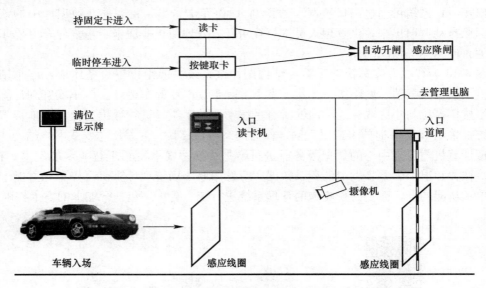

图 4-19　停车场车辆入口示意图

在停车场出口处，车辆驶至此在读卡器刷卡，摄像机在自动读卡的瞬间拍摄该车出口
时图像，并自动快速调出入口处图像进行双幅图像对比，同时将两幅图像一并存入停车场
管理计算机，读卡机接受信息，计算机自动记录识别；感应过程完毕，读卡机发出"嘀"
的一声，过程完毕；车栏杆快速升起，司机开车离场；出场后车栏杆快速自动关闭。停车
场出口处示意图如图 4-20 所示。

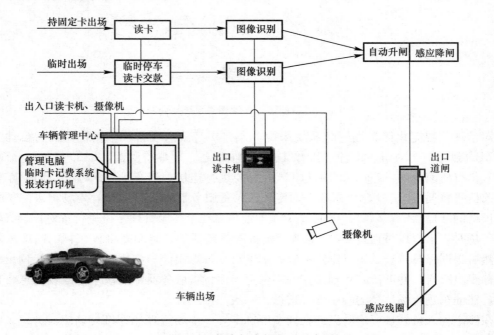

图 4-20　停车场车辆出口示意图

图 4-21 为一个典型停车场管理子系统施工系统图,包括停车场管理系统所包括的设备型号、线缆型号和敷设方式及系统连线。

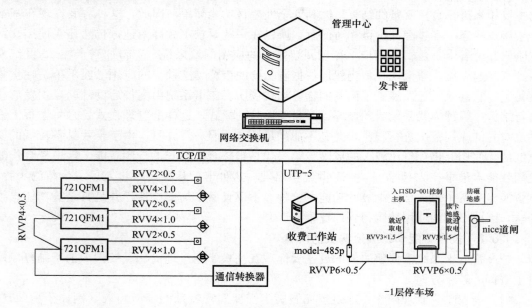

图 4-21 典型停车场管理子系统施工系统图

4.6 校园智能卡系统设计实例

4.6.1 校园智能卡系统概述

随着科学技术的发展,国家对高校教育信息化的日益重视,为各高校校园信息化建设带来了难得的发展契机,校园智能卡逐渐成为高校提升管理水平和效率的重要工具。自从智能卡进入中国以来,在各层次的学校得到了迅速普及,从各个大专院校到中职中学几乎都有各种不同的卡在使用,智能卡的广泛使用为广大师生在日常的学习生活中带来不少便利的同时,也存在一些问题。在多数高等院校,各职能部门采用不同的管理系统、各种卡的技术不统一,各自独立结算,同时受到学校用于校园建设资金以及办学规模等方面的限制,导致广大师生需要少则三四张卡,多则七八张卡。如医疗卡、上机卡、餐饮卡、银行卡、电话卡、图书借阅证等,这给大家日常生活带来诸多不便,造成了人力和财力的浪费,而且工作效率极其低下。因此,如何将这些单一功能的卡统一起来,使学校摆脱低效的、烦琐的管理方式,成为各个高校迫切的需要。

校园智能卡系统就是为了达到"一卡在手,走遍校园"的目标。校园智能卡系统,就是将凡是有涉及现金、票据或者是需要识别身份的场合均采用智能 IC 卡来完成。该管理模式替代了院校各部门"各自为战"的局面,统一规范化的管理和便捷的操作模式为广大师生带来便捷、高效的服务,使得广大师生把更多的精力投入到教学工作和学生学习中去,与此同时也给学校带来便捷、高效的管理模式。

各高校校园网建设的日益完善和 IC 卡技术的成熟,为校园智能卡系统的建设提供了良好的技术支持,校园智能卡系统的建设已成为校园信息化建设的重要标志。

在我国的高等院校中，校园智能卡的发展主要经历了三个大的阶段，第一阶段是 ID 卡＋就餐卡，这种卡成为校园卡的最早雏形，从技术上来说，ID 卡是采用不加密技术，它主要用来进行食堂就餐的结算。因其安全性差且功能简单，因此，这种方案在现在基本处于淘汰状态，不过因其价格相对便宜，所以在一些要求不太高的地方仍然还在使用。第二阶段是就餐卡＋逻辑加密卡，在校园智能卡的应用领域来说，逻辑加密卡在 20 世纪末得到了飞速发展，截至现在，仍然还占据着主要的市场。这种卡的应用已经不单是在食堂就餐了，它甚至已经发展到了商场购物等消费场所。该卡系统由高校后勤部门自主发放和自行结算，管理模式采用封闭循环以及自担风险的模式。这样的管理模式，必将在很大程度上对它的应用范围进行限制，尤其不能满足社会化服务。并且，由于卡片具备较低的安全性能，使用时仍存有比较大的风险。第三代是银校合作方式的校园智能卡，银校合作的校园智能卡最早在 20 世纪末与 21 世纪初出现，这种卡片让校园卡步入了一个新的历程。该智能卡具备了银行金融结算的功能，这种卡不仅具备了高安全性，并且其结算功能也很齐全，因此，它的使用范围得到广泛推广。

4.6.2　校园智能卡系统须解决的问题

校园智能卡系统需要解决的问题主要体现在高校学生管理简化、校园内消费结算以及自主查询等若干方面。

（1）高校学生管理简化：通过校园智能卡需要实现特殊的场所出入（例如公寓门禁、教室门禁等）、需要实现图书借阅阅览（图书馆借阅）、需要实现考试管理和学籍管理以及成绩管理等诸多学生管理工作。在管理简化方面，校园智能卡主要体现在使用者（高校学生）的身份验证工具应用方面。

（2）校园内消费结算：这主要是需要实现在校园内使用校园智能卡作为结算交易工具，例如缴费、食堂就餐、校园超市购物、浴室洗浴等。持卡用户可持校园智能卡在校园内各现金交易点完成交易结算。

（3）自主查询：主要实现能够为持卡用户进行各类查询服务的提供，例如网上查询及电话查询等方式，从而实现校园智能卡的自助挂失以及解挂还有信息查询。

4.6.3　校园智能卡系统的功能设计

依据校园智能卡系统未来的发展方向以及在当前的应用状况，校园智能卡系统的设计目标是为了能够实现"一卡在手，走遍全校"。通常校园智能卡首先要集成银行卡的功能，利用 RFID 技术，通过网络设备在校园智能卡的平台上让校园中日常的支付功能，包括财务结算以及生活消费等工作集成在一起。从而让学校的日常管理在数据统计、共享以及分析方面更加便利。校园智能卡系统的实现能够为学校师生的生活提供便捷，并为学校管理人员的管理也提供便利，同时也完善了学校的管理制度。

对于校园智能卡来说，消费平台的结算功能是它最基本的功能。由此校园内具有日常消费功能的多个子系统会与智能卡系统进行集成的要求。校园内实现"多处消费、统一结算"是智能卡消费管理的根本思想。持卡用户的日常消费信息在经过智能卡汇总后会通过其结算平台对校园内部的消费信息统一进行统计及汇总工作，方便财务统计和分析。校园智能卡系统的整体架构图如图 4-22 所示。校园智能卡系统采用数据库管理层和中间层以及客户端的三层式的逻辑结构来作为整个系统的架构，整个系统的核心是中间层的智能卡服务器，而中心数据库是数据库管理层，各种子系统包括水控子系统、餐厅收费管理子系统、图书借阅子系统、机房管理子系统，消费管理子系统等，它们都属于终端系统（终端应用程序），由于这些子系统都是可以独立运行的，因此可根据需要接入校园网上的智能卡服务器。

银行端系统与校园智能卡系统相互独立，该两系统间能通过前置部分实现通信。其中校园智能卡系统完成智能卡业务，银行端则负责银行卡的业务。

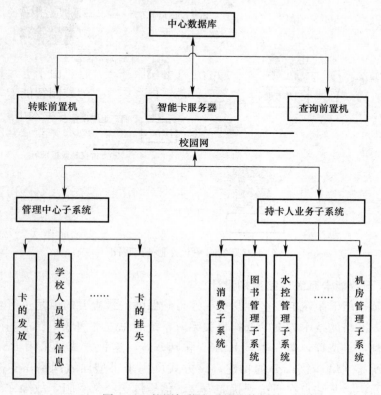

图 4-22　校园智能卡系统整体架构

4.6.4　校园智能卡系统运行的业务流程

根据校园一卡通系统在校园中各种应用的实际使用状况，图 4-23 给出了其业务流程图。该业务流程分为三步：

第一步，校园一卡通系统管理中心应该预先到有关银行机构进行申请开户等相关工作，同时有关银行机构应当将有关开户名单对校园一卡通系统管理中心进行及时的反馈，然后银行机构应当根据确认的学生信息，通过校园卡管理中心对相关用户进行发卡操作；

第二步，校园持卡人在校园内进行一系列的消费活动，必须要依赖银行机构"存款与圈存"相关业务，将钱从银行账户转至一卡通账户后，才能在校内超市、网吧、食堂进行消费。门禁系统、校内图书借阅也需要校园卡的支持，此外，还有"信息查询"以及"身份认证"等相关业务；

第三步，校园内部各部门将校园里面交易的数据传送到校园一卡通系统"管理中心"，并且进行业务层面上的操作与调配。

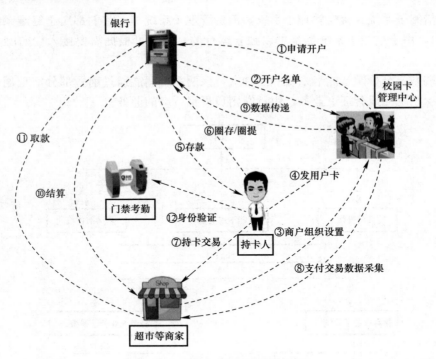

图 4-23　校园一卡通业务流程图

4.6.5　校园智能卡系统网络架构设计

要使得校园智能卡系统的安全性与可靠性得到保障，最重要的就是进行合理的网络架构设计。当然，网络的技术方案的选择也关系着系统的总成本问题，目前的网络技术方案主要有三大类别可供选择，第一类是 RS485 联网方式，这种方式是采用 RS485 方式进行整个系统内的所有网络连接部分的构建。该方式可用于小型局域网络，支持的硬件产品多，联网方式简洁。其缺点在于抗干扰能力差，信号传送经常受阻，故障率较高。学校食堂内刷卡比较普遍采用这种方式。RS485 一般采用总线型拓扑结构，不支持星形结构，这就会导致一台机器出问题，其他机器都中断，而且其传输速率比较低，传输距离也比较短。第二类是单一总线联网方式，这种方式是采用 LonWorks 现场总线技术进行整个系统内的网络连接部分的构建。该技术的优势是数据的传输均采用单一的 LON 总线技术，数据传输速率高。不过，其最大的缺点是，需要重新铺设学校的网络，这可能会造成极大的投入成本。第三类是综合布线联网方式，综合布线联网可以将整个网络划分为几部分并分别选择各自的网络连接方式，其优点在于可以充分考虑自身特点，根据不同部分的特点选择联网方式。

在进行不同网络技术方案的比对之后，再依据学校的特点，校园智能卡系统在网络技术方案上通常会选择综合布线联网方式，对于子系统内部的子网，以自身的特点与需求为依据选取符合自身的网络技术连接方案，可以是 RS485，也可以是现场总线技术，而从子系统至校园智能卡系统的服务器则可以接入校园网。这样不仅能够减少投入成本，而且还能够对原有的网络资源进行充分的利用。

在网络通信协议的选择方面，分两个部分来考虑与设计，第一部分是为终端设备子网选择协议，这部分考虑到 RS485 协议能够打破传统以太网的传输距离限制而将服务器和一个终端设备的通信距离扩大到 1200m，从而选择了 RS485 协议，同时，也使得整个网络的成本得到了降低。第二部分是校园网络主干平台底层的通信协议的选择，在这部分里，主要考虑到兼容性以及扩展性的问题，从而选择了最广泛以及最成熟的 TCP/IP。

校园智能卡系统的网络架构的设计是关乎着系统的安全性以及可靠性的基础保障，因此，必须设计符合系统自身特点的网络拓扑结构。如图 4-24 是校园智能卡系统的网络拓扑图。该一卡通系统的网络层次分明，具有典型的三层结构，包括了客户端、应用服务器、数据中心，有利于系统的扩展和安全管理，数据统一保存到学校的数据中心，其中用户数据存储到目录服务器中增加了两组服务器，一组是作为数字化校园建设的统一身份认证中心，另一组是个人信息门户。校园智能卡系统提供服务的各种功能服务器与各种智能卡应用通过校园主干网进行连接，并通过主干网进行数据信息交换和控制，功能服务器包括数据服务器、应用服务器、自助业务服务器、信息发布服务器、身份认证服务器，同时这些功能服务器也提供了前端的用户交互设备，例如身份识别前置机、支付交易前置机、卡管理工作站、圈存前置机；另一方面，智能卡系统包括了各种常规的智能卡应用，例如门禁机、考勤机、通道机、三辊闸、各类 POS 机、RFID 读写器等，这些设备的应用都属于智能卡读卡器设备及相关控制设备；另外，由于智能卡系统具有消费功能，故管理智能卡的各种服务器系统还需要外界的银行网络进行通信，为了保证用户安全性，还需要防火墙设备来为整个智能卡系统的应用提供安全保障。总之，智能卡系统的硬件结构是由各类智能卡读卡器、为其提供完整服务的软硬件设施和网络构成的，而智能卡系统中采用哪些硬件设备是由前面的功能设计确定的。

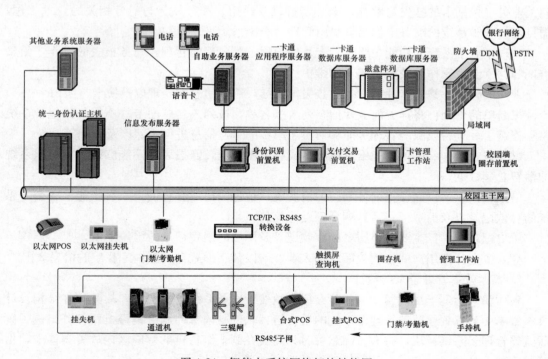

图 4-24　智能卡系统网络拓扑结构图

4.6.6 校园智能卡功能模块设计

校园智能卡系统包含的子系统功能模块非常多，从原则上来说，应当包含校园内几乎所有部门所使用的子系统，如图 4-25 是校园智能卡系统的主要功能模块图。各个功能模块的设计可根据 4.4 节中各种功能管理子模块的介绍来进行。

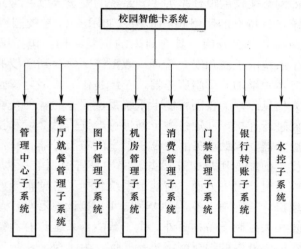

图 4-25　校园智能卡系统的主要功能模块图

1. 管理中心子系统设计

对校园智能卡系统而言，管理中心子系统是其核心所在，该子系统不仅能够完成卡片相关业务（包括卡的挂失与解挂，卡的发行以及注销）和存款等与财务相关的业务工作，而且，与各子系统的财务上的结算也由管理中心子系统来负责。

管理中心子系统的功能主要包括卡片的管理，黑名单的管理，财务报表的操作，信息查询和存入卡金操作以及历史记录的维护。

卡片的管理：管理卡片的发行，挂失与解挂，用户信息的管理以及换卡与注销。

黑名单的管理：将挂失的卡片信息列入黑名单，被列入名单的卡片不能与其他子系统再相连接了。具备权限的管理员能够对黑名单中的卡片信息进行删除以及添加等操作。

财务报表操作：该项功能不仅能够生成存款报表和转账报表，还能够统计智能卡系统的消费总额数据。

信息查询：不仅能够查询各部门的消费统计信息，也能够查询个人在智能卡各个子系统的存款记录以及消费记录还有剩余额度等信息。

历史记录维护：主要是对历史的存款记录及历史的消费记录的维护工作。

存入卡金：把用户的存款数额添加入卡，并以数字形式存入数据库相应的信息表中。

2. 餐厅就餐管理子系统设计

餐厅就餐管理子系统属于 4.4 节介绍的消费管理子系统的一部分，故其硬件结构设计可参考 4.4 节。餐厅就餐管理子系统的后台管理软件与前台的刷卡销售机两部分组成了餐厅就餐管理子系统模块，持卡人在购餐时只需要在刷卡销售机的感应区内放置智能卡，由餐厅管理人员输入其花费，销售机就能自动完成消费扣款。

餐厅就餐管理子系统的功能主要包括生成营业报表，数据采集，消费查询和数据处理以及系统设置五大部分。

生成营业报表：所有在餐厅的财务信息可以由这项功能完成汇总与统计，之后生成报表，报表的形式包括月报表和日报表等。能够方便地对报表信息进行打印与查询。在报表中还可以包括具体的各个汇总项及明细。

数据采集：购餐的开始与结束在联机状态下可以得到控制，并用图形窗口的方式实时监控与采集整个售饭过程中的各项数据。同时，系统在脱机方式下还可以对销售机完成财务结算以及数据采集。

消费查询：通过有效证件或者用户账号，亦或者通过刷卡，都能够对用户的消费明细进行查询。

系统设置：对餐厅销售机的基本设置进行设置，比如销售机在各个餐厅中的物理分布以及销售机的编号，还有销售机的各种参数，例如时间和加密参数等。

数据处理：系统具备很高的实时性以及安全性，因其具有数据恢复与数据备份功能。餐厅就餐管理子系统的所有消费总账与明细利用数据上传功能能够传送到智能卡数据库服务器。

3. 图书管理子系统设计

图书管理子系统属于前面介绍的智能卡的物品设备管理子系统，故其相关硬件结构设计可参照 4.4 节。在图书管理子系统中，卡片读取机与后台管理软件共同组成了图书管理子系统，卡片读取机选用非接触式的 IC 卡，传统的借书证得到了取代，持卡用户只需将 IC 智能卡在卡片读取机上轻松刷过就能够实现图书的借还功能。如果出现图书的超期或者遗失等情况需要进行罚款时，也可以直接进行卡内金额扣款，这体现了图书借阅的管理功能。从而使得借阅速度得到了提升，而且也方便了校园师生。

图书管理子系统功能主要包括门禁功能，汇总及检索，书刊的流通和报表打印以及系统的维护。

门禁功能：学校图书馆内阅览室门口设置门禁，持卡用户通过校园智能卡验证身份信息方可进入阅览室。

汇总及检索：汇总主要包含了书刊的遗失与破损的汇总，借书未还人员信息汇总，超期罚款的汇总或查询，热门读物的汇总，用户借还刷卡的汇总等。

书刊的流通：借书，还书以及续借还有书刊的遗失或破损的惩罚等均属于书刊流通的功能。

报表打印：可供打印的报表具体包含了已注销读者报表，到期未还人员汇总报表、馆藏图书报表以及借还表等。

系统维护：具体包含了对数据库进行备份以及恢复，还有对多种信息的维护。例如对读者部门，发行单位，支付方式等等信息的维护。

4. 门禁管理子系统设计

门禁管理子系统的硬件结构设计可参考 4.4 节的描述。门禁管理子系统使得门禁管理的安全性得到了极大的提高，同时，因其取代了之前的人工巡逻以及对车辆和人员进入的人工工作管理，使得管理的方便性得到了大幅提升。该子系统不但可实现学生的住籍分配，而且能够为个别学生调整房间，调整时需要通过对换、删除及更改等操作来完成。同时，子系统还能够对每个房间的进出情况完成实时监控，这能够有效杜绝一些恶性事件。

此外，系统提供了学生房号和楼号以及床位信息等多种信息的查询，还可以对发卡人的信息进行查询，对每个门禁记录进行查询。如碰到突发状况，管理人员通过具备的超级密码对门禁进行打开与关闭。

5. 消费管理子系统设计

消费管理子系统是校园智能卡系统的核心应用部分，其成功应用于校园内的超市，就餐及娱乐场所等消费相关的部门。后台收费管理软件以及收费主机，还有非接触式的 IC 卡读取机组成了消费管理子系统。非接触式 IC 卡收费主机和读卡机是其主要应用的设备。消费管理子系统的硬件结构设计可参考 4.4 节中的介绍。

用户持卡进行消费时，先用卡刷读卡机，卡的信息是否合法由收费主机做出判断，若卡非法，则进行报警，若合法，则进行卡内余额以及卡号的显示。接着，则进行本次消费与卡内余额的判断，若大于本次消费，则人工进行消费金额的输入，若不足，则提示用户及时进行金额补充。消费成功后，收费机形成一条记录，在上传智能卡中心数据库同时也进行本地数据库的存入。

消费子系统中，各个消费场所的人员也均配有智能卡，收费主机的每一次开机均需要管理人员进行智能卡的刷卡，以便进行操作权限的验证，验证成功，方可操作。同时，开机通过验证的人员的操作时间以及日期等参数将在该职工所处理的全部结算记录中进行保存。

6. 水控子系统设计

水控子系统的实施顺应了后勤改革的需要，成为提高后勤管理水平的先进硬件设施与技术手段的保障。水控管理子系统也是校园智能卡系统的主要组成模块。水控子系统主要由 POS 机终端和卡片以及水控装置还有水控数据服务器等设备组成。

水控子系统主要实现水控制功能，具体包括：第一，系统设置功能，比如给水延时，水价设置以及管理员权限设置等；第二，统计功能，比如进行营业信息和刷卡信息等信息的统计；第三，营业控制功能，比如对一个或多个水控装置开关的控制；第四，日志的备份与查询，以供今后查询使用。

思考与实践

1. 简述智能卡系统的工作原理。
2. 简述智能卡系统的应用范围，并举例进行详细说明其应用方式。
3. 简述基于智能卡的门禁系统的作用、工作方式、工作原理。
4. 简述校园智能卡的功能和作用。
5. 简述基于智能卡的水控系统的用途及工作原理。
6. 请为一幢共三层且每层有两家住户的居民楼设计一套门禁系统，并画出其系统图和连线图。

第5章　信息系统安全管理

建筑信息化系统以现代通信技术和控制技术为支撑，通过透明、充分的信息获取，广泛、安全的信息传递，有效、科学的信息利用，提高建筑物的运行和管理效率，使得整个建筑物更高效地运转和节能环保等。随着智能化技术的不断发展，信息安全日益重要，逐渐成为建筑系统稳定高效运转的必要条件。本章主要讨论智能建筑系统的信息安全管理与保障措施。首先介绍信息安全概念和信息安全管理模型，其次介绍信息安全系统的构建方法和机制与制度建设。最后对信息系统的运行管理与维护进行阐述，确保信息系统的安全有效运行。

5.1　信息系统安全概述

5.1.1　信息系统安全概念

1. 信息系统

现代社会已经进入了信息时代，其突出的特点表现为信息的价值在很多方面超过其信息处理设施包括信息载体本身的价值，例如一台计算机上存储和处理的信息价值往往超过计算机本身的价值。另外，现代社会的各类组织，包括政府、企业等，对信息以及信息处理设施的依赖也越来越大，一旦信息丢失或泄密、信息处理设施中断，很多政府及企事业单位的业务也就无法运营了。同样，对于建筑信息化系统而言，信息安全也同等重要。当建筑物信息设施系统和设备管理系统出现信息不安全问题，就无法保证相关信息系统的安全有效运行。

关于信息系统，国家标准《信息安全技术　信息安全事件分类分级指南》GB/Z 20986—2007中给出的定义为："由计算机及其相关的和配套的设备、设施（含网络）构成的，按照一定的应用目标和规则对信息进行采集、加工、存储、传输、检索等处理的人机系统。信息需要依赖信息系统才能存在和传播，也是信息系统的处理目标。"

信息系统具有如下特性：

（1）整体性

整体性即管理信息系统在功能内容上体现出的整体性，以及开发和应用技术步骤上的整体性。它要求即使实际开发的功能仅仅是组织中的一项局部管理工作，也必须从全局的角度规划系统的功能。

（2）辅助管理

在管理工作中应用管理信息系统只能辅助业务人员进行管理，提交有用的报告和方案来支持领导人员做出决策。

（3）以计算机为核心

信息系统是一人一机系统，这是它与信息处理的其他人工手段的明显区别。

（4）时效性

信息系统既具有时效性也具有关联性。当系统的某一要素（如系统的目标）发生变化时，整个系统也必须随之发生变化。因而信息管理系统的建立并不是一劳永逸的，还需要在实际应用中不断地完善和更新，以相对延长系统正常运行时间，提高系统效益。

（5）安全性

这是指信息系统包含的所有硬件、软件和数据受到保护，不因偶然和恶意的原因而遭到破坏、更改和泄漏，信息系统连续正常运行。

2. 信息系统安全

信息系统的上述特性决定了安全是信息系统的核心，即防止信息被更改、破坏或不为系统所辨识。在根据行业领域的需求构建专业化的信息技术应用系统过程中，现代信息社会对于信息的安全提出了更高的要求，对信息安全的内涵也不断进行延伸和拓展。

国际标准《信息安全管理体系要求》ISO/IEC 27001—2013 中给出目前国际上的一个公认的信息安全定义："保护信息的保密性、完整性、可用性；另外也包括其他属性，如：真实性、可核查性、不可抵赖性和可靠性。"

信息系统的信息安全保密内容分为：实体安全、运行安全、数据安全和管理安全四个方面。

（1）实体安全的任务主要是保护计算机设备、设施以及其他媒体，免遭各种环境灾害和环境事故破坏的措施和过程。

（2）运行安全为保证系统功能安全及保护信息处理过程的安全，所提供的一套安全措施，比如审计跟踪、安全评估、备份与恢复、应急措施等。

（3）数据安全确保信息的可用性、保密性、完整性、可控性和不可否认性，以防信息资源因故意的或偶然的因素使信息不能被有效系统辨识和控制。

（4）管理安全为确保系统安全生存和运营采用相关的法律法规、规章制度和一系列安全管理手段。

3. 广义的信息系统安全管理

信息系统安全的范围大至国家的政治机密、军事信息机密的安全，小到诸如商业机密的安全、甚至个人信息等。信息在以各种方式传输中，尤其是信息在存储和交换过程中，都存在泄密信息或其信息被窃听、截收或恶意篡改以及被伪造的可能性。显而易见，单凭简单划一的保密手段和措施已经不能有效地保证通信和信息的安全，而必须综合应用各种保密举措和方法，充分利用技术的、管理的和行政的三大手段，不断加强信源、信号、信息三个环节的有效保护，从而达到信息安全传输和交换的目的。

5.1.2　建筑信息系统安全的层次与等级保护

1. 信息系统安全的协议层次

信息系统是有协议层次的，网络的协议层次就是在某一个网络环境中，保证数据不被非法或恶意地窃取，使信息或数据的完整性和可实用性免于遭受外界的侵入和破坏。信息系统安全包括两方面，即物理安全和逻辑安全。物理安全是指从环境维护和保护措施等角度出发，使系统设备及外部的相关设施受到物理保护，使信息免于受到外部的破坏或丢失等。逻辑安全着重于保护信息的完整性、保密性和可用性。ISO 制定的网络安全体系结构，协议层与 ISO 七层之间的关系如图 5-1 所示。

对于每一个网络协议层次，相应的安全措施和保护手段都分别有所侧重。

物理层安全，主要防止物理通路的损坏，防止线路窃听和干扰。

链路层安全，主要防止线路窃听。常用保护手段为链路加密。

网络层安全主要解决网络通信层在数据网络进行通信时存在的安全问题，诸如有网络设备安全、网络和链路层数据加密、网络进出控制、拨号网络的安全、防火墙应用等方面。

建筑信息系统的应用层安全主要指的是信息中心防火墙，用以保证各子系统安全通信，大概有两个系统保障我们自身的利益，OA 应用和业务应用系统。安全管理：安全管理的内容包括实体安全管理、运行安全管理、系统安全管理应用安全管理和综合安全管理等。

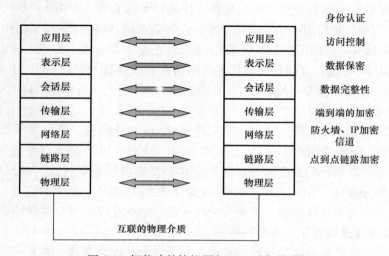

图 5-1　智能建筑协议层与 ISO 对应关系图

2. 信息安全等级保护

为规范信息安全等级保护管理，提高信息安全保障能力和水平，维护国家安全、社会稳定和公共利益，保障和促进信息化建设，根据《中华人民共和国计算机信息系统安全保护条例》等有关法律法规，公安部、国家保密局、国家密码管理局、国务院信息化工作办公室于 2007 年 6 月制定了《信息安全等级保护管理办法》。

国家信息安全等级保护坚持自主定级、自主保护的原则。信息系统的安全保护等级应当根据信息系统在国家安全、经济建设、社会生活中的重要程度，信息系统遭到破坏后对国家安全、社会秩序、公共利益以及公民、法人和其他组织的合法权益的危害程度等因素确定。《信息安全等级保护管理办法》将信息系统的安全保护等级分为以下五级。

第一级，信息系统受到破坏后，会对公民、法人和其他组织的合法权益造成损害，但不损害国家安全、社会秩序和公共利益。第一级信息系统运营、使用单位应当依据国家有关管理规范和技术标准进行保护。

第二级，信息系统受到破坏后，会对公民、法人和其他组织的合法权益产生严重损害，或者对社会秩序和公共利益造成损害，但不损害国家安全。第二级信息系统运营、使用单位应当依据国家有关管理规范和技术标准进行保护。国家信息安全监管部门对该级信息系统信息安全等级保护工作进行指导。

第三级，信息系统受到破坏后，会对社会秩序和公共利益造成严重损害，或者对国家安全造成损害。第三级信息系统运营、使用单位应当依据国家有关管理规范和技术标准进行保护。国家信息安全监管部门对该级信息系统信息安全等级保护工作进行监督、检查。

第四级，信息系统受到破坏后，会对社会秩序和公共利益造成特别严重损害，或者对国家安全造成严重损害。第四级信息系统运营、使用单位应当依据国家有关管理规范、技术标准和业务专门需求进行保护。国家信息安全监管部门对该级信息系统信息安全等级保护工作进行强制监督、检查。

第五级，信息系统受到破坏后，会对国家安全造成特别严重损害。第五级信息系统运营、使用单位应当依据国家管理规范、技术标准和业务特殊安全需求进行保护。国家指定专门部门对该级信息系统信息安全等级保护工作进行专门监督、检查。

《信息安全等级保护管理办法》明确规定，在信息系统建设过程中，运营、使用单位应当按照《信息系统安全等级保护基本要求》，参照《信息安全技术 信息系统通用安全技术要求》GB/T 20271—2006、《信息安全技术 网络基础安全技术要求》GB/T 20270—2006、《信息安全技术 操作系统安全技术要求》GB/T 20272—2019、《信息安全技术 数据库管理系统安全技术要求》GB/T 20273—2019、《信息安全技术服务器安全技术要求》GB/T 21028—2007 等技术标准同步建设符合该等级要求的信息安全设施。

《计算机信息系统安全保护等级划分准则》GB 17859—1999 是信息系统安全等级保护系列标准的核心，是施行信息系统安全等级保护制度建设的重要基础。《计算机信息系统安全保护等级划分准则》GB 17859—1999 规定了系统安全保护能力的五个等级，即：用户自主保护级、系统审计保护级、安全标记保护级、结构化保护级、访问验证保护级。

5.1.3 智能建筑信息系统安全的意义

智能建筑信息化系统是以建筑物为载体，利用计算机网络集成和数据库集成技术，为用户和管理者提供一体化综合管理平台。使建筑物各项功能数字化、智能化和网络化，把烦琐的管理工作与先进技术结合，用现代化科技充实建筑物功能，从而提高智能建筑工作效率，创建安全防范和完善建筑信息系统，以更科学、高效、安全的质量更好的发挥建筑物的职能。现代化的智能建筑信息化系统是楼宇管理系统、办公自动化系统、通信与网络系统、智能建筑优化运行系统等多个控制与数据系统的信息综合集成管理平台。

智能建筑信息化系统集成是随着计算机、通信和自动化技控制技术的进步和互相渗透而逐步发展起来的，它通过综合考虑建筑物的四个基本要素即结构、系统、服务和管理以及它们之间的内在联系，来提供一个投资合理、高效、舒适、便利的环境空间。系统实现的关键在于解决各个子系统之间的互联性和互操作性问题。这是一个多厂商、多协议和面向各种应用的体系结构，需要解决各类子系统之间的接口、协议、系统平台、应用软件和其他相关子系统、建筑环境、组织管理及人员配置等各类问题。但建筑信息化系统作为应用信息技术，将实时控制、数据管理、通信网络和建筑集成提升为一个现代化的建筑平台。因此，无论采用哪家公司的设备，不管运行怎样的协议，构成怎样的拓扑结构，各个子系统都少不了信息技术部分。各子系统信息技术部分的安全自然会直接关系到建筑功能的正常。一旦发生信息系统的故障，无论是显性的物理介质的失窃或破坏，抑或隐性的信息炸弹、病毒、干扰、改写，轻则引起局部区域与功能的失控，重则整个建筑物陷于瘫痪。尤其一些把"楼宇自动化系统、办公自动化系统及通信自动化系统三大类，及下属几十个子系统"相互集成的"一体化集成系统"，或者说"智能建筑管理系统"，因为它要"实现大厦内所有信息资源的采集、监视和共享"，这就使得任何一个子系统的信息都能够畅通无阻地到达任何一个角落。换言之，在这种"智能建筑"的任何一台电脑上都可以把希望发出的信息发送到任意的子系统中。一旦发送的是个攻击信息，那就可能马上破坏所有的子系统。

智能建筑信息化系统集成了物联网、大数据、云计算等新技术，随之而来的信息安全问题已成为国家乃至行业企业关注的焦点。国务院出台的《促进大数据发展行动纲要》指出"强化信息安全保障、完善产业标准体系"。一个行业信息化应用越深入，信息安全威胁就越大。因此，评估和预测智能建筑信息化系统中存在的信息安全风险，并提出相应的解决之道，才能使智能建筑行业跟上信息安全应用需求的步伐，提升信息化系统安全保护能力，实现其信息安全目标。

5.2　信息安全管理模型

信息安全管理模型是对信息安全管理的抽象描述，它是建筑信息化系统安全管理体系的基础。信息安全体系结构的设计并没有严格统一的标准，不同领域不同时期，人们对信息安全的认识也都不尽相同，随着人们对信息安全意识的深入，其动态性和过程性的发展要求愈加重要。

不同组织在对安全理论、安全技术、安全标准的研究基础上，分别提出了相应的信息安全管理模型，这些模型侧重点不同，信息安全管理方式也不同，达到的安全效果也不尽相同。本节主要介绍 PDRR、P2DR、PDCA、HTP、WPDRRC 等广泛应用的信息安全管理模型。

5.2.1　PDRR 模型

PDRR（Protection，Detection，Reaction，Recovery，即防护、检测、响应、恢复模型）模型是最为常用的网络信息安全模型，它可以描述网络安全的整个环节。从 20 世纪 90 年代开始，网络信息安全的研究从不惜一切代价把入侵者阻挡在系统之外的防御思想，开始转变为预防——检测——攻击响应——恢复相结合的思想，强调网络系统在受到攻击的情况下，信息系统的稳定运行能力。PDRR 信息安全模型就是在这一思想下被提出来的。

PDRR 信息安全模型的结构如图 5-2 所示，它将策略分别作用于防护、检测、响应与恢复四个环节中，这四个环节构成了动态的信息安全防护周期。

P：Protection（防护）：采用可能采取的手段保障信息的保密性、完整性、可用性、可控性和不可否认性

D：Detection（检测）：提供工具检查系统

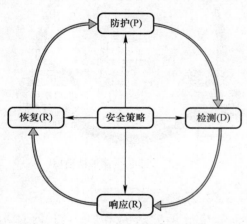

图 5-2　PDRR 生命周期模型

可能存在的黑客攻击、白领犯罪和病毒泛滥等脆弱性

R：Reaction（响应）：对危及安全的时间、行为、过程及时做出响应处理，杜绝危害的进一步蔓延扩大，力求系统尚能提供正常的服务

R：Recovery（恢复）：一旦系统遭到破坏，尽快恢复系统功能，尽早提供正常的服务

安全策略共有四个部分：

安全策略第一部分：防御阶段。根据系统已知的安全问题做出防御措施，比如打补丁，访问控制，数据加密等。

安全策略第二部分：检测阶段。当攻击者穿透了防御系统，检测系统就会报警，报警内容要包括攻击者的身份，攻击源头以及系统损失情况。

安全策略第三部分：响应阶段。一旦检测出入侵，响应部分就立即做出反应，包括应急处理以及业务保证等。

安全策略第四部分：恢复阶段。入侵事件发生后，系统恢复到初始状态。

PDRR 可以系统化地解决信息安全问题，安全产品与系统可以方便依照这四个组件进行搭建，为用户提供体系化的安全服务与保障。但 PDRR 只给出了实施方法，没有给出具体的量化来确保系统的安全，虽然涵盖了全部的生命周期，其动态防护性却无法充分体现。

5.2.2 P2DR 模型

P2DR 模型是美国国际互联网安全系统公司（ISS）提出的动态网络安全体系的代表模型，也是动态安全模型的雏形。根据风险分析产生的安全策略描述了系统中哪些资源要得到保护，以及如何实现对它们的保护等。所有的防护、检测和响应都是依据安全策略实施的。

P2DR 信息安全模型的结构如图 5-3 所示。P2DR 模型包括四个主要部分：Policy（策略）、Protection（防护）、Detection（检测）和 Response（响应）。

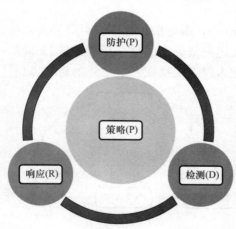

图 5-3　P2DR 生命周期模型

1. 策略

定义系统的监控周期、确立系统恢复机制、制定网络访问控制策略和明确系统的总体安全规划和原则。

2. 防护

通过修复系统漏洞、正确设计开发和安装系统来预防安全事件的发生；通过定期检查来发现可能存在的系统脆弱性；通过教育等手段，使用户和操作员正确使用系统，防止意外威胁；通过访问控制、监视等手段来防止恶意威胁。采用的防护技术通常包括数据加密、身份认证、访问控制、授权和虚拟专用网（VPN）技术、防火墙、安全扫描和数据备份等。

3. 检测

检测是动态响应和加强防护的依据，通过不断地检测和监控网络系统，来发现新的威胁和弱点，通过循环反馈来及时做出有效的响应。当攻击者穿透防护系统时，检测功能就

发挥作用，与防护系统形成互补。

4. 响应

系统一旦检测到入侵，响应系统就开始工作，进行事件处理。响应包括紧急响应和恢复处理，恢复处理又包括系统恢复和信息恢复。

P2DR 模型是在整体的安全策略的控制和指导下，在综合运用防护工具（如防火墙、操作系统身份认证、加密等）的同时，利用检测工具（如漏洞评估、入侵检测等）了解和评估系统的安全状态，通过适当的反应将系统调整到最安全和风险最低的状态。防护、检测和响应组成了一个完整的、动态的安全循环，在安全策略的指导下保证信息系统的安全。

时间是 P2DR 模型的核心要素。不管是攻击时间，还是防护以及响应都要消耗时间，所以 P2DR 模型就可以用一些典型的数学公式来表达安全的要求，这里面有两层含义。

及时的检测与响应即是安全，假设 Pt 是保护时间（或者黑客攻击成功花费的时间），Dt 是检测时间，Rt 是恢复时间。网络安全的含义就是及时检测和立即响应：当 Pt＞Dt＋Rt 时，网络处于安全状态；当 Pt＝Dt＋Rt 时，网络安全处于临界状态。Pt 的值越大说明系统的保护能力越强，安全性越高。

及时的检测与恢复即是安全，假设 Et 为从发现破坏系统行为到将系统恢复正常的时间。如果防护时间 Pt＝0 时，则 Et＝Dt＋Rt，此时的解决安全问题的有效方法就是降低检测时间 Dt 和响应时间 Rt。

综上所述，P2DR 给了安全全新定义，"及时的检测和响应就是安全"；"及时的检测和恢复就是安全"。因此，这样的定义为建筑信息化系统安全问题的解决给出了明确的方向：提高系统的防护时间 Pt，降低检测时间 Dt 和响应时间 Rt。

P2DR 及其衍生的模型对实践有较好的指导意义，注重了时间的因素，但随着网络技术的发展，P2DR 模型很难对分布式攻击实施有效防护的缺陷也就逐渐暴露出来；另外，P2DR 模型主要着眼于安全过程本身，对管理方面的安全强调不够。

5.2.3　PDCA 模型

《信息安全管理体系》BS 7799 是国际上具有代表性的信息安全管理体系标准，其第二部分《信息安全管理体系规范》，是组织评价信息安全管理体系有效性、符合性的依据。它的最新版本（BS 7799—2：2002）是 2002 年 9 月 5 日修订的，引入了 PDCA（Plan-Do-Check-Action）过程模式，作为建立、实施信息安全管理体系并持续改进其有效性的方法。

PDCA 信息安全模型的结构如图 5-4 所示。PDCA 是 Plan（计划）、Do（执行）、Check（检查）和 Act（处理）的第一个字母，PDCA 循环就是按照这样的顺序进行质量管理，并且循环不止地进行下去的科学程序。

（1）P 计划，包括方针和目标的确定，以及活动规划的制定。

（2）D 执行，根据已知的信息，设计具体的方法、方案和计划布局；再根据设计和布局，进行具体运作，实现计划中的内容。

（3）C 检查，总结执行计划的结果，分清哪些对了，哪些错了，明确效果，找出问题。

（4）A 处理，对总结检查的结果进行处理，对成功的经验加以肯定，并予以标准化；

对于失败的教训也要总结，引起重视。对于没有解决的问题，应提交给下一个 PDCA 循环中去解决。

以上四个过程不是运行一次就结束，而是周而复始地进行，一个循环完了，解决一些问题，未解决的问题进入下一个循环，这样阶梯式上升的。

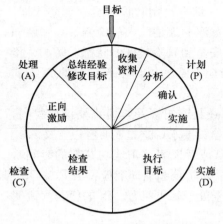

图 5-4　PDCA 管理循环模型

PDCA 循环是全面质量管理所应遵循的科学程序。全面质量管理活动的全部过程，就是质量计划的制订和组织实现的过程，这个过程就是按照 PDCA 循环，不停顿地周而复始地运转的。

PDCA 过程模式被《质量管理体系》ISO 9001、《环境管理体系》ISO 14001 等国际管理体系标准广泛采用，是保证管理体系持续改进的有效模式。依据《信息安全管理体系》BS 7799—2：2002 建立信息安全管理体系时，过程方法鼓励其用户强调下列内容的重要性：

（1）理解组织的信息安全要求，以及为信息安全建立方针和目标的需求；

（2）在管理组织整体业务风险背景下实施和运行控制；

（3）监控并评审信息安全管理体系的业绩和有效性；

（4）在目标测量的基础上持续改进。

PDCA 采用持续改进的方式促进信息安全防护水平的不断提升，而且可以适用建筑信息化系统对信息安全的整体要求。PDCA 为构建一个稳定的动态自适应的安全防护体系提供非常重要的理论基础，其管理全面性是 P2DR 与 PDRR 等模型无法比拟的。

5.2.4　HTP 模型

人是事故的主体，所有安全威胁都是由人发起的，不管是 PDRR、P2DR 还是 PDCA 都忽略了"人"这一关键因素的存在，"以人为本"的诉求在安全界的呼声越来越高。

HTP 模型随着"人员"在信息系统安全保护中的作用日益突出，一种全新的"以人为本"的信息安全模型被业内人士提出来。如图 5-5 所示，HTP 模型由人员与管理、技术与产品、流程与体系三部分组成。人员与管理包括法律法规、安全管理、安全教育与培训、组织文化等；技术与产品包括密码技术、认证技术、防火墙、防病毒、入侵检测、网络隔离等；流程与体系是指组织遵循国内外相关信息安全标准与最佳实践过程，考虑组织对信息安全的各个层面的实际需求，在风险分析的基础上引入恰当控制，建立合理的安全管理体系，从而保证组织赖以生存的信息资产的安全性、完整性和可用性。

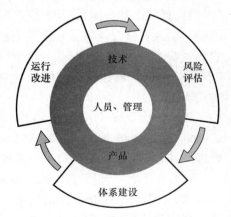

图 5-5　HTP 管理循环模型

一个组织的信息安全水平将由与信息安全有关的所有环节中最薄弱的环节决定。信息从产生到销毁的生命周期过程中，包括了产生、收集、加工、交换、存储、检索、存档、销毁等多个事件，表现形式和载体会发生各种变化，这些环节中的任何一个都可能影响整体信息安全水平。要实现信息安全目标，一个组织必须使构成安全防范体系这只"木桶"的所有木板都要达到一定的长度。从宏观的角度来看，我们认为信息安全可以用 HTP 模型（图 5-5）来描述：人员与管理（Human and management）、技术与产品（Technology and products）、流程与体系（Process and framework）。

在充分理解组织业务目标、组织文件及信息安全的条件下，通过 ISO 13335 的风险分析的方法，通过建立组织的信息安全基线，可以对组织的安全的现状有一个清晰地了解，并可以为以后进行安全控制绩效分析提供评价基础。

长期以来，由于媒体报道的侧重点以及生产商的广告宣传等多种因素的影响，国内公众对安全的认识被广泛误导。有相当一部分人认为，黑客和病毒就已经涵盖了信息安全的一切威胁，似乎信息安全工作就是完全在于黑客与病毒打交道，全面系统的安全解决方案就是部署反病毒软件、防火墙、入侵检测系统。这种片面的看法对一个组织实施有效的信息安全保护带来了不良影响。

目前，各厂商、各标准化组织都基于各自的角度提出了各种信息安全管理的体系标准。这些基于产品、技术与管理层面的标准在某些领域得到了很好的应用，但从组织信息安全的各个角度和整个生命周期来考察，现有的信息安全管理体系与标准是不够完备的，特别是忽略了组织中最活跃的因素——人的作用。考察国内外的各种信息安全事件，不难发现，在信息安全事件表象后面，其实都是人的因素在起决定作用。不完备的安全体系是不能保证日趋复杂的组织信息系统安全性的。

因此，组织为达到保护信息资产的目的，应在"以人为本"的基础上，充分利用现有的《信息安全标准》ISO 13335、《信息安全管理实施细则》BS7799、CoBIT、ITIL 等信息系统管理服务标准与最佳实践，制定出周密的、系统的、适合组织自身需求的信息安全管理体系。

HTP 信息安全模型认为人是信息安全最活跃的因素，人的行为是信息安全保障最主要的方面。人特别是内部员工既可以是对信息系统的最大潜在威胁，也可以是最可靠的安全防线。统计结果表明，在所有的信息安全事故中，只有 30％是由于黑客入侵或其他外部原因造成的，70％是由于内部员工的疏忽或有意泄密造成的。站在较高的层次上来看信息和网络安全的全貌，就会发现安全问题实际上都是人的问题，单凭技术是无法实现从"最大威胁"到"最可靠防线"转变的。以往的各种安全模型，其最大的缺陷是忽略了对人的因素的考虑，在信息安全问题上，要以人为本，人的因素比信息安全技术和产品的因素更重要。

HTP 信息安全模型将信息安全放在组织所处的信息环境中考虑，尤其强调了人员和管理这一因素，将人员的属性从权限变换到角色的角度，打造了基于角色的控制体系。但 HTP 安全模型对技术防范措施的描述比较简单，需要相关技术标准的支撑。

5.2.5　WPDRRC 模型

通过对上述各个信息系统安全保护模型的分析和比较，我们发现每个模型都有各自的优缺点，都是从不同的角度提出了对信息系统安全进行有效保护的方法论，适用于信息系统安全保护的不同领域。因此，在综合考虑信息系统安全保护对人、技术、管理、环境等方面的要求的基础上，应构建一个切合实际、科学合理、易于实施以及更加全面的信息系统安全保护模型以指导对信息系统安全实施有效保护。

WPDRRC 信息安全模型是我国 863 信息安全专家组面向等级保护合规要求提出的，并适合中国国情的信息系统安全保障体系建设模型，以全面、合规防护著称。

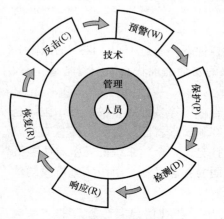

图 5-6 WPDRRC 模型

如图 5-6 所示 WPDRRC 模型结构，WPDRRC 在 PDRR 模型的前后增加了预警和反击功能。WP-DRRC 模型有 6 个环节和 3 大要素。6 个环节包括预警、保护、检测、响应、恢复和反击，它们具有较强的时序性和动态性，能够较好地反映出信息系统安全保障体系的预警能力、保护能力、检测能力、响应能力、恢复能力和反击能力。3 大要素包括人员、策略和技术，人员是核心，策略是桥梁，技术是保证，落实在 WPDRRC6 个环节的各个方面，将安全策略变为安全现实。

信息安全模型在建筑信息化系统安全建设中起着重要的指导作用，精确而形象地描述信息系统的安全属性，准确地描述安全的重要方面与系统行为的关系，能够提高对成功实现关键安全需求的理解层次，并且能够从中开发出一套安全性评估准则和关键的描述变量。WPDRRC（预警、保护、检测、响应、恢复和反击）信息安全模型在等保工作中发挥着日益重要的作用。ISO/OSI 安全体系为信息安全问题的解决提供了一种可行的方法，但其可操作性差。在信息安全工作中，一般采用 PDR（保护、检测和响应）、P2DR（策略、保护、检测和响应）、PDRR（保护、检测、响应和恢复）、MPDRR（管理、保护、检测、响应和恢复）和 WPDRRC 等动态可适应安全模型，指导信息安全实践活动。

5.3 信息安全系统的构建

5.3.1 信息安全风险分析

智能建筑在设计及实施时，必须依据现有的法律法规要求，从信息安全保障需求层面出发，建立全面覆盖感知层、网络层、平台层和应用层的标准统一的信息安全系统体系，提供实时全面保障，预防和管理信息风险，创造有利于智能建筑安全运行的环境。

1. 感知层安全

利用入侵检测系统防范窃取传感网络信息行为，提升传感网络信息传输及无线电通信安全。设立访问控制机制，实现感知节点和基站的安全认证及管控，防止非法用户对传感设备的控制。采用态势分析技术，阻止恶意代码攻击，控制传感设备故障风险。

2. 网络通信层安全

在各异构传输网络之间建立跨网络认证机制，防范跨异构网络安全隐患，提升网络间信息传输效率。应用数据加密技术，防止网络传输过程中泄密，提升数据信息完整可信程度。

3. 数据平台服务层安全

建设容灾备份系统，防范数据损毁和丢失，提高数据安全保障等级。建立授权及审计机制，禁止非法访问数据信息，加强对用户个人信息的保护。运用智能分析处理技术，提高海量数据处理能力，加快对恶意数据、信息的识别和管控能力。

4. 应用服务层安全

建立系统安全审核体系，提高开发质量，降低安全隐患。使用数字水印等技术，确保数据及系统代码安全。

5.3.2　信息安全技术

根据上述分析，可以看出信息系统中存在着较多的安全风险，作为重要的计算中心，遭遇攻击威胁的可能性很高，为应对物理层、网络层、系统层、应用层、数据层、管理层六个层面的安全风险，智能建筑存在对边界防护、系统加固、应用安全、管理安全四个方面的安全需求。

1. 网络安全

网络边界防护的设计是将组织的网络根据其信息性质、使用主体、安全目标和策略的不同划分为不同的安全域，不同的安全域之间形成了网络边界，通过边界保护，严格规范管理中心专网系统内部的访问，防范不同网络区域之间的非法访问和攻击，从而确保管理中心专网各个区域的有序访问。一般来说，边界防护采用的主要技术包括防火墙技术、入侵防御技术、过滤网关技术和接入认证技术。

（1）防火墙技术

防火墙是指设置在不同网络（如可信任的组织内部网和不可信任的公共网）或网络安全域之间的一系列部件组合。防火墙通常位于不同网络或网络安全域之间信息的唯一连接处，根据组织的业务特点、行业背景、管理制度所制定的安全策略，运用包过滤、代理网关、NAT 转换、IP＋MAC 地址绑定等技术，实现对出入网络的信息流进行全面的控制（允许通过、拒绝通过、过程监测），控制类别包括 IP 地址、TCP/UDP 端口、协议、服务、连接状态等网络信息的各个方面。防火墙本身必须具有很强的抗攻击能力，以确保其自身的安全性。

（2）入侵防御技术

网络入侵防御系统位于有敏感数据需要保护的网络上，通过实时侦听网络数据流，寻找网络违规模式和未授权的网络访问尝试。当发现网络违规行为和未授权的网络访问时，网络监控系统能够根据系统安全策略做出反应，包括实时报警、事件登录，或执行用户自定义的安全策略等。

（3）过滤网关技术

传统的防病毒解决方案主要是基于单机或服务器的方式，是一种被动的解决方案。每当出现新的病毒，管理员往往会发现他们分身乏术，需要确保网络中的每台 PC 机、笔记本和服务器等都升级到了最新的病毒库。过滤网关技术是传统网络防病毒的有力补充，通过在网关部位部署过滤网关，能够在网关处过滤病毒和垃圾邮件等，把病毒和垃圾邮件挡在安全域外。

（4）接入认证技术

移动办公设备越来越普及，私拉乱接的行为也越来越严重，这就要求对接入网络的设备进行接入认证，只有通过身份认证的用户才允许接入网络，后天身份认证采用智能建筑统一的身份认证系统，把非法接入的漏洞彻底封死。

（5）VPN 技术

由于 TCP/IP 的开放性和网络嗅探工具的普及，网络中数据被非法窃听的可能性愈来愈大，造成未授权的数据泄漏的风险越来越大，所以有必要对远程用户对计算中心重要应用的访问进行数据加密，结合智能建筑网络的特点，采用 VPN 进行数据传输可以有效避免数据被非法窃听。

（6）网闸技术

在智能建筑系统中由于涉及多部门多业务系统的数据交换共享，因此需要在各个业务之间或者在内外网之间进行重要信息的技术隔离措施，它既能保证重要网络与其他网络安全隔离，又能实现网络之间有效的数据交换。

2. 主机安全

一般来讲，安全的威胁主要来自系统的弱点，针对智能建筑网络中存在的安全隐患，很容易成为内部用户或外部非法入侵者进行攻击的对象，因此，有必要对此进行分析，发现存在的隐患或弱点后，进行修补。同时还要设法提高整体网络的抗病毒能力，确保智能建筑网络不受到病毒的侵害，从而降低系统层、应用层的安全威胁，一般来说系统加固采用的主要技术包括安全扫描技术和防病毒技术。

（1）安全扫描技术

安全扫描系统是现阶段最先进的系统安全评估技术，该系统能够测试和评价系统的安全性，并及时发现安全漏洞。

漏洞检测和安全风险评估技术，因其可预知主体受攻击的可能性，并具体指证将要发生的行为和产生的后果，而受到网络安全业界的重视。这一技术的应用可帮助识别检测对象的系统资源，分析这一资源被攻击的可能指数，了解支撑系统本身的脆弱性，评估所有存在的安全风险。

（2）端点防护和准入控制技术

传统的网络防病毒技术已经不能满足终端防护的需求，病毒攻击、系统漏洞等造成的破坏和损失越来越大，必须采用防病毒和准入技术相结合的手段来保障终端和网络的安全。

在技术层面主动防御：采用防病毒技术、防火墙技术、IDP 技术、威胁扫描技术以及系统加固技术对终端设备进行主动实时的防护，抵御来自多方面的威胁和攻击。

在管理层面准入控制：通过准入控制设备制定检查策略，如病毒库更新情况、防病毒情况、系统补丁情况以及自定义部分策略，将阻止不符合要求的终端访问重要系统，强制其只能访问相关升级服务器。最大限度地将有风险的终端进行隔离，保障网络和网络中的设备不受其攻击。

（3）负载均衡技术

建筑智能化系统有许多核心应用系统，如果这些应用系统有宕机、断网等现象会造成应用系统不可用，使智能建筑信息系统不能正常提供服务，负载均衡技术可以解决应用系统的单点故障。两台以上的应用服务器就可以组成一套带有冗余功能的应用系统，形成 AA 模式的冗余备份系统，多台设备同时处理业务请求，其中一台系统宕机或者断网不影响业务系统的正常运行。

3. 应用安全

智能建筑通过 Web 的方式，将重要的信息和数据进行公开发布，其 Web 站点将成为黑客关注的焦点，而针对主页系统的攻击包括篡改、拒绝服务、恶意脚本、信息泄漏等攻击，常见的防护手段是防火墙、入侵检测和防病毒，在采纳上述三种技术之上，如果对主页内容进一步进行防护，那将大大降低攻击的成功率，进一步提升 Web 应用的安全性，这种技术就是 Web 防护系统。

针对智能建筑信息网络系统的具体情况，Web 防护系统技术的作用包括以下几个方面：

（1）能够解决 Web 服务器所面临的各类 Web 应用攻击，包括已知攻击（如注入攻击、跨站攻击、表单绕过等）、变形攻击及未知攻击；

（2）达到实时监控和事后追溯准确分析，具有集成发布与监控功能，使系统能够区分合法更新与非法篡改；

（3）能够实时监视自动发布目录，实现实时发布与备份；

（4）监控配置可针对文件或目录，可制定监控的目录级数，可指定扫描间隔时间，新发布的文件可自动获得监控配置；

（5）能够定时扫描，通过特征值比较发现篡改，并立即存档和恢复。

4. 数据安全

随着建筑的智能化发展趋势，人们对建筑物内网络及信息安全开始重视起来。数据加密技术、数据保护技术和防火墙结合应用才能够发挥最大的效果加强对数据的安全保护，使建筑信息系统中使用的数据保密性和安全性得到提高。这些技术的作用主要有以下几个方面：

（1）数据存储保护：加强关键业务数据的存储保护，保证数据不被非法授权查看。

（2）数据存储完整性校验：应采取措施检测应用系统信息的完整性，对信息传输过程中出现的变动记录日志。同时对应用系统区域中存储的信息进行监测，防止非授权的修改。

（3）抗抵赖：应采取数字签名、时间戳等技术，防止参与通信的双方或一方对自己源发行为、交付行为以及所做的操作（如文档创建、信息发送、信息接收以及批示）进行部分或全部的否认。

（4）数据库安全：数据库的安全，主要从两个方面考虑。一方面是数据库本身的漏洞扫描：通过安全检测设备对数据库进行扫描，对发现的漏洞进行修补；另一方面是数据库安全策略设置：为数据库专门配置安全防护策略，提高数据库的整体安全性。

（5）备份与恢复：拥有本地备份存储和异地容灾备份，当发生事件后能迅速恢复，不影响业务正常使用。

（6）应急响应：应急响应针对两种事件：影响系统稳定运行的事件和安全事件。

5.3.3　信息安全系统模型的应用

1. 信息安全模型应用误区

要构建一个全面动态防御的安全系统，可以借助安全模型实现全面的安全管理，但是，在应用信息安全模型的时候，也应避免如下误区：

（1）避免产品的无序叠加。安全模型是需要通过技术进行保障的，如果仅仅是将功能或者产品进行简单的叠加，无序的使用，是无法达到安全效果的。

（2）忽略安全管理作用。三分技术七分管理，在管理与制度以及规章的协同作用下，安全的效果事半功倍。一个没有管理仅仅拥有安全技术的系统就像有法律而没有执法者的国家一样不会安全。

（3）安全模型与业务分离。所有的安全一定是为业务服务的，皮之不存毛将焉附。如一个研发单位构建数据安全，其防护的对象一般都是授权用户，如果把大量的资金放在对非授权用户的防护上，效果一定是无法达到企业要求的。

总体来说，信息安全管理不是产品的线性叠加，是产品与产品之间通过一种内在的纽带，面向安全风险的系统的安全防护措施与方法集。这个内在的纽带就是信息安全模型。构建高效的信息安全模型以及确保其在实践中灵活应用是信息安全建设的关键任务。

2. 信息安全系统模型应用

以建筑智能集成管理系统为例，其为智能建筑内楼宇管理系统、办公自动化系统、通信与网络系统等提供信息综合处理的管理平台。该系统包含网络平台、服务器和存储设备等硬件设备，以及前端 Web 服务器、前端应用服务器、后端应用服务器和后端数据库等软件系统。建筑智能集成管理系统的安全保护等级一般被确定为 3 级。

WPDRRC 信息安全模型与其他信息安全模型相比更加适合中国国情，在进行建筑智能集成管理系统的安全建设时，为了实现智能建筑的安全策略，就必须将人员核心因素与技术保证因素贯彻在系统安全保障体系的预警、保护、检测、响应、恢复和反击 6 个环节中，针对不同的安全威胁，采用不同的安全措施，对系统的软硬件设备、业务数据等受保护对象进行多层次保护。

在进行系统的安全建设时，可利用的技术手段分为边界安全、内网安全、Web 应用安全和安全服务等几大类。其中，边界安全包含防火墙、DDoS 防御网关、入侵防御系统、黑客追踪系统、计算机在线调查取证分析系统、防病毒网关和流量智能控制系统等技术手段；内网安全包含安全域访问控制系统、内网安全管理及补丁分发系统、移动存储介质安全管理系统、文档安全管理系统、网络防病毒系统、上网行为管理系统、主机入侵防护系统、数据库审计系统、内网扫描与脆弱性分析系统、账号集中管理与审计系统、用户单点登录系统、存储备份系统和网络运维管理系统等技术手段；Web 应用安全包含 Web 应用防火墙、网页防篡改系统和反垃圾邮件网关等技术手段；安全服务包含日志分析、漏洞扫描、渗透测试、安全加固和紧急响应等技术手段。

如图 5-7 所示，以 WPDRRC 模型为例简要介绍安全模型在安全系统建设过程的应用。

首先，利用的技术手段将待防护的系统分层分类，一般可分为边界安全、计算环境安全、Web 应用安全和链路安全等几大类；其次，通过联防联动机制，以及大数据分析技术，采用统一的安全语义，面向人员、管理、技术构建一体化的安全运营中心（SOC-Security Operations Center），实现系统的总体策略布局与快速应急响应，量化系统的防御强度与能力，实现动态防护体系；最后，针对不同的安全威胁，采用不同的安全措施，通过安全模型逐一实现安全技术体系，对系统的软硬件设备、业务数据等受保护对象进行多层次保护，建立纵深防御体系。

在"预警"环节，采用入侵防御系统，分析各种安全报警、日志信息，结合使用网络运维管理系统，实现对各种安全威胁与安全事件的"预警"。

在"保护"环节，采用防火墙、DDoS 防御网关、安全域访问控制系统、内网安全管理及补丁分发系统、存储介质与文档安全管理系统、网络防病毒系统、主机入侵防护系统、数据库审计系统，结合日志分析、安全加固、紧急响应等安全服务，实现对智能集成管理系统的全方位"保护"。

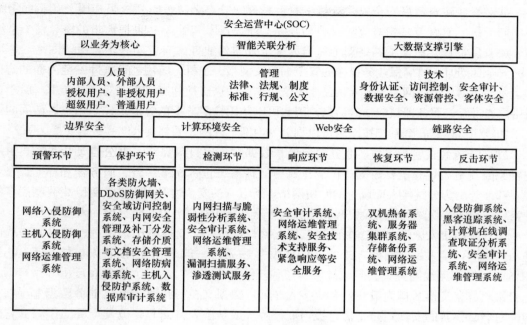

图 5-7　信息安全模型应用框架

在"检测"环节，采用内网扫描与脆弱性分析系统、各类安全审计系统、网络运维管理系统，结合日志分析、漏洞扫描、渗透测试等安全服务，实现对系统安全状况的"检测"。

在"响应"环节，采用各类安全审计系统、网络运维管理系统，结合专业的安全技术支持服务以及紧急响应等安全服务，实现对各种安全威胁与安全事件的"响应"。"响应"是指发生安全事件后的紧急处理程序，可以被看做更进一步的"保护"。

在"恢复"环节，采用双机热备系统、服务器集群系统、存储备份系统和网络运维管理系统，结合信息系统安全管理体系，实现系统在遭遇意外事件和不法侵害时系统运行、业务数据和业务应用的"恢复"。

在"反击"环节，采用入侵防御系统、黑客追踪系统、计算机在线调查取证分析系统、各类安全审计系统和网络运维管理系统，结合安全管理体系以及专业的安全服务，实现系统遭遇不法侵害时对各种安全威胁源的"反击"。

构建安全运营中心，实现人、管理和技术的有机整合。利用孤立时间、海量事件进行智能关联分析，提供整齐划一的动态安全策略，提升系统的整体安全价值。信息安全体系结构的设计并没有严格统一的标准，不同领域不同时期，人们对信息安全的认识都不尽相同，对解决信息安全问题的侧重也有所差别。

随着网络技术的快速发展和网络应用的普及，建筑信息系统安全问题变得愈加复杂。在信息安全建设、整改工作中，信息系统安全模型发挥着重要的指导作用。对不同的业务系统，由于安全期望有所不同，可以采取不同信息安全模型进行管理，以期以最小的投入换得最大的安全效果，做到适当安全。

5.3.4　信息安全系统构建方法

1. 智能建筑信息安全系统结构设计

从对智能建筑信息安全风险分析来看，系统内分类必须考虑到权限和服务、不同级别和不同身份，要有与之相对应的权限和服务，通过权限和服务上的差异，实现对整个系统的分层管理，这样保证了网络安全环境和安全方面的业务。首要问题是要保证网络内部环境的安全；同时还要确保业务操作的安全。涉及网络、主机、应用和数据等安全方面的防火墙、入侵防御、过滤网关、接入认证、安全扫描、站点防护和准入控制等多种技术。由于普通用户通过登录服务器只能访问信息，因此可以使用权限分配的方法来控制用户可访问的信息。智能建筑信息安全系统按网络可以划分为内网、外网、外部接入区和数据交换区等。

（1）内网组成是工作站、业务服务器和数据库，我们需要确保内网的安全性，其中最主要原因就是大量的重要数据存在于建筑物信息系统的局域网中。

（2）外网为公共接入而设置的专用网络，所以它的安全性是极差的。为防止一些黑客的恶意攻击和破坏需要在此处设置漏洞检测服务器、防病毒服务器、防火墙和入侵检测。

（3）外网接入区通常要首先经过三层交换机，由三层交换机出来后进入防火墙，从而进入到内网，接入到内网后，开始与内网发生联系，一般采用专用的接入方式接入，如VPN、专线和无线网关等。

（4）数据交换区作为最主要系统接入区域，数据交换区在整个系统中举足轻重，它在确保数据交换区的安全，防止信息被窃取、篡改或是丢失方面起到极其重要的作用。它的安全问题要得到高度重视，为此需要认证授权服务器、设置审计服务器和系统监控服务器等手段最大化确保安全。

通过安全系统分析可以看出，建筑物内网与外网主要联系是内网的信息浏览。因此，信息浏览成为智能建筑信息安全系统与外网进行互联互通的主要应用。外网与内网间需要存在安全设备，设计防火墙这样的安全设备显得非常重要。防火墙采用两种技术：一是包过滤技术，网络上的数据都是以包为单位进行传输的，每一个包中包含特定的信息，如数据的原地址、目标地址、源端口号和目标端口号等，防火墙通过读取数据包中的地址信息来判断这些包是否来自可信任的网络，数据包过滤技术可以防止外部不合法用户对内部网络访问；二是代理服务器技术，在网关计算机上运行应用代理程序由两部分组成，一部分是应用网关与内部网用户计算机建立的链接，另一部分是代替原来的客户程序与服务器建立的连接。通过代理服务，内部网用户可以通过应用安全地址使用 Internet 服务，对于非法用户将给予拒绝，从而系统在安全性上得到了提高。信息安全系统是采用双主机来实现总体安全策略的。在一台装有两块网络适配卡的机器上运行代理服务程序，其中一块适配卡连接安全开关，另一块连接内部网络。

在建筑物信息安全系统的结构中，防火墙在入侵检测系统前运行，作为控制点，一个防火墙能极大地提高一个内部网络的安全性，并通过过滤不安全的服务而降低风险，使网络环境变得更安全。需要有一个专门致力于入侵检测的主机，因为以太网的主要功能是广播，如果把网络适配卡设为混杂模式，入侵主机会接收到每一个传输来的信息，如果把网络接口设置为监听模式，这样就可以使用嗅探器截获网络上传输的各类信息，紧接着对这些信息进行分析，最后对系统安全性能进行定时或不定时的审核。

信息安全系统在安全技术体系采用分层逻辑模型。根据系统的组成和对安全的实际需求，安全模型分为物理层、网络层、系统层、数据层和应用层。安全机制、安全服务和安全管理贯穿于各层中信息处理的各个环节。信息安全系统安全分层模型如图 5-8 所示。

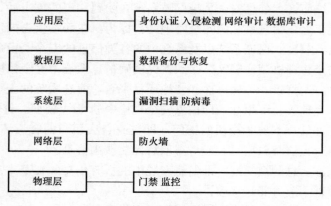

图 5-8　信息安全系统安全分层模型

2. 智能建筑信息安全系统分层模型设计

根据信息系统的实际安全需求，以智能建筑信息安全管理平台为核心，管理分为以下两大部分，一部分是安全策略、安全评估、安全审计、安全制度等安全机制；另一部分是安全系统分层部分，包括物理层、网络层、系统层、应用层和数据层安全。

（1）物理层安全根据组织或机构的实际情况，物理层安全确定各类实体财产的安全级别，以及需要保护的程度和方法。

（2）网络层安全为物理层安全和应用层安全起连接作用，对盖层设备做网络安全防范和管理，传输数据位、报文，主要协议为 IP，ICMP/ARP。

（3）应用层安全是最难保护的一层，因为 TCP/IP 程序几乎可以无限制地执行，实际上没有办法保护所有的应用层上的程序。从目前的统计来看，大部分的网络攻击还是通过网络层进行的。

（4）数据层安全重点放在数据是否丢失，传输过程是否安全，敏感数据是否加密和数据的完整性是否被破坏。

安全机制部分服务于智能建筑信息安全管理平台，也服从于物理、网络、应用等分层规则，两大部分统一为一个整体，为智能建筑信息安全管理服务，三者之间的关系如图 5-9 所示。

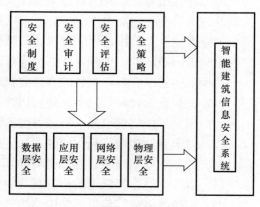

图 5-9　智能建筑信息安全流程图

5.4　信息安全管理机制与制度建设

制度建设是通过制定相关规则用于管理考勤、维护工作秩序并实现严格管理，是系统安全管理的基础和条件。制度管理可分为监管和责任。监管包括工作内容、范围和工作程序、方法。责任制度侧重于他们的责任、权力和利益以及其关系规范的界限。科学完备的管理机制可以确保系统的正常运转，提高工作效率。

5.4.1 信息系统安全管理目标

对信息管理系统而言，信息安全是指保障系统在受到一定的攻击后，系统及其信息的安全性质不变，换言之，信息系统的安全管理的目标为：在面临攻击的情况下，通过采取相应措施、机制以及制度，保证系统以及系统中的各类信息的安全。由此可见，欲设计和实施有效的信息安全管理机制或制度，必须首先明确信息系统中安全目标的内涵。

从信息系统的应用背景、构建方法和实施环境来看，信息系统的安全目标主要涉及的是信息的机密性、完整性、可用性，即信息安全理论中的 CIA 模型。具体分析如下：

机密性是指保证信息不被非授权的访问，即仅有合法用户的合法请求才可获取信息，非法用户或非法请求无法获取信息，或者获取后无法使用信息。

完整性是指保证信息的真实性，即信息系统中的所有信息，在其生成、传输、存储以及使用过程中不应被第三方非法篡改。

可用性则指保证系统中的信息资源随时可以提供服务。

上述三个目标可以看作是一个整体，只要有一个目标被破坏，整个信息系统即可被视为处于不安全的状态；同时这三个目标也处于互相矛盾的状态，例如将信息系统中的机密文件设置为所有人都不可见，确保机密性，但这会破坏该信息的可用性，因此系统仍然不可称为安全的。因此，信息系统的安全机制在设计与实施时需要确保三者的均衡。

除了上述三个基本特性以外，根据智能建筑信息化应用系统的业务类型，其安全性还应有以下三个特性来保障：

可靠性。指系统在规定条件下和规定时间内能够完成规定功能的概率。这是智能建筑信息化应用系统的基本要求之一，设施或业务不可靠、事故不断，也就谈不上智能建筑系统的安全。

可控性。指对智能建筑信息系统及其信息进行安全监控，对非法行为、非法信息的传播以及内容具有控制能力。

可审查性。指使用审计、监控、防抵赖等安全机制，使得系统的使用者（包括合法用户、攻击者、破坏者、抵赖者）的行为有证可查。

基于上述需求分析，典型的智能建筑信息化应用系统可以实现的安全目标如下：

（1）保护智能建筑信息系统的可用性；

（2）保护智能建筑信息系统服务的连续性；

（3）防范智能建筑信息系统的非法访问及非授权访问；

（4）防范恶意用户的恶意攻击与破坏；

（5）保护信息在智能建筑信息系统中传输和处理时的机密性、完整性；

（6）防范智能建筑信息系统中非法信息的生成、传播；

（7）实现智能建筑信息系统的安全审计。

5.4.2 信息安全管理保障机制的设计与实施

1. 信息安全管理保障机制的技术模型

在智能建筑信息化应用领域里，对安全的需求是任何单一安全技术都无法解决的，因此需要根据应用业务的实际情况，针对系统的安全保障目标，选择适合的安全技术，使其有机组合，从而形成信息安全管理保障机制。这样的建设思路，即信息安全管理保障机制的技术模型。

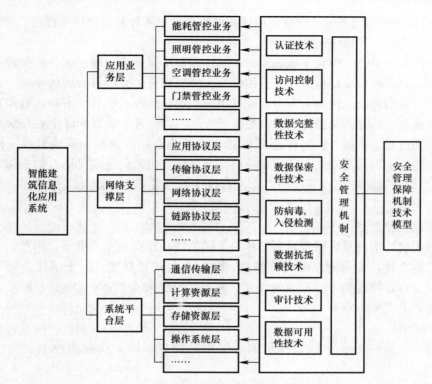

图 5-10　信息安全管理保障机制技术模型示意图

由于智能建筑信息化应用主要由应用业务层、网络支撑层和系统平台层三个层面组成，因此保障机制的技术模型也可以从上述三个层面出发进行设计，其模型图如图 5-10 所示。

智能建筑信息化应用系统的信息安全管理保障机制主要从应用服务安全、网络协议安全和支撑平台安全三个层面组成，可以针对每个层面的具体方向选择安全技术，最后为了将上述安全技术组合为一个有机整体，还需要从纵向出发建立起安全管理机制，将每个层面的技术协同起来，共同保证整个信息系统的安全。

2. 常见的信息系统安全保障策略

根据上述保障机制的技术模型，在信息系统设计、实现、部署和运行时，可以相应地建设信息安全管理保障机制，其具体内容需要根据信息系统实际业务背景来设计，现列举部分具有代表性的常见信息系统安全保障策略。

（1）针对信息系统的安全区域策略

根据信息系统的业务需求，确定系统的安全区域划分，如重点设备、重点网段、重要数据库、核心信息等，主管部门应制定针对性的安全策略。包括但不限于：

① 定期对关键区域进行审计评估，建立安全风险基线；

② 对于关键区域安装分布式入侵检测、漏洞扫描等系统；

③ 部署防病毒系统防止恶意脚本、木马和病毒；

④ 建立备份和灾难恢复的系统；

⑤ 建立单点登录系统，进行统一的授权、认证；

⑥ 配置网络设备防御拒绝服务攻击等；

⑦ 定期对关键区域进行安全漏洞扫描和网络审计，并针对扫描结果进行系统加固。

（2）统一配置和管理防病毒系统

主管单位应当对整个信息系统建立一个整体病毒防御策略，通过统一的配置和管理实现病毒防御，其策略应满足全面性、易用性、实时性和可扩充性等方面的要求。针对系统各部分使用的防病毒系统应提供集中的管理机制，建立病毒系统管理中心，监控各个防毒产品的防杀状态，病毒码及杀毒引擎的更新升级等，并在各个防毒产品上收集病毒防护情况的日志，并进行分析报告。另外还可以建立更新中心，负责整个病毒升级工作，定期地、自动地到病毒提供商网站上获取最新的升级文件（包括病毒定义码、扫描引擎、程序文件等），然后通过病毒系统管理中心，由管理中心分发到客户端与服务器端，自动对杀毒软件进行更新。

（3）网络安全管理

对于智能建筑应用系统而言，网络作为关键领域，其安全尤为重要，因此，除了采用上述技术措施之外，加强网络的安全管理，制定有关规章制度，对于确保应用系统的安全、可靠地运行，将起到十分有效的作用。典型的网络安全技术包括访问控制、防火墙、入侵检测等，其主要策略有：

① 访问控制

通过建立严格的信息访问管控机制，如用户授权、口令及账户控制、资源权限管理等。

② 配备防火墙

防火墙是实现网络安全最基本、最经济、最有效的安全措施之一。防火墙通过制定严格的安全策略实现内外网络或内部网络不同信任域之间的隔离与访问控制。并且防火墙可以实现单向或双向控制，对一些高层协议实现较细的访问控制。

③ 入侵检测

防火墙可以阻止各种不安全的外部访问，但是还需要入侵检测技术作为防火墙的必要补充。入侵检测是根据已有的检测规则对进出网段的所有操作行为进行实时监控、记录，并按制定的策略实行响应（阻断、报警、反击等）。

3. 安全管理涉及的相关行业标准介绍

如何确保安全管理工作能够完整、周密是智能建筑应用系统建设时必须考虑的一个问题，而借鉴、遵循安全管理所涉及的相关行业标准则是建立一个有效、到位的安全管理体系的便捷方法。目前与智能建筑信息应用系统的安全管理相关的行业标准大致包括网络层面的网络安全领域标准、设备平台层面的设备安全领域等，介绍如下：

网络安全领域：网络安全国际标准《信息安全管理体系规范》ISO 17799 强调管理体系的有效性、经济性、全面性、普遍性和开放性，目的是为希望达到一定管理效果的组织提供一种高质量、高实用性的参照。各单位以此为参照建立自己的信息安全管理体系，可以在别人经验的基础上根据自己的实际情况进行设计、取舍，以达到对信息进行良好管理的目的。建立和实施信息安全管理体系（ISMS）是保障企事业单位、政府机构信息安全的重要措施。目前世界上包括中国在内的绝大多数政府签署协议支持并认可《信息安全管理体系规范》ISO 17799。

设备安全领域：智能建筑信息系统在硬件视角下是依赖电子计算机等硬件平台的支

撑，因此电子计算机及其机房、场地等设备环境的安全也是安全管理的重要组成部分，针对这一领域的行业标准主要有国家标准《电子信息系统机房设计规范》GB 50174—2008、《计算机场地通用规范》GB/T 2887—2011 以及《计算机场地安全要求》GB/T 9361—2011 等，这些标准提供了包括电子计算机机房在内的诸多硬件、场地和环境的设计规范，为确保信息化系统所依赖的计算机平台稳定可靠运行、机房工作人员拥有良好的工作环境，同时为技术先进、经济合理、安全适用、确保质量提供了有力支撑。

5.4.3　信息安全管理制度设计与建设

1. 信息系统安全制度的内容框架和安全管理的组织架构

信息安全不仅仅是一个技术问题，更是一个管理问题。对一种资产进行保护的最好方法就是为它建立一个完整的、科学的管理体系。所以安全体系建设中，实现安全管理是关键，任何的安全技术保障措施，最终要落实到具体的管理规章制度以及具体的管理人员职责上，并通过管理人员的工作得到实现。

因此，一个良好的信息系统安全制度是智能建筑信息化应用系统建设中不可或缺的一个组成部分，其内容框架必须符合智能建筑信息化系统的业务和环境的安全需求，其内容框架大致包括如下内容。

（1）总体策略部分，需要根据智能建筑信息化业务的具体背景，确定安全的总体目标，所遵循的原则，必要时需参考相关的行业标准来制定。

（2）组织架构设计部分，明确安全策略之后，必须明确安全制度的责任部门，同时落实具体的实施部门。

（3）制度内容部分，有了目标和责任单位，紧接着需要从智能建筑信息化的具体业务出发，考虑流程，从信息资产、人、物理环境、业务可用性等方面考虑安全制度的具体内容设计部分，主要包括信息资产分类与控制、职员的安全、物理环境的安全、业务连续性管理等。

（4）技术内容部分，确定了制度部分的建设原则和内容之后，以其为指导，确定安全制度所需要的安全技术的选择与整合，例如信息系统所涉及的通信与操作安全、访问控制、系统开发与维护等，即解决如何实现安全制度所涉及目标的问题，如何通过技术支撑安全目标、安全策略和安全内容的实施。

（5）检查监控与审计部分，即确定针对上述安全制度、技术的效果的监控与评审，检查安全措施的效果，评估安全措施执行的情况和实施效果，从而为安全制度的改进、提高提供支撑。

在完成安全制度的内容建设之后，接着还需保障信息系统安全制度的实际运行，主要内容为建立一个落实、实施安全制度的安全运行组织，这部分的建设任务大致包括如下内容。

（1）建立安全运行管理组织架构，安全管理的组织体系主要由主管领导、信息中心和业务应用相关部门组成，其中领导是核心，信息中心是系统运行管理体系的实体化组织，业务应用相关部门是系统支撑平台的直接使用者。

（2）明确责任与权利，落实任务到部门和具体个人。确定系统内部的管理职能部门，明确责任部门，也就是要组织安全运行管理团队，由该部门负责运行的安全维护问题。

（3）树立安全原则，在制定安全管理制度，明确安全职责之后，确定实施安全管理的原则，作为具体实施的指导精神和依据，常用的安全原则包括：多人负责原则、任期有限原则、职责分离原则等。

（4）构建应急响应机制，安全制度制定得再严密，仍然无法保证绝对安全，因此需要针对极端情况建设应急响应的计划和程序，例如建立专家队伍，为计算机系统和网络安全事件的提供技术支持和指导；提供安全漏洞或隐患信息的通告、分析；事件统计分析报告；提供安全事件处理相关的培训等。

2. 常见的信息安全管理制度建设思路

根据上述的信息系统安全制度的内容框架和安全组织架构，在长期的行业实践过程中，已有大量的智能建筑信息化应用单位建立了良好的安全管理制度，现整理阐述较为典型、常见的信息安全管理制度的建设思路，分别涉及组织架构和职责划分建设、物理安全、系统安全、应用安全等。

（1）组织架构和职责划分制度的建设思路

安全管理的组织架构一般包括领导和实施两个层面，因此组织架构和职责划分主要规定了领导和实施层面的职责。

通常领导层面职责包括：信息系统安全管理的法律、法规和有关政策宣传工作；信息系统安全管理的各项规章制度的拟定和组织实施；信息系统的定期检查、安全审查工作；本单位信息系统使用人员的安全教育和培训工作；发生安全信息事故或违法犯罪案件时的应急响应处理等。

实施层面的职责包括：协助分管领导制定系统建设及发展规划，确定相应的安全及资源共享策略；负责信息系统的网络设施、服务器等软硬件资源的维护和管理；负责信息系统软硬件的安装、维护、调整及更新；负责信息系统的账号管理、资源分配、数据安全和系统安全管理；监视信息系统的运行，调整参数，调度资源，保持系统安全、稳定、畅通；负责系统备份和网络数据备份；定期对应用系统软硬件的效能进行评价，对其进行优化维护。

（2）物理安全制度的建设思路

保证信息系统各种设备的物理安全是保障整个网络系统安全的前提。物理安全是保护计算机网络设备、设施以及其他媒体免遭地震、水灾、火灾等环境事故以及人为操作失误或错误及各种计算机犯罪行为导致的破坏过程。它主要包括三个方面：

环境安全。主要建设思路是参考包括国家标准《电子计算机机房设计规范》GB 50174—2017、《计算站场地技术条件》GB/T 2887—2011、《计算站场地安全要求》GB/T 9361—2011 等在内的规范进行建设。

设备安全。主要建设思路包括设备的防盗、防毁、防电磁信息辐射泄漏、防止线路截获、抗电磁干扰及电源保护等；设备冗余备份；通过严格管理及提高员工的整体安全意识来实现。

信息数据安全。包括应用系统数据的安全及信息本身的安全。建设思路是，为保证信息网络系统的物理安全，除在网络规划和场地、环境等要求之外，还要防止系统信息在空间的扩散，例如防止系统通过电磁辐射导致的信息失密等。

（3）系统安全制度的建设思路

智能建筑信息化的应用系统主要组成部分包括网络层、操作系统层、应用系统层等，其安全制度建设思路包括：

网络层安全制度：包括针对网络拓扑结构的审计和规划；针对线路冗余性的审计和规划；针对路由冗余性的审计和规划，防止单点失败等故障的机制和应急响应方案等。

操作系统层安全制度：包括如下策略：采用安全性较高的网络操作系统并进行必要的安全配置；关闭不常用却存在安全隐患的应用；对保存有用户信息及其口令的关键文件使用权限进行严格限制；口令密码的使用制度（包括口令复杂程度、与用户信息无关性、口令强度等方面的规则），配备操作系统安全扫描系统对操作系统进行安全性扫描、定期对系统进行重新配置或升级等制度。

（4）应用系统安全制度的建设思路

智能建筑应用系统在系统平台层面的安全上，其制度建设可以涉及的策略内容包括：应用所在服务器尽量不要开放一些没有经常用的协议及协议端口号。如文件服务、电子邮件服务器等应用系统，可以关闭服务器上如 HTTP、FTP、TELNET、RLOGIN 等服务；加强登录身份认证强制措施的执行，确保用户使用的合法性，严格限制登录者的操作权限，将其完成的操作限制在最小的范围内；加强审计措施，充分利用操作系统和应用系统本身的日志功能，对用户所访问的信息做记录，为事后审查提供依据等。

（5）网络安全制度的建设思路

网络安全是整个智能建筑信息应用系统的安全关键，其安全制度的建设思路可以参考上一节常见信息系统安全保障策略内容，主要有访问控制、防火墙、入侵检测等措施的制定和执行等，这里就不再重复叙述了。

（6）业务资源层面安全制度的建设思路

智能建筑信息化应用系统的功能主要集中在其智能化、信息化的业务功能上，因此安全管理制度建设时必须考虑确保业务资源层面上的安全制度，常用的建设思路如下。

共享资源的安全制度：严格控制内部员工对网络共享资源的使用。如在内部子网中不得轻易开放共享目录。资源共享时必须采用强化的口令认证机制等。

信息存储的安全制度：对有涉及秘密信息的用户主机，使用者在应用过程中应该做到尽量少开放一些不常用的网络服务。对数据服务器中的数据库必须做安全备份。通过网络备份系统，可以对数据库进行远程备份存储等。

（7）其他安全管理制度的建设思路

除了针对特定目标的安全管理制度以外，还有以下常见的安全管理制度可以参考。

安全管理体制健全性：制定健全的安全管理体制将是网络安全得以实现的重要保证。可以根据信息系统的实际业务情况，制定如关键业务的安全操作流程、安全事故的奖罚制度以及对任命安全管理人员的考查制度等。

构建安全管理平台，构建安全管理平台将会降低很多因为无意的人为因素而造成的风险。因此可以建设相关技术的安全制度，如组成安全管理子网，安装集中统一的安全管理软件，如病毒软件管理系统、网络设备管理系统以及网络安全设备统管理软件。通过安全管理平台实现全网的安全管理。

增强人员的安全防范意识，通过制度建设，经常对单位员工进行网络安全防范意识的培训，全面提高员工的整体网络安全防范意识。

5.5　信息系统的运行管理与维护

运行管理与维护是信息系统一个重要的组成部分，是指通过管理学方法与手段对系统的日常业务与工作进行控制，以保证其有条不紊、顺利进行。

5.5.1 信息中心的专业化建设

为了确保智能建筑信息系统的正常安全运行，让楼宇管理系统、办公自动化系统、通信与网络系统、智能建筑优化运行系统正常运行及生产生活正常开展，作为建筑信息系统数据存储中心的信息中心也受到了重视。建设标准化、专业化的建筑信息中心已成为智能建筑实现信息化、数字化的重要基础。

1. 信息中心专业化建设概述

（1）安全需求管理

安全控制需求规范应考虑在系统中所包含的自动化控制以及人工控制的需要。在评价信息安全系统的开发或购买时，需要进行安全控制的考虑。安全要求和控制反映出所涉及信息资产的业务价值和潜在的业务损坏，这可能是由于安全功能失败或缺少安全功能引起的。信息安全系统需求与实施安全的过程应该在信息安全工程的早期阶段集成。在设计阶段引入控制其实施和维护的费用明显低于实现期间或实现后所包含的控制费用。

（2）安全检测与验收

对软件的安全检测与验收主要可依据《信息技术　安全技术　信息技术安全性评估准则　第1部分：简介和一般模型》GB/T 18336.1—2015、《信息技术　安全技术　信息技术安全评估准则　第2部分：安全功能要求》GB/T 18336.2—2015以及《信息技术　安全技术　信息技术安全性评估准则　第3部分：安全保障组件》GB/T 18336.3—2015。

在安全功能要求方面，可以对软件的安全审计功能、通信功能（包括原发抗抵赖和接收抗抵赖）、密码支持功能、用户数据保护功能、标识和鉴别功能、安全管理功能、隐私功能、TSF保护功能、资源利用功能、TOE访问功能、可信路径/信道功能11个方面进行检测和验收。

（3）操作安全控制

信息安全系统内设计合适的控制以确保处理的正确性。这些控制包括输入数据的验证、内部处理控制和输出数据的确认。对于处理敏感且有价值的或关键的组织资产的系统或对组织资产有影响的系统可以要求附加控制。这样的控制应在安全要求和风险评估的基础上加以确定。

（4）规范变更管理

为使信息系统的损坏程度减到最小，应实施正式的变更控制规程。变更的实施要确保不损坏安全和控制规程，并将变更控制规程文档化，引进新的系统和对已有系统进行大的变更要按照从文档、规范、测试、质量管理到实施管理这个过程进行。

变更管理过程应包括风险评估、变更效果分析和安全控制。确保变更不损坏安全和控制规程，确保支持性程序员仅能访问其工作所需的系统的某些部分，确保对任何变更要获得正式协商和批准。

（5）防止信息泄漏

为了限制信息泄漏的风险，如通过应用隐蔽通道泄漏信息，可以考虑扫描隐藏信息的外部介质和通信，掩盖和调整系统和通信的行为，以减少第三方访问信息或推断信息的能力；使用可信赖的应用系统和软件进行信息处理；在法律和法规允许的前提下，定期监视个人系统的行为，监视计算机系统的源码使用。

（6）严格访问控制

严格控制对信息安全系统的访问，包括如下方面：

① 建立访问控制策略，并根据对访问的业务和安全要求进行评审，访问策略清晰地叙述每个用户或一组用户的访问控制规则和权利，询问控制既有逻辑的也是物理的控制方法。

② 建立正式的授权程序来控制对应用系统和服务的访问权力的分配，确保授权用户的访问，并预防对信息系统的非授权访问。程序应涵盖用户访问生存周期内的各个阶段，从新用户注册到不再要求访问信息系统和用户的最终注销。应特别注意对有特权的访问权力的分配的控制需要，因为这种特殊权限可导致用户超越系统控制而进行系统操作。

③ 避免未授权用户的信息访问和信息处理设施，要让用户了解他对维护有效的访问控制的职责，特别是关于口令的使用和用户设备的安全的职责。

④ 如果具有合适的安全设计和控制并且符合组织的安全策略，组织才能授权远程工作活动。远程工作场地的合适保护应到位，以防止偷窃设备和信息、未授权泄漏信息、未授权远程访问组织内部系统或滥用设施等。远程工作要由管理层授权和控制以及对远程工作方法要有充分的安排。

（7）信息备份

制定信息安全系统的备份策略，根据策略对信息和软件进行备份并定期测试。提供足够的备份设施。保持信息和信息处理设施的完整性和可用性，确保所有必要的信息和软件能在灾难或介质故障后进行恢复。建立例行程序来执行针对数据备份以及恢复演练的策略和战略。

（8）使用监视

检测未经授权的信息处理活动，记录用户活动、异常和信息安全事件的日志，并按照约定的期限进行保留，以支持将来的调查和访问控制监视。记录系统管理员和系统操作者的活动，并对系统管理员和操作员的活动日志定期评审。记录并分析错误日志，并采取适当的措施改正错误。

2. 信息安全体系任务

等保安全建设、整改工作的中心任务就是设计并实现一个与用户信息系统定级情况相符合的信息安全体系，主要工作包括：

（1）进行等保差距测评工作，找出现有系统与信息系统所定等级的基本要求之间的差距，明确所需要做的工作。

（2）信息安全策略是指在一个特定的环境里，为保证提供一定级别的安全保护所必须遵守的安全服务准则，它定义了一个组织要实现的安全目标和实现这些安全目标的途径。信息安全策略为具体的安全措施和规定提供一个全局性框架，它不涉及具体做什么和如何做的问题，只是解释清楚什么该做、什么不该做。信息系统运营、使用单位在进行信息系统定级备案以后，等保安全建设、整改工作的实现目标与信息安全策略也就确定下来了。

（3）信息系统运营、使用单位在进行信息系统、定级备案以后，与用户信息系统定级情况相对应的物理安全、网络安全、主机安全、应用安全和数据安全几个层面所需的安全服务也就确定下来了。可以选用各种安全机制实现各个层面所需的安全服务。

（4）选择适当的信息安全模型进行安全保障体系结构分析与方案设计，从管理和技术上保证信息安全策略得以完整准确地实现，安全需求得以全面准确地满足。

（5）选择适当的安全产品与安全技术进行安全系统集成，实现信息系统安全体系。

（6）进行安全管理机构、安全管理制度、人员安全管理、系统建设管理和系统运维管理等方面的建设、整改工作，最终实现一个全方位的信息系统安全体系。

（7）开展定期检查工作。

5.5.2　系统运行管理

建筑信息化系统运行安全管理制度是确保系统按照预定目标运行并充分发挥其效益的必要条件、运行机制和保障措施。通常应该包括如下内容：

1. 系统运行的安全管理组织

它包括各类人员的构成、各自职责、主要任务和管理内部组织结构。建立系统运行的安全管理组织，安全组织由单位主要领导人领导，不能隶属于计算机运行或应用部门。安全组织由管理、系统分析、软件、硬件、保卫、审计、人事和通信等有关方面人员组成。安全负责人负责安全组织的具体工作，安全组织的任务是根据本单位的实际情况定期进行风险分析，提出相应的对策并监督实施。

2. 安全管理

制定有关的政策、制度、程序或采用适当的硬件手段、软件程序和技术工具，保证信息系统不被未经授权进入和使用、修改、盗窃等造成损害的各种措施。

（1）系统安全等级管理

根据信息安全系统所处理数据的秘密性和重要性确定安全等级，并据此采用有关规范和制定相应管理制度。安全等级可分为保密等级和可靠性等级两种，系统的保密等级与可靠性等级可以不同。保密等级应按有关规定划为绝密、机密和秘密。可靠性等级可分为三级，对可靠性要求最高的为 A 级，系统运行所要求的最低限度可靠性为 C 级，介于中间的为 B 级。安全等级管理就是根据信息的保密性及可靠性要求采取相应的控制措施，以保证应用系统及数据在既定的约束条件下合理合法地使用。

（2）系统运行监视管理

重要应用系统投入运行前，可请公安机关的计算机监察部门进行安全检查。根据应用系统的重要程度，设立监视系统，分别监视设备的运行情况或工作人员及用户的操作情况，或安装自动录像等记录装置。

（3）系统运行文件管理制度

制定严格的技术文件管理制度，应用系统的技术文件如说明书、手册等妥善保存，要有严格的借阅手续，不得损坏及丢失。系统运行维护时备有应用系统操作手册规定的文件。应用系统出现故障时可查询替代措施和恢复顺序所规定的文件。

（4）系统运行操作规程

通过制定规范的系统操作程序，用户严格按照操作规程使用应用系统。应用系统操作人员应为专职，关键操作步骤要有两名操作人员在场，必要时需要对操作的结果进行检查和复核。对系统开发人员和系统操作人员要进行职责分离。制定系统运行记录编写制度，系统运行记录包括系统名称、姓名、操作时间、处理业务名称、故障记录及处理情况等。

（5）用户管理制度

建立用户身份识别与验证机制，防止非授权用户进入应用系统。对用户及其权限的设定应进行严格管理，用户权限的分配必须遵循"最小特权"原则。用户密码应严格保密，并及时更新。重要用户密码应密封交安全管理员保管，人员调离时应及时修改相关密码和口令。

（6）系统运行维护制度

必须制定有关电源设备、空调设备和防水防盗消防等防范设备的管理规章制度，确定专人负责设备维护和制度实施。对系统进行维护时，应采取数据保护措施。如数据转贮、抹除、卸下磁盘磁带，维护时安全人员必须在场等待。远程维护时，应事先通知。对系统进行预防维护或故障维护时，必须记录故障原因、维护对象、维护内容和维护前后状况等。

（7）系统运行灾备制度

系统重要的信息和数据应定期备份，针对系统运行过程中可能发生的故障和灾难，制定恢复运行的措施、方法，并成立应急计划实施小组，负责应急计划的实施和管理。在保证系统正常运行的前提下，对可模拟的故障和灾难每年至少进行一次实施应急计划的演习。应急计划的实施必须按规定由有关领导批准，实施后，有关部门必须认真分析和总结事故原因，制定相应的补救和整改措施。

（8）系统运行审计制度

定期对应用系统的安全审计跟踪记录及应用系统的日志进行检查和审计，检查非授权访问及应用系统的异常处理日志。根据系统的配置信息和运行状况，分析系统可能存在的安全隐患和漏洞，对发现的隐患和漏洞要及时研究补救措施，并报相关部门领导审批后实施。

3. 安全监督

应用系统的使用单位，通过建立应用系统安全保护领导组织或配备专兼职管理人员，落实安全保护责任制度，对管理人员和应用操作人员组织岗位培训；制定防治计算机病毒和其他有害数据的方案，必要时协助公安机关查处危害计算机信息系统安全的违法犯罪案件。

根据应用系统的运行特点，制定系统运行安全监督制度，包括：对应用系统安全保护工作实施监督、检查、指导；监督检查用户是否按照规定的程序和方法使用应用系统和处理信息；开展应用系统运行安全保护的宣传教育工作；查处危害应用系统安全的信息安全事件；对应用系统的设计、变更、扩建工程进行安全指导；管理计算机病毒和其他有害数据的防治工作；按有关规定审核计算机信息系统安全等级，并对信息系统的合法使用进行检查；根据有关规定，履行应用系统安全保护工作的其他监督职责。

5.5.3 技术人才培训

长期以来，我国对信息系统的运维和应用人才队伍建设重视程度不够，导致专业的技术人才严重缺乏。通常参与信息系统管理和应用的人员主要是机构内部成员，这些人员的知识背景一般比较单一，难以保证系统应用的效用最大化和安全的运维管理。信息系统的建设和相应工作的开展离不开人才，信息产业的飞速发展，进一步刺激的是对人才的需求。目前，在信息系统的使用机构中普遍存在着认识误区：一种错误认识，是认为信息系统是业务工作的附属产品，发挥的作用并不大，因此常常安排普通人员负责系统的运行与维护，导致使用效率低下甚至造成安全事件频发。另一种错误认识，是重业务培训轻技术培训；使用信息系统的人员具备良好的业务能力，能够很好地使系统发挥最大功效，但是这些人员对信息技术的掌握程度并不专业，不能够对系统进行有效的安全运维管理，管理工作主要由系统开发者来完成。这种形势下使得既通业务又懂技术的人才严重缺乏。由2016年7月发布的《全国首份大数据人才报告》显示，未来3～5年，我国大数据人才缺口高达150万。因此，保证我国信息系统健康可持续的发展，必须构建起科学的人才培训体系，来弥补当前人才缺口。

从宏观角度来说，可以考虑建立政府、院校、企业"三位一体"的信息系统相关人才培训体系。首先，政府制定相应的人才培养发展战略，保证制度先行，营造良好的人才培养环境。其次，支持和鼓励有条件的院校设立信息系统相关学科支撑开展人才培训，重点培训体系设计人才、关键技术研发人才、数据分析人才、运维管理人才、信息安全人才等。最后，由企业等信息系统的主要应用机构，利用其平台在实践的前沿，进一步完成理论型人才向应用型人才的转化工作。以此，通过全社会的通力合作，从根本上解决信息系统建设面临的问题。

信息系统安全的培训管理程序和安全培训计划的制定，需要科学统筹程序规定培训的范围、启动、制定培训计划、培训计划的实施、培训效果的考核、评审和验证等。培训计划的内容包括培训对象、培训内容、日程安排、培训要求和考核方法等要素。

此外，根据应用系统所涉及的业务范围各有不同，人才培训需要根据管理层、系统管理员和实际操作人员等的不同特点进行针对性的信息安全的教育培训，培训包括：管理层对信息安全忧患意识的培训；正确合法地使用应用系统的程序培训；员工上岗信息安全知识培训；各岗位人员计算机安全意识和法律意识教育情况；安全从业人员安全防护知识的培训。

5.5.4 运行维护

随着信息安全管理体系和技术体系在信息安全建设中不断推进，占信息系统生命周期70%～80%的信息安全运维体系的建设已经越来越被广大用户重视。尤其是随着信息系统建设工作从大规模建设阶段逐步转型到"建设和运维"并举的发展阶段，信息安全负责人员需要管理越来越庞大的IT系统的情况下，信息安全运维体系建设已经被提到了一个空前的高度上。

目前，大多数的信息安全运维体系的服务水平处在一个被动的阶段。这主要表现在信息技术和设备的应用越来越多，但运维人员在信息系统出现安全事件的时候却茫然不知所措。究其原因，是该组织未建设成完整的信息安全运维体系。因此，建设高水平的信息安全运维体系需要依靠长期从事信息系统运维服务的经验，同时结合信息安全保障体系建设中运维体系建设的要求，遵循ITIL、ISO/IEC 27000系列服务标准、等级保护和分级保护制度，建立了一整套信息安全运维体系的构建方案。

1. 建立安全运维监控中心

基于关键业务点面向业务系统可用性和业务连续性进行合理布控和监测，以关键绩效指标指导和考核信息系统运行质量和运维管理工作的实施和执行，帮助用户建立全面覆盖信息系统的监测中心，并对各类事件做出快速、准确的定位和展现。实现对信息系统运行动态的快速掌握，以及运行维护管理过程中的事前预警、事发时快速定位。其主要包括：

集中监控：采用开放的、遵循国际标准的、可扩展的架构，整合各类监控管理工具的监控信息，实现对信息资产的集中监视、查看和管理的智能化、可视化监控系统。监控的主要内容包括：基础环境、网络、通信、安全、主机、中间件、数据库和核心应用系统等。

综合展现：合理规划与布控，整合来自各种不同的监控管理工具和信息源，进行标准化、归一化的处理，并进行过滤和归并，实现集中、综合的展现。

快速定位和预警：经过同构和归并的信息，将依据预先配置的规则、事件知识库、关联关系进行快速的故障定位，并根据预警条件进行预警。

2. 建立安全运维告警中心

基于规则配置和自动关联，实现对监控采集、同构、归并的信息的智能关联判别，并综合地展现信息系统中发生的预警和告警事件，帮助运维管理人员快速定位、排查问题所在。

同时，告警中心提供多种告警响应方式，内置与事件响应中心的工单和预案处理接口，可依据事件关联和响应规则的定义，触发相应的预案处理，实现运维管理过程中突发事件和问题处理的自动化和智能化。其中主要包括：

事件基础库维护：是事件知识库的基础定义，内置大量的标准事件，按事件类型进行合理划分和维护管理，可基于事件名称和事件描述信息进行归一化处理的配置，定义了多源、异构信息的同构规则和过滤规则。

智能关联分析：借助基于规则的分析算法，对获取的各类信息进行分析，找到信息之间的逻辑关系，结合安全事件产生的网络环境、资产重要程度，对安全事件进行深度分析，消除安全事件的误报和重复报警。

综合查询和展现：实现了多种视角的故障告警信息和业务预警信息的查询和集中展现。

告警响应和处理：提供了事件生成、过滤、短信告警、邮件告警、自动派发工单、启动预案等多种响应方式，内置监控界面的图形化告警方式；提供了与事件响应中心的智能接口，可基于事件关联响应规则自动生成工单并触发相应的预案工作流进行处理。

3. 建立安全运维事件响应中心

借鉴并融合了 ITIL（信息系统基础设施库）/ITSM（IT 服务管理）的先进管理规范和最佳实践指南，借助工作流模型参考等标准，开发图形化、可配置的工作流程管理系统，将运维管理工作以任务和工作单传递的方式，通过科学的、符合用户运维管理规范的工作流程进行处置，在处理过程中实现电子化的自动流转，无须人工干预，缩短了流程周期，减少人工错误，并实现对事件、问题处理过程中的各个环节的追踪、监督和审计。其中包括：

图形化的工作流建模工具：实现预案建模的图形化管理，简单易用的预案流程的创建和维护，简洁的工作流仿真和验证。

可配置的预案流程：所有运维管理流程均可由用户自行配置定义，即可实现 ITIL/ITSM 的主要运维管理流程，又可根据用户的实际管理要求和规范，配置个性化的任务、事件处理流程。

智能化的自动派单：智能的规则匹配和处理，基于用户管理规范的自动处理，降低事件、任务发起到处理的延时，以及人工派发的误差。

全程的事件处理监控：实现对事件响应处理全过程的跟踪记录和监控，根据 ITIL 管理建议和用户运维要求，对事件处理的响应时限和处理时限的监督和催办。

事件处理经验的积累：实现对事件处理过程的备案和综合查询，帮助用户在处理事件时查找历史处理记录和流程，为运维管理工作积累经验。

4. 建立安全运维审核评估中心

该中心提供对信息系统运行质量、服务水平、运维管理工作绩效的综合评估、考核、审计管理功能。其中包括：

评估：遵循国际和工业标准及指南建立平台的运行质量评估框架，通过评估模型使用户了解运维需求、认知运行风险、采取相应的保护和控制，有效地保证信息系统的建设投入与运行风险的平衡，系统地保证信息化建设的投资效益，提高关键业务应用的连续性。

考核：是为了在评价过程中避免主观臆断和片面随意性，应实现工作量、工作效率、处理考核、状态考核等功能。

审计：是以跨平台多数据源信息安全审计为框架，以电子数据处理审计为基础的信息审计系统。其中主要包括：系统流程和输入输出数据以及数据接口的完整性、合规性、有效性、真实性审计。

5. 以信息资产管理为核心

IT 资产管理是全面实现信息系统运行维护管理的基础，提供丰富的 IT 资产信息属性维护和备案管理，以及对业务应用系统的备案和配置管理。

基于关键业务点配置关键业务的基础设施关联，通过资产对象信息配置丰富业务应用系统的运行维护内容，实现各类 IT 基础设施与用户关键业务的有机结合，以及全面的综合监控。其中包括：

综合运行态势：是全面整合现有各类设备和系统的各类异构信息，包括网络设备、安全设备、应用系统和终端管理中各种事件，经过分析后的综合展现界面，注重对信息系统的运行状态、综合态势的宏观展示。

系统配置管理：从系统容错、数据备份与恢复和运行监控三个方面着手建立自身的运行维护体系，采用平台监测器实时监测、运行检测工具主动检查相结合的方式，构建一个安全稳定的系统。系统采集管理：以信息系统内各种 IT 资源及各个核心业务系统的监控管理为主线，采集相关异构监控系统的信息，通过对不同来源的信息数据的整合、同构、规格化处理、规则匹配，生成面向运行维护管理的事件数据，实现信息的共享和标准化。

思考与实践

1. 信息安全的内容有哪些？何谓信息安全的协议层次？
2. 概述信息安全管理模型，它们的主要区别是什么？
3. 智能建筑信息系统有哪些方面的安全需求？常用的安全技术包含哪些？
4. 如何构建信息安全系统？
5. 简述信息系统安全管理制度建设思路。
6. 简述信息系统安全运维体系构建步骤。

第6章 工作业务系统及其应用

6.1 工作业务系统概述

智能建筑中信息化的应用以信息设施系统和建筑设备管理系统等智能化系统为基础，为满足建筑物的各类专业化业务、规范化运营及管理的需要，并由多种类信息设施、操作程序和相关应用设备等组合而成。其中，将为建筑物提供工作业务运营支撑和保障并注入信息化要素的系统称之为工作业务信息化系统，以下简称工作业务系统，该系统是信息化应用系统中六大子系统之一。

6.1.1 工作业务系统的概念

工作业务系统是针对建筑物所承担的具体工作职能与工作性质而设置的工作业务应用系统，为建筑物提供通用业务和专业工作业务运营的支撑和保障。针对不同建筑类型，由于其建筑需求与功能不同而导致不同的工作业务系统。同一建筑类型也会因建筑的体量、规模及等级不同而使得工作业务系统的类别、设计标准等级及建设需求不同。

6.1.2 工作业务系统的分类

根据应用程度的不同，可将工作业务系统分为两类：通用业务系统和专业业务系统。其中通用业务系统是指满足建筑基本业务运行需求的系统，而专业业务系统是以建筑通用业务系统为基础，满足专业业务运行的需求。

通用业务系统是符合该类建筑主体业务通用运行功能的应用系统，它运行在信息网络上，实现各类基本业务处理办公方式的信息化，具有存储信息、交换信息、加工信息及形成基于信息的科学决策条件等基本功能，并显现该类建筑物普遍具备基础运行条件的功能特征，它通常是满足该类建筑物整体通用性业务条件状况功能的基本业务办公系统。

专业业务系统以该类建筑通用业务应用系统为基础（基本业务办公系统），实现该建筑物的专业业务的运营、服务和符合相关业务管理规定的设计标准等级，叠加配置若干支撑专业业务功能的应用系统。它通常是以各种类信息设备、操作程序和相关应用设施等组合具有特定功能的应用系统。其系统配置应符合相关的规范、管理的规定或满足相关应用的需要。

6.1.3 工作业务系统的应用

按照建筑的不同应用，可将工作业务系统的应用分为教育建筑工作业务应用系统、医院建筑工作业务应用系统、体育建筑工作业务应用系统、办公建筑工作业务应用系统、交通建筑工作业务应用系统、旅馆建筑工作业务应用系统、观演建筑工作业务应用系统、会展建筑工作业务应用系统等。不同类型的建筑因其功能定位及用户需求不同，相应的工作业务系统也各具特色。

（1）教育建筑工作业务应用系统

教育建筑工作业务应用系统分为教育建筑通用业务系统和专业业务系统，其中教育建筑通用业务系统是指满足该类型建筑基本业务运行需求的系统，实现基本的教学、实验、科研和学生生活与活动的使用要求。而专业业务系统是以建筑通用业务系统为基础，满足专业业务运行的需求，通常包含多媒体教学系统、校务化数字管理系统、教学音频视频观察系统、多媒体制作与播放系统、语音教学系统、图书馆管理系统及门户网站系统等，为师生等用户提供专业的教学环境，实现信息检索、信息查询、信息服务等功能。

（2）医院建筑工作业务应用系统

医院建筑工作业务应用系统也分为两大类，分别是医院建筑通用业务系统和专业业务系统，其中通用业务系统是指实现基本的业务办公以满足医疗业务的信息化需求，专业业务系统是指在满足基本医疗办公业务的基础上，为医患提供就医环境，实现专业业务运营、服务的系统，通常包含：病房探视系统、视频示教系统、候诊呼叫系统及护理呼应信号系统等。其中业务应用系统配置尚应符合国家现行有关标准的规定。

（3）体育建筑工作业务应用系统

对于体育建筑，同样除了基本的业务办公以满足体育赛事业务的信息化需求外，还有专业的业务系统为体育赛事和其他多功能使用环境提供基础保障，分别是计时计分系统，现场成绩处理系统，售验票系统，电视转播和现场评论系统及升旗控制系统等。

（4）办公建筑工作业务应用系统

对于办公建筑，为了满足办公业务信息化的应用需求，且提供高效的办公环境，通常配置有基本业务办公系统和专用的办公系统。

（5）交通建筑工作业务应用系统

交通建筑工作业务应用系统分为交通建筑通用业务系统和专业业务系统，其中交通建筑通用业务系统是指满足该类型建筑基本业务运行需求的系统，实现基本的业务办公要求。而专业业务系统是以其通用业务系统为基础，满足专业业务运行的需求，实现售检票、泊位、引导、交通信息查询、交通信息服务等功能，通常包含航站业务信息化管理系统、航班信息综合系统、离港系统、售检票系统、泊位引导系统。

（6）旅馆建筑工作业务应用系统

对于旅馆建筑，除了配置基本的旅馆经营管理系统，还要根据酒店星级等级，配置相应的专业业务系统，即星级酒店经营管理系统。这是一种比较典型和常用的专用信息化应用系统，以提高酒店服务质量和经营效率为目标，通过计算机管理，实现信息与资源的共享，提供统计管理资料，辅助规划与决策，为酒店提供现代化的管理方式。

（7）观演建筑工作业务应用系统

对于观演建筑，为满足观演业务信息化运行的需求，并具备观演建筑业务设施基础保障的条件，配置基本业务办公系统和专业业务系统。专业业务系统中又包含舞台监督通信指挥系统、舞台监视系统、票务管理系统和自助寄存系统。

（8）会展建筑工作业务应用系统

对于会展建筑，为满足展区和展物的布设及展示、会务及交流等的需求，除了基本的业务办公系统外，还配置会展建筑业务经营系统、售检票系统及自助寄存系统等专业业务系统。

具体的各类型建筑应配备的工作业务系统如表 6-1 所示。

各类型建筑应配备的工作业务子系统

表 6-1

建筑类型	工作业务子系统	系统类型
教育建筑	通用业务系统	基本业务办公系统
	专业业务系统	校务数字化管理系统
		多媒体教学系统
		教学评估音频视频观察系统
		多媒体制作与播放系统
		语音教学系统
		图书馆管理系统
医院建筑	通用业务系统	基本业务办公系统
	专业业务系统	医疗业务信息化管理系统
		病房探视系统
		视频示教系统
		候诊呼叫系统
		护理呼叫信号系统
体育建筑	通用业务系统	基本业务办公系统
	专业业务系统	计时计分系统
		现场成绩处理系统
		售验票系统
		电视转播和现场评论系统
		升旗控制系统
交通建筑	通用业务系统	基本业务办公系统
	专业业务系统	航站业务信息化管理系统
		航班信息综合系统
		离港系统
		售检票系统
		泊位引导系统
办公建筑	通用业务系统	基本业务办公系统
	专业业务系统	专用业务办公系统
旅馆建筑	通用业务系统	基本旅馆经营系统
	专业业务系统	星级酒店经营管理系统
观演建筑	通用业务系统	基本业务办公系统
	专业业务系统	舞台监督通信指挥系统
		舞台监视系统
		票务管理系统
		自助寄存系统
会展建筑	通用业务系统	基本业务办公系统
	专业业务系统	会展建筑业务经营系统
		售检票系统
		自助寄存系统
文化建筑	通用业务系统	基本业务办公系统
	专业业务系统	图书馆数字化管理系统

续表

建筑类型	工作业务子系统	系统类型
博物馆建筑	通用业务系统	基本业务办公系统
	专业业务系统	博物馆业务信息系统
商店建筑	通用业务系统	基本业务办公系统
	专业业务系统	商业经营业务系统
通用工业建筑	通用业务系统	基本业务办公系统
	专业业务系统	企业化信息管理系统

6.2 学校建筑工作业务系统及其应用

随着现代信息技术、计算机技术及智能化技术的发展，各教育类建筑根据自身发展的特点，通过引入先进的 IT 技术来重构一个信息化的校园，从而提升教学质量、强化教科研水平、提高管理和服务质量。如何将学校各个处室、各个部门全面融合，所有资源合理分配，实现信息化增值服务是目前信息化校园建设的重点。

6.2.1 学校工作业务系统简介

学校是指按国家规定的设置标准和审批程序批准成立的实施教育的单位。学校名称是指在教育部门备案的学校全称，学校代码由教育部统一编制。我国学校的等级分为高等、中等、初等和学前教育。每个等级中又有一种或多种类型，比如高等教育中包含研究生培养机构、普通高等学校及成人高等学校，中等教育中由根据需求不同分为高级中学、中等职业学校、初级中学及完全中学四种类型，具体见表 6-2。

学校的等级及类型 表 6-2

等级	类型
高等教育	研究生培养机构
	普通高等学校
	成人高等学校
中等教育	高级中学
	中等职业学校
	初级中学
	完全中学
初等教育	普通中学
	小学
学前教育	幼儿园

学校信息化应用系统设计需要统筹考虑，满足教学、实验、科研和学生生活与活动的使用要求。在教育类建筑中，因建筑物的性质、高度、规模及使用要求等的不同，其信息应用系统的要求也不尽相同。学校信息化应用系统通常包含公共服务系统、智能卡应用系统、物业管理系统、信息设施运行管理系统、信息安全管理系统，以及工作业务系统。工作业务系统中包含基本业务办公系统，是满足教学、科研、实验及学术学习生活基本的业务保障系统。此外，与其他建筑区别较大的是专业业务系统的配置，通常包括校务化数字

管理系统、多媒体教学系统、教学音频视频观察系统，语音教学系统及图书馆管理系统等。表 6-3 列举了教育类建筑信息化应用系统系统配置表。由表 6-3 可知，通用业务和专业业务系统按照国家现行有关标准配置，在国家标准《智能建筑设计标准》GB 50314—2015 中明确规定了针对不同类型不同需求的教育类建筑其信息化应用系统的相关配置要求。在配置时的主要原则是：①与建筑自身的规模或设计等级相对应；②应以增强智能化综合技术功效作为设计标准等级提升依据；③应采用适时和可行的信息化、智能化技术；④宜为系统扩展及满足应用功能提升创造条件。

教育类建筑信息化应用系统配置表　　　　　　　　　　　　　　　表 6-3

			高等专科学校	综合性大学	职业学校	普通高级中学
信息化应用系统		公共服务系统	⊙	●	○	⊙
		智能卡应用系统	●	●	●	●
		物业管理系统	⊙	●	⊙	●
		信息设施运行管理系统	⊙	●	○	⊙
		信息安全管理系统	●	●	⊙	●
	通用业务系统	基本业务办公系统				
		校务化数字管理系统				
		多媒体教学系统				
	专业业务系统	教学音频视频观察系统	按国家现行有关标准配置			
		多媒体制作与播放系统				
		语音教学系统				
		图书馆管理系统				

注：●应配置；⊙宜配置；○可配置。

学校信息化系统以高性能网络为基础，将学校各个处室、各个部门全面融合，实现资源的合理分配，完成信息化增值服务。图 6-1 是某学校万兆局域网络结构拓扑图，其采用三层网络化结构设计，分别是核心层、汇聚层及接入层。核心层采用万兆交换机，将学生宿舍区信息机房，教师宿舍区信息机房、校医院、图书馆、教学楼及行政办公楼通过核心交换机的高速转发通信，提供快速、可靠的骨干传输结构。汇聚层选用千兆交换机，负责处理来自接入层设备的所有通信量，并提供到核心层的上行链路。接入交换机选用千兆/百兆交换机，其直接面向相关用户，如学生，教师等。

6.2.2　学校工作业务系统分类

在学校信息网络架构的基础上，信息化应用管理系统可根据学校的规模和管理模式，选择相应的教学、科研、办公、学习、资源和物业等系统软件管理模块，使其满足学校管理需要。在满足基本的教学、实验、科研和学生生活与活动的使用要求基础上，需要根据建筑物功能需求和用户需求架构专业业务系统，如多媒体教学系统、校务化数字管理系统、图书馆管理系统、门户网站系统、教学音频视频观察系统、多媒体制作与播放系统及语音教学系统等。下面主要对以下的专业业务子系统进行介绍：

（1）校务化数字管理系统

校务化数字管理系统可以分为教学管理、科研管理、办公管理、学生学习管理、学校资源管理和学校物业管理等系统，是面向学校各部门和各层次用户的多模块综合单项或综合信息管理系统。具体设计可以根据学校的规模、管理模式和经济能力，统筹规划设计，

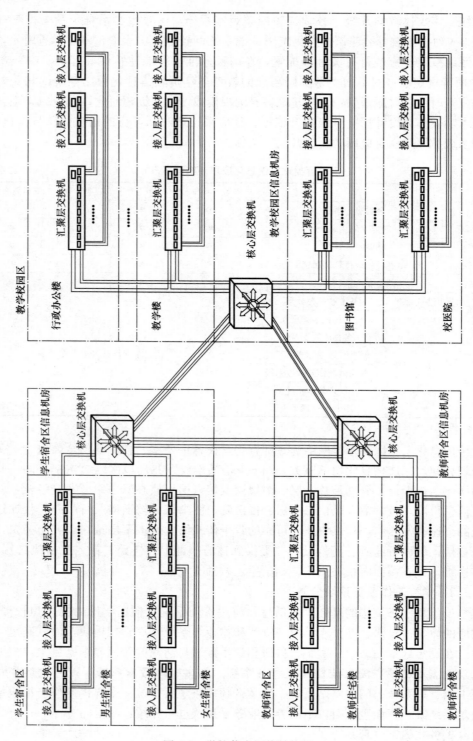

图 6-1 学校信息网络结构图

分步实施。校务化数字管理系统针对不同的用户需求要实现以下五个功能：①教学管理系统宜具有教务公共信息、学籍管理、师资管理、智能排课、教学计划管理、数字化教学管理、学生成绩管理、教学仪器和设备管理等功能；②科研管理系统宜具有对各类科研项目、合同、经费、计划和成果等进行管理的功能；③办公管理系统宜具有对各部门、各单位的各类通知、计划、资料、文件、档案等进行办公信息管理的功能；④学习管理系统宜具有考试管理、选课管理、教材管理、教学质量评价体系、毕业生管理、招生管理以及综合信息查询等功能；⑤校园资源管理系统宜具有电子地图、实时查询、虚拟场景模拟和规划管理等功能。

（2）图书检索系统

图书检索系统也称为数字化图书馆系统，是把各种不同载体的信息资源用数字技术存储，以跨越区域面向对象进行网络查询和传播的分布式信息系统，是电子信息资源库和图书馆数字化信息生产服务的网络平台。典型的图书馆检索系统如图6-2所示，该系统通过局域网实现资料输入终端、资料检索终端及图文输出设备等的有机结合，并利用因特网与全球资料库实现跨区域的网络查询和资源共享。高等学校应设置数字化图书馆系统，中等和初等教育学校宜设置数字化图书馆系统。该系统要具备以下四个功能：①应支持信息的采集、检索、发布和管理，实现信息共享和信息服务。②应能向用户提供书目信息、全文、音视频信息等多种类型的信息资源的检索，并宜提供网络信息资源检索服务。③宜含用户接口、预处理系统、查询系统和对象库等基本构件。④应具有书刊目录库、全文数据库、多媒体数据库、网络数据库、网络信息资源库等数字化资源。

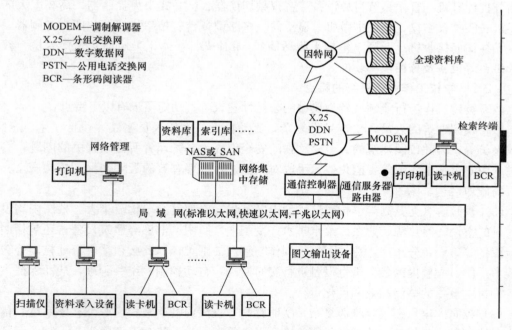

图6-2　图书检索系统结构图

（3）门户网站系统

门户网站系统是一个应用框架，将各种应用系统、数据资源和互联网资源集成到一个信息管理平台之上，并以统一的用户界面提供给用户，使学校可以快速地建立学校对社会、学校对学生、学校对内部教职员工和学校对学校之间的信息通道，使学校能够释放存储在学校内部和外部的各种信息。学校门户网站作为学校的公众信息窗口，可以提供学校各部门的信息，成为构建师生工作和沟通的平台。门户网站可由学校内部制作、运行和维护，也可委托专业网站制作公司进行定制并定期更新和维护。高等和中等教育学校宜设置门户网站系统，初等教育学校可设置门户网站系统。学校门户网站宜包含电子邮件、招生信息、新闻发布系统、人才交流等应用模块。学校门户网站应具有防止恶意攻击的安全措施，并应针对不同用户提供不同的权限。

（4）多媒体教学系统

多媒体教学系统是指在教学过程中，根据教学目标和教学对象的特点，通过教学设计，合理选择和运用现代教学媒体，并与传统教学手段有机组合，共同参与教学全过程，以多种媒体信息作用于学生，形成合理的教学过程结构。其有多种形态，如模拟化语言教学系统、数字化语言教学系统、多媒体交互式数字化语言教学系统、多媒体双向 CATV 教学网络系统、多媒体集中控制与教室分控教学网络系统、IP 远程教学网络系统。目前常用的是多媒体集中控制与教室分控教学网络系统，其主要由电教集中控制中心机房的系统主控设备和各多媒体教学分控教学设备两大部分组成。校园电教集中控制中心机房主控设备一般包括中央控制计算机、服务器、共享音视频节目源设备、音视频中央切换器、主控制台、UPS、教学监控显示器、监控视频矩阵、监控音视频信号录像机、嵌入式数码硬盘录像机、监控键盘等设备及操作控制软件和网络集中控制软件；多媒体教室分控设备一般包括分控计算机、音视频节目源设备、音视频切换器、合并式中央控制器、高亮度大屏幕投影机、实物投影仪、笔记本微机、显示器、多路调音台、功率放大器、回声抑制器、音箱、无线话筒接收机、话筒（包括无线话筒）、录音机、一体化半球形彩色摄像机、教师电子讲台等设备及分控操作软件。

6.2.3 学校工作业务系统的特点

教育类建筑作为行业领域较为典型的公共性建筑，其功能需求有以下特点：

（1）校园建筑的人员密集，身份复杂，流动性大。学校人员密集，包括学生、老师、行政人员等，因此校园建筑的人、财、物的安全就成为其管理者所必须解决的问题，必须通过采用安全技术防范等智能化技术手段对人员进行合理有效的管理来保证校园安全、有序、高效地运行。

（2）校园内（尤其高等学校建筑）的设备密集，管理复杂，物流量大。校园内均设置有大量的空调、冷热源、通风、给水排水、变配电、照明、电梯等建筑设备，还包括诸多实验设备等，设备分布广，造成了运行操作与管理的困难，因此必须采用自动控制等智能化技术手段对大楼内的各种机电设备进行实时监视、自动控制、统一管理，从而保证大楼内各种机电设备的节能高效和优化运行。

（3）校园内信息密集，流通复杂，实时性高。校园内的通常含多媒体教学系统、信息化应用管理系统（如教学管理、科研管理、办公管理、学习管理、资源管理、物业运行管理等）、数字化图书馆系统、智能卡应用系统、校园网安全管理系统等各种信息。因此必须建设良好的智能化通信网络系统来形成优化合理的信息传输通道和管理体系。学校特有的工作业务子系统较多，例如校务化数字管理系统，多媒体教学系统，教学音频、视频观察系统，多媒体制作与播放系统，语音教学系统，图书馆管理系统等，都必须依赖于智能化技术来实现其多样化、人性化的服务。

　　结合教育类建筑的三个显著特点,其信息化系统的配置也存在鲜明的特点,具体如下:

　　(1)众多业务子系统并存:从网络建设角度来看,学校存在诸多业务子系统,如校园网、校务化数字管理系统,多媒体教学系统,教学音频、视频观察系统,多媒体制作与播放系统,语音教学系统,图书馆管理系统等。不同的业务系统其带宽及访问权限不同。

　　(2)泛在化和个性化:将基于计算机网络的信息服务融入学校的各个应用与服务领域,实现互联和协作,要求网络具备可移动性(泛在化),其次根据师生需求形成"量身定制化"的解决方案,呈现出个性化的特点,在充分尊重用户需求的基础上,研究用户的行为习惯,帮助用户选择更重要、更合适的信息资源,为用户提供特色的服务,如图书馆个性化服务等。

　　(3)信息的安全性与保密性:科研信息、学籍信息、考试信息、财务信息等涉及相关人员的隐私,均有严格的安全性和保密性要求。

　　(4)信息系统的生命性:学校的学籍信息、人事信息、考试信息及设备信息等要具备可追溯性,并实现全生命周期的管理。

6.2.4　学校工作业务系统的应用逻辑

　　教育类建筑智能化系统配置主要从设计要素展开,分别是信息化应用系统、智能化集成系统、信息设施系统、建筑设备管理系统、公共安全系统、机房工程、工作业务系统(通用业务系统和专业业务系统)隶属于六大设计要素中的信息化应用系统。

　　为了进一步阐述工作业务系统的应用,通过对学校信息传递的全过程分析,对学校各种信息链路的描述,从而描述学校工作业务系统的应用逻辑架构。智慧校园是当下教育类建筑建设的趋势,我们从智慧校园的体系架构分析信息链路的采集和汇聚、分析和处理、交换和共享。2018 年 06 月 07 日,国家发布了《智慧校园总体框架》GB/T 36342—2018,并于2019 年 01 月 01 日正式实施。在该标准中提出,智慧校园总体框架宜采用云计算架构进行部署。智慧校园总体架构如图 6-3 所示,总体架构分为基础设施层、支撑平台层、应用平台层、应用终端和信息安全体系等。

　　(1)基础设施层

　　基础设施层是提供异构通信网络、广泛的物联感知和海量数据汇集存储,为校园提供各种应用提供基础支持,为分析提供数据支撑。基础设施层包括校园信息化基础设施、数据库与服务器等。

　　信息化基础设施包括网络基础设施、教学环境基础设施、教学资源基础设施、办公自动化基础设施、校园服务基础设施等,通常包含的基础设施系统有:信息接入系统、布线系统、移动通信室内信号覆盖系统、卫星通信系统、建筑设备监控系统、建筑能效监管系统、火灾自动报警系统、入侵报警系统、视频安防监控系统、出入口控制系统、电子巡查系统、访客对讲系统、停车库(场)管理系统、安全防范综合管理(平台)系统、应急响应系统、机房工程等。

　　数据库与服务器是海量数据汇集存储系统,配置管理数据库、用户数据库、媒体数据库等和与之相对应的应用服务器、文件服务器、资源服务器等。

　　(2)支撑平台层

　　支撑平台层是体现其服务能力的核心层,为校园的各类应用服务提供驱动和支撑,包括数据交换、数据处理、支撑平台和统一接口等功能单元。其中数据交换单元是在基础设施层数据库与服务器的基础上扩展已有的应用，包括数据存储、数据汇聚与分类、数据抽取与数据推送等功能模块。数据处理单元模块包括数据挖掘、数据分析、数据融合和数据可视化等功能模块。数据服务单元包括数据安全服务、数据报表服务、数据共享服务等功能模块。支撑平台单元包括统一身份认证、权限管理、菜单管理和接口服务等功能模块。统一接口单元是实现安全性、开放性、可管理性和可移植性的中间件，如 API 接口，B/S接口等。

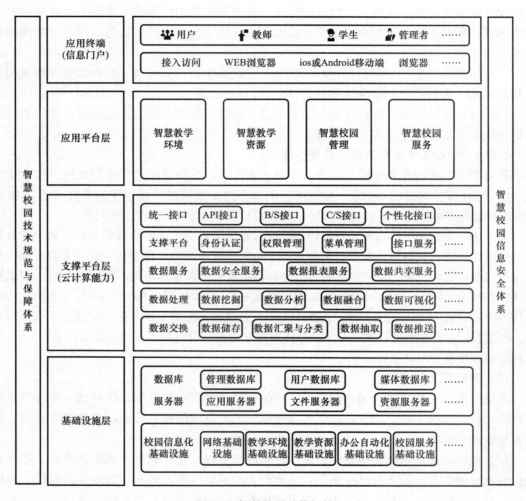

图 6-3　智慧校园总体架构

（3）应用平台层

应用平台层是校园信息化服务与应用的内容体现，在支撑层平台的基础上，构建信息化校园的环境、资源、管理服务和应用等，为师生及社会公众提供泛在的服务和应用。

与信息化服务对应的子系统包括：用户电话交换系统、无线对讲系统、信息网络系统、有线电视系统、卫星电视接收系统、公共广播系统、会议系统、信息导引及发布系统、时钟系统等。

与信息化应用对应的子系统有：公共服务系统、智能卡系统、物业管理系统、信息设施运行管理系统、信息安全管理系统、通用业务系统、专业业务系统、智能化信息集成（平台）系统、集成信息应用系统。

（4）应用终端

应用终端是接入访问的信息门户，访问者通过统一认证的平台门户，如校园门户网站，以各种浏览器及移动终端安全访问，随时随地共享平台服务和资源。包括用户和接入访问两个方面。一般由设施维护管理、系统运行管理及主管协调管理人员，通过职能分工、权限分配规定等，提供系统面向业务的全面保障。

（5）保障体系

保障体系包括安全保障体系、标准规范体系和管理保障体系三个方面。从技术安全，运行安全和管理安全三方面构建安全防范体系，确实保护基础平台及各个应用系统的可用性、机密性、完整性、抗抵赖性、可审计性和可控性。

从智慧化校园体系架构中可以看出，由基础条件系统开始，"由底向上"逐渐建设直到满足信息服务和信息化应用。通过这种层次化的体系架构，构建了一个以校园服务和应用为目标的神经传递网络，最终构成整个的智能化系统，实现校园的信息化服务和应用。随着新一代信息技术的不断发展，校园建筑的智慧化程度越来越高，该开放式的体系架构通过云平台层将提供标准统一的接口，可更新和补充新的信息建设要求，实现校园信息化建设的不断升级。

6.3　医院建筑工作业务系统及其应用

伴随着计算机和网络技术的发展，我国的医院信息化建设经历了 40 余年，从 20 世纪 70 年代末单机应用到 20 世纪 80 年代中期的部门级局域网，到 20 世纪 90 年代初完整的医院信息系统，发展至现在的数字化医院、智慧化医院，其建设需求逐步增加，服务与功能越来越完善。医疗信息化速度标志着医院现代化程度，体现着医院的医疗水平，用信息化推进管理、诊疗、护理、检验检查以及服务的科学化、标准化、规范化非常重要。

6.3.1　医院工作业务系统简介

医院建筑是指供医疗、护理病人之用的公共建筑。医院信息化系统在国际学术界已公认为新兴的医学信息学的重要分支。该领域美国著名教授 Morris. Collen 于 1988 年曾著文对医院信息系统给出如下定义：利用电子计算机和通信设备，为医院所属各部门提供病人诊疗信息和行政管理信息的收集、存储、处理、提取和数据交换的能力，并满足所有授权用户的功能需求。

依据其功能属性的不同，医院通常分为科目较齐全的综合医院和专门治疗某类疾病的专科医院两类。其中综合医院的信息化建设按一级至三级进行的技术标准定位展开。在医院的信息化应用系统建设中，医院等级越高，信息化建设程度及要求越高，表 6-4 列出了医院建筑信息化应用系统的相关配置标准。医院信息网络系统应具备高宽带、大容量和高速率，并具备适应将来扩容和带宽升级的条件。

医院建筑信息化应用系统系统配置表　　　　　　　　　　　　　　　表 6-4

			一级医院	二级医院	三级医院
信息化应用系统		公共服务系统	⊙	●	●
		智能卡应用系统	⊙	●	●
		物业管理系统	⊙	●	●
		信息设施运行管理系统	○	●	●
		信息安全管理系统	⊙	●	●
	通用业务系统	基本业务办公系统			
	专用业务系统	医疗业务信息化管理系统			
		病房探视系统		按国家现行有关标准配置	
		视频示教系统			
		候诊呼叫系统			
		护理呼叫信号系统			

注：●应配置；⊙宜配置；○可配置。

在正常情况下，信息化应用系统中的公共服务系统、智能卡应用系统、物业管理系统及信息安全管理系统在三级和二级医院中均应配置，而在条件许可时一级医院中可配置相关信息化应用系统。医院建筑的工作业务系统除了通用的基本业务办公系统外，医院建筑作为一个专业性很强的公共性建筑，其专业业务系统是信息化应用的重点也是难点。专业业务系统由医院信息化系统和医院建筑智能化系统组成。医院信息化系统中包含管理信息系统（MIS）、临床信息系统（CIS）以及决策支持系统（DSS），其中 MIS 系统是面向医院管理的，是以医院的人、财、物为中心，以重复性的事物处理为基本管理单元。CIS 是支持医院医护人员的临床活动，收集和处理病人的临床医疗信息，丰富和积累临床医学知识，并提供临床咨询、辅助诊疗、辅助临床决策，提高医护人员的工作效率，为病人提供更多、更快、更好的服务。如电子病历系统、病人床边系统、医生工作站系统等属于 CIS 范围。其功能结构图如图 6-4 所示。其中各相关专业业务子系统如病房探视系统、视频示教系统、候诊呼叫系统及护理呼叫信号系统等要按照国家现行有关标准配置。

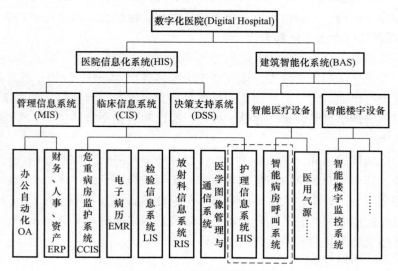

图 6-4　数字化医院功能结构图

6.3.2 医院工作业务系统分类

医院工作业务子系统有病房探视系统、视频示教系统、候诊呼叫系统及护理呼叫信号系统等，具体子系统介绍如下。

（1）护理呼叫信号系统

护理呼叫信号系统一般设置在病房、输液处，也称为医护对讲系统。护理呼叫信号系统是实现患者与医护人员之间沟通的工具。通常可用于双向传呼、双向对讲、紧急呼叫优先等功能。护理呼叫信息系统由三大部分组成，主要包括后台信息服务器、护士站客户端和呼叫系统设备终端。后台信息服务器包括医院的 HIS 数据库、护理管理信息系统、呼叫系统服务器等。服务器是呼叫系统信息化数据的来源，同时对呼叫系统提供统计分析，更好地管理护理呼叫服务。护士站客户端是呼叫系统信息化的中枢部分，护士站客户端计算机在联网状态下，接收来自网络管理服务器更新的 HIS 信息，然后将更新的信息发送到呼叫系统的管理主机，由管理主机负责将信息发送到病房床头终端显示屏、电子护理标识、门口终端显示屏及护士站的信息看板上。另一方面，护士站客户端通过管理主机设备收集各终端分机发起的呼叫事件，进行统一管理和分析。呼叫系统设备终端由管理主机、医护分机、门口分机、床头分机、走廊显示屏和值班分机等终端组成。若医院没有信息化的要求，该呼叫系统设备终端可以独立运行，主要完成语音通话和呼叫处理业务，不具备信息化发布功能，通过与护士站工作客户端完成信息的交互工作。其组成框图如图 6-5 所示。

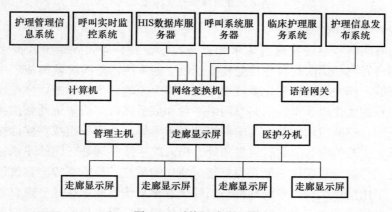

图 6-5　系统组成原理图

护理呼叫信号系统一般包含的内容和功能有：①通常采用总线式传输方式；②接受患者呼叫，显示呼叫患者输液位置、床位号、房间号等；③当患者呼叫时，护士站有明显的声、光提示，病房门口最好有光提示，走道设置提示显示屏；④允许多路同时呼叫，并对呼叫者逐一记忆、显示、检索可查；⑤特护患者有优先呼叫权；⑥病房卫生间或公共卫生间厕位的呼叫，在主机处有紧急呼叫提示，敦促医护人员优先处理；⑦对医护人员未作临床处置的患者呼叫，其提示信号应持续保留；⑧具有护士随身携带的移动式呼叫显示处理装置；⑨具有医护人员与患者双向通话功能的系统，限定最长通话时间，对通话内容宜录音、回放；⑩具备故障自检功能。二级及以上医院应设置护理呼叫信号系统，一级及以下医院宜设置护理呼叫信号系统。护理呼叫信号系统的功能应经济实用。护理呼叫信号系统应由主机、对讲分机、卫生间紧急呼叫按钮（拉线报警器）、病房门灯和显示屏等组成。

护理呼叫信号系统应按护理单元设置，各护理单元的呼叫主机应设在本护理单元的护士站。护理呼叫信号系统设备的安装应便于观察、操作。图 6-6 为病房护理呼应信号系统示意图。

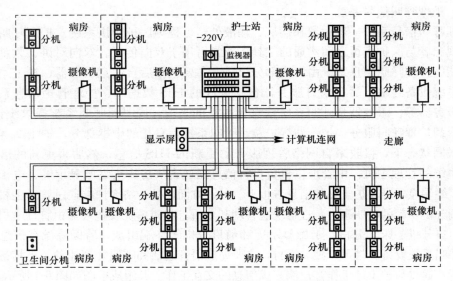

图 6-6　病房护理及探视呼应信号系统示意图

（2）医院候诊呼叫信号系统

医院候诊呼叫信号系统是通过显示和声音提示设备，通知候诊患者按序到医生处就诊、窗口取药或者到相关医技科室接受检查而设立的系统，是医院就医流程中导医的一个非常重要的环节。作为医院智能化系统中专有工作业务的一个子系统，应在顶层设计时全面考虑就医流程的优化以及系统的共享网络平台和显示屏台。该系统通常由接口软件、服务器端、客户端、排队应用软件、传输网络、显示屏等几个部分组成。候诊排队叫号系统可设置在候诊室、检验室、放射科、发药处、出入院手续办理处、门诊手术室、注射室等场所。各科室的排队叫号系统一般是设置相对独立的系统。根据《智能建筑设计标准》要求：该系统宜采用网络架构，系统软件与医院信息化系统连接；在挂号窗口和分诊排队护士站应设置屏幕显示和语音提示装置；可根据具体情况设置虚拟或护理呼叫器。为解决医院因病人多排队等候时间过长的问题，从国家层面到各省市医疗机构主管单位，纷纷都在探索门诊新流程。基于云计算技术平台的候诊排队叫号系统应用越来越广泛，它采用新的预约、挂号机制，与医院信息系统整合，将挂号、诊疗、检查、交费、取药各个环节都与排队叫号紧密结合起来。通过该系统将医院的自助设备、医生护士端读卡设备、打印设备以及外网的实时预约与 HIS 整合，实现自助、人工预约挂号及分诊一体化管理，减少患者重复排队等候时间，大幅度降低医院人力成本。

二级及以上医院应设置候诊呼叫信号系统，一级及以下医院宜设置候诊呼叫信号系统。候诊呼叫信号系统应与医疗专用信息系统联网，以实现挂号、候诊、交费、取药等一体化管理，信息统计和分析。候诊呼叫信号系统一般包含下列内容和功能：①就诊排队应以挂号、初诊、复诊、指定医生就诊等分类录入，自动排序；②随时接受医生呼叫，准确显示患者诊号及就诊诊室号；③当多路同时呼叫时，逐一记录，并按录入排序、分类自动分诊；④呼叫方式能保证有效提示和医疗环境的肃静；⑤护士站或分诊台主机与各诊室终端可双向通话，护士站或分诊台主机可以进行语音提示，且音量可调；⑥有特殊医疗工艺要求科室的候诊，最好能具备图像显示功能。

（3）病房探视系统

病房探视系统主要是解决任何一个前来探视的家属通过护理站观察转接至相应的病床患者的情况。医护人员也可通过此监视器随时观察患者情况，以便紧急情况采取必要的急救措施保证患者的安全。在隔离和重症监护等无菌病房及严重的传染病房，为了使探视者和患者之间能沟通交谈，通常宜设置探视对讲系统。病房探视系统由护士站终端、语音对讲、图像显示等组成，并采用网络传输技术，通过语音或视频实现隔离区探视双方的语音对讲或单、双向可视对讲。探视请求应由医护人员进行管理，并宜设置探视室。探视室中有多个探视终端时，应保证相互之间的私密性。探视对讲系统主要应用于各类 ICU、隔离病房和病房非探视时间的联系对讲。依据《医疗建筑电气设计规范》JGL 321—2013 规定：三级医院的重症监护室或隔离病房等场所，宜设置病房探视系统。二级及以下医院的重症监护室或隔离病房等场所，可设置病房探视系统。因为被探视的患者有的有自主对讲能力，有的则没有，所以可根据实际需要选择方案。如探视对象是婴儿或者重症病人，可考虑单向探视方案；如传染病或一般病人，也可考虑双向探视方案。随着医院智能化、数字化和网络化的技术发展趋势，有条件的新建医院可优先选用基于 IP 的网络化系统，病房床旁终端采用具有 CCC 等认证的医用一体机，内置高清摄像头、麦克风，能够融入智慧病房系统。

病房探视系统一般包含下列内容和功能：①在重症或隔离病房的护士站操作终端上，护士可以根据患者的休息与健康状况，以及探视者预约的情况，进行身份确认、探视许可、探视时间等的控制；②当探视者呼叫时，主机显示探视分机的呼叫，可以接听或转接至病床分机，被呼叫患者病床分机应有声音提示；③具有探视者与患者双向通话功能，宜具备单向或双向图像显示功能；④能设定探视时间、显示探视时长；⑤病床分机具有免提功能；⑥具有探视信息自动记录。三级医院的重症监护室或隔离病房等场所，宜设置病房探视系统。

探视对讲系统有可视和不可视系统两种，可视系统一般用于不带探视走廊的病房，探视者与病人均通过各自的监视器及其对讲分机交谈；不可视探视系统一般用于带探视走廊的病房，探视者与病人通过对讲分机交谈，隔着透明玻璃窗互相看见对方。两种探视对讲系统如图 6-7 所示。

6.3.3 医院工作业务系统的特点

医院建筑作为一个专业性很强的公共性建筑，其功能需求呈现以下的特点：

（1）医院内人员密集，身份复杂，流动性大。在医院里除了医院领导、医生、护士等医护人员以外还有各式各样的病人、病人家属、健康保健或亚健康患者，另外医院内还有医院管理人员、物业人员等。

（2）医院内的设备密集，物流量大。除一般的水、暖、风及空调、电梯等楼宇控制设备等，医院内还安装了各种医疗专用设备：诸如 CT 机、磁共振机、X 光机及彩色超声诊断仪、监护系统、生化分析仪、电子胃镜、纤维胃镜、肠镜、腹腔镜手术设备、放射免疫诊断仪等。

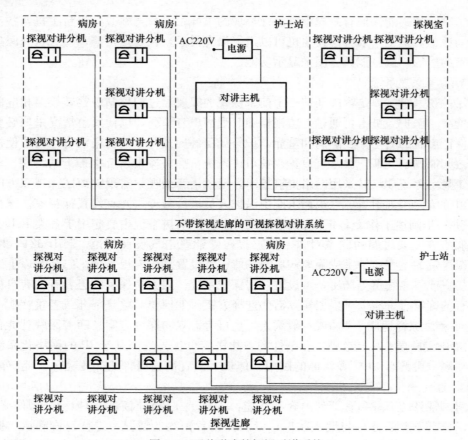

图 6-7　两种形式的探视对讲系统

（3）医院内信息密集，流通复杂。现代化的医院均采用无纸化自动网络办公、就诊，医院的智能系统中应包含医疗办公系统、信息发布系统、医疗信息查询系统、临床信息系统以及医院信息管理、医疗图像信息系统等。所有这些系统均是立足于医院高速的计算机网络系统，同时实现大量的信息传送和流通。

结合医院的三个显著特点，信息化系统的搭建也存在鲜明的特点，诸如需要保证指数级的医生和病患能在第一时间得到确切肯定的信息；需要保证系统能够支持多种应用网络同时运行，需要有更灵活、更便捷的通道支持医院内的设备运作。因此医院信息化系统的特点如下：

（1）众多业务子系统并存：从网络建设角度来看，医院存在诸多业务子系统，包括医院信息系统、医用影像系统、医疗影像存储及传输系统、检验实验室系统、临床医疗系统（CIS）以及办公自动化系统、电子病历系统、医院门户网站、用于远程会诊、远程探视、远程会议的示教网等。不同的业务系统其带宽及访问权限不同。

（2）网络性能要求高及泛在化：由于医疗行业的特殊性，医护人员和病患者之间需要频繁地在院内移动、同时处理大量的信息，特别是随着医疗仪器精密技术的不断提高，用于神经外科造影技术的图像文件通常会高达百兆左右，若采用常规拍片、冲印、取件等流程对临床就诊非常不方便。这些都要求网络具备可移动性（泛在化）、传输速率高等特点。同时考虑到医院业务量的增加，网络需要留出足够余地扩容而不影响医院正常的工作。

（3）信息的安全性与保密性：病人医疗记录是一种拥有法律效力的文件，它不仅在医疗纠纷案件中，而且在许多其他的法律程序中均会发挥重要作用，同时还经常涉及病人的隐私。有关人事的、财务的，乃至病人的医疗信息均有严格的保密性要求。

（4）信息系统的生命性：医院的各种医疗信息，包括人事信息、就诊信息、医疗信息及财务信息等要实现全生命周期管理，从医院的建设、经营、管理及更新过程中相关信息都要依赖信息系统永久保留，正是信息系统生命性的体现。

6.3.4　医院工作业务系统应用逻辑

信息化医院建设时配置主要从信息化应用系统、智能化集成系统、信息设施系统、建筑设备管理系统、公共安全系统、机房工程六大设计要素展开。工作业务系统隶属于六大设计要素中的信息化应用系统。

为了进一步阐述工作业务系统的应用，通过对医院智能化信息传递系统的全过程分析，对医院各种信息链路和过程的描述，从而描述医院工作业务系统的应用逻辑架构。智慧医院是当下医院类建筑信息化建设的趋势，我们从智慧医院的体系架构分析信息链路的采集和汇聚、分析和处理、交换和共享。

智慧医疗的概念框架如图 6-8 所示，包括基础环境、基础数据库群、软件基础平台及数据交换平台、综合运用及其服务体系、保障体系五个方面。

（1）基础设施层

基础设施层是医疗建筑智慧化的基础设施保障，通过提供异构通信网络、广泛的物联感知和海量的数据汇集存储，为智慧医疗的各种应用提供支持。基础设施层包括基础环境设施层和基础数据及服务器。

基础环境设施层：建设公共卫生专网，实现与政府信息网的互联互通；建设卫生数据中心，为卫生基础数据和各种应用系统提供安全保障。

基础数据库：包括药品目录数据库、居民健康档案数据库、PACS 影像数据库、LIS 检验数据库、医疗人员数据库、医疗设备等卫生领域的六大基础数据库。

（2）软件基础及数据交换平台

软件基础及数据交换平台提供三个层面的服务：①基础架构服务，提供虚拟优化服务器、存储服务器及网络资源；②平台服务，提供优化的中间件，包括应用服务器、数据库服务器、门户服务器等；③软件服务，包括应用、流程和信息服务。

（3）综合应用层

综合应用层是医院信息化服务与应用的内容体现，在数据平台层的基础上，构建信息化医院的环境、资源、管理服务和应用等，为医生、患者及管理人员提供泛在的服务和应用。综合应用层包含智慧医院信息系统、区域卫生平台和家庭健康系统三大类综合应用。

区域卫生平台包括区域卫生信息平台、科研机构管理、电子档案管理、卫生监督管理系统及疫情防控发布系统等。通过该平台实现居民医疗、公共卫生防控、卫生管理数字服务区域一体化。

家庭健康医疗系统指的是远程监控、远程医疗等。

智慧医院信息系统一般由管理信息系统、临床信息系统和信息支持与维护系统组成，以满足医院业务运行和管理的信息化应用需求。

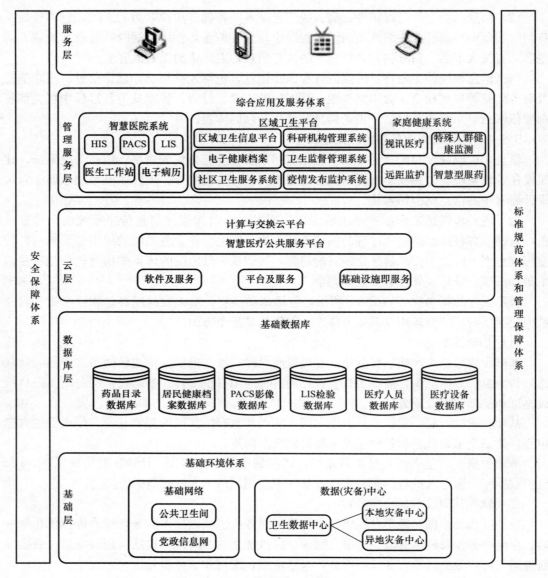

图 6-8　智慧医疗的概念框架

（4）应用终端

应用终端是整个智慧医疗系统面向最终用户的统一入口，是各类用户获取所需服务的主要入口和交互界面，用户可以通过手机、电话、互联网、信息亭等渠道进行访问，实现任何时间、任何地点的多渠道访问包括用户和接入访问两个方面。

（5）保障体系

保障体系包括安全保障体系、标准规范体系和管理保障体系三个方面。安全保障体系是确保智慧医疗系统安全运行的保障体系，其贯穿于智慧医疗的各个层面。标准规范体系包括专用于智慧医疗的标准规范和综合现有信息技术的标准规范两大部分，它是确保智慧医疗应用系统设计、建设和运行符合相关标准的保障体系，在模型的各层都有相应的标准规范。管理保障体系是确保智慧医疗应用系统得以顺利建设和正常运行的保障体系。三重保障体系分别从技术安全、运行安全和管理安全确保基础平台及各个应用系统的可用性、机密性、完整性等。

从医院建筑的智慧医疗体系架构中可以看出,由基础条件系统开始,"由底向上"逐渐建设直到满足信息服务和信息化应用。通过这种层次化的体系架构,构建了一个以医院服务和应用为目标的神经传递网络,最终构成整个的工作业务系统应用逻辑,实现了医院建筑的信息化服务和应用。随着大数据、物联网及云平台等的不断发展,医院建筑的智慧化程度越来越高,该开放式的体系架构通过云平台层将提供标准统一的接口,可更新和补充新的信息建设要求,实现医院信息化建设的不断升级。

6.3.5 医院工作业务系统应用工程实例

医院建筑信息化系统的配置复杂,下面以某省一栋医院建筑为例进行工程实例分析。

1. 工程概况与设计原则

（1）工程概况

该工程总占地面积 375661.28m²,医疗区共十栋六层建筑,面积为 243890m²。其中医技区有地下室（地下一层、地上五层）,地下室占地面积 27000m²。

（2）设计原则

① 先进性、专业性:方案设计达到国内先进水平,满足医院业务管理系统的专业需求。② 主流、成熟性:系统采用目前国际上主流、成熟并实用的技术。③成套性、集成性:系统的各个组成部分,既是相对独立的子系统,又能实现各子系统互相之间必要的快速信息交换,并实现必要的自上而下的、集中统一的设备监控和管理。④开放性:系统设计采用的设备（软、硬件）均符合国际通用标准,符合开放设计原则,具备优良的可扩展性,可延伸性和灵活性。⑤安全性:系统的构成保证系统信息的高安全性,采用必要的防范措施,使整个系统受到有意或无意的非法侵入而造成对系统破坏的可能性达到最小。⑥可靠性和容错性:根据具体设备的功能、重要性等分别采用冗余、容错等技术,确保系统运行的高可靠性和容错性,使其长期处于稳定的工作状态。⑦向后兼容性:根据医院业务可能应用的系统及设备应考虑最大兼容性。⑧良好的人机界面:系统应满足操作简便,凡与用户交互的界面均具有汉字显示,使用者能方便、正确地使用系统。⑨系统管理、日常维护和维修的简易性和可行性。⑩适用标准和规范依据:方案设计所涉及的设计标准、规范、产品标准、规范等符合国家有关强制规范及标准,并满足当地建筑、消防、规划、环保、供水、供电、供气、电信等部门的技术标准及有关特别要求。

2. 医院智能化设计系统的主要内容

该栋医院的智能化系统设计包括四个部分,每个部分又包含不同的子系统。①楼宇自动化系统:公共广播及紧急广播系统;巡更管理系统;闭路电视监控系统;通道（门禁）管理系统;停车场管理系统;IC 卡系统。②医院专用系统:闭路电视示教系统;医护对讲系统;电子叫号系统。③综合布线系统。④综合医院信息管理系统:综合医疗信息管理系统;触摸屏信息查询系统;数字多媒体信息发布系统。仅针对医院智能化系统设计中具有行业特点的部分子系统进行分析。

医院特殊的病房,一方面因患者病情严重易受外部感染,一方面因患者本身的疾病带有极强的传染性,不能与外界直接接触。为了解决这个问题,可通过医院网络视频监控系统实现远程探视,这样既可以保护患者免遭外部感染或交叉传染,又可以实现患者与家人的"面对面"亲情交流。部署上，在特殊病房内配备红外网络半球摄像机及麦克风、音箱、电视机，同时在隔离区外设立远程探视室，配备红外网络半球摄像机及 PC、耳麦。这些设施通过医院局域网接入监控中心管理平台。家属或朋友在室外的探视点即可实时看到室内的患者的情况，并与患者进行交流沟通，患者也可以看到外面家属的视频。

医院专用系统的设计中，医护对讲系统、电子叫号系统等是医院建筑必不可少的业务子系统。

3. 医院专用系统的设计内容

（1）闭路电视示教系统总述

医院手术示教和远程医疗系统是利用计算机视频通信技术，对临床诊断或者手术现场的画面影像进行全程实时记录和远程传输，使其用于远程教学、远程观摩、远程诊断等的视频通信系统。如何通过远程视频通信平台，借助高清摄像机而建成的远程手术示教与医疗会诊系统，以此开展远程手术教学和远程诊断业务的应用特点和趋势。

在手术示教应用中，临床教学作为众多医院的重要任务，担负着培养医护人员的重任，培养方式通常是现场观摩。但是由于现场条件或手术设备的限制，现场手术观摩的空间狭窄、参加人员受到限制，同时也给病人正常治疗带来了不必要的麻烦，效果并不理想。视频通信技术的快速发展，为医院实现远程可视化教学带来新的契机，众多大中型医院急需借此建起高质量的医院临床网络教学系统，视频监控转播示教系统由此而诞生。而在远程医疗会诊应用中，医生显然可以不用花费过多的时间在路途上，直接通过视频通信系统就可以完成医疗诊断，甚至还可以针对病人的病情展开远程多方会诊。

该医院专用系统通过一个综合视频处理、视频交换与视频传输平台，同时前端结合基于 H.264 的高清摄像机来完成示教和会诊的各项功能。其中视频监控转播示教系统是一套基于 IP 网络的视频通信系统，其集视频现场监控、视频即时双向交互、视频存储共享、远程视频浏览等功能于一体。系统中采用了支持 H.264 压缩标准的网络摄像机，它们具有更低的存储需求、更快的帧速和更高的分辨率等优势，显著提高了整个系统应用过程中的高分辨率视频的存储容量。特别是在部分关键区域所架设的百万像素摄像机具有更宽的覆盖范围，并可提供出色的清晰度和图像细节。

（2）闭路电视示教系统功能

通过本系统及 H.264 高清摄像机，其不但可以实现方便的远程手术观摩和教学，而且可以实现快捷的远程指导，其中核心功能如下：

1）实时远程手术教学。手术示教是医院进行临床教学的必要手段，为提高手术质量、降低手术感染率，医院手术室都制定了手术室观摩人数控制指标，严格控制进入手术间人数，这就造成了实习医生学习观摩手术的机会大大减少，不利于提高实习医生的学习质量。采用视频监控转播示教系统可以在手术室外通过大屏幕观摩手术过程，进行实时教学。既减少手术室内交叉感染，又保障了手术室内无菌要求，同时也扩大了手术示教的范围，从而摆脱了传统示教模式在时间、空间和人数上的限制。

2）实时专家远程会诊。通过系统，专家无需进入手术室，可以通过在观摩会议室实时观看手术的高清画面，与现场医生一同对患者进行确诊，并进行手术指导；当现场手术较为复杂时，借助网络通过教学终端组成手术研讨会，及时解决手术疑难问题。

3) 手术录像存储及查询。通过 H.264 高清摄像机所获取的图像资料，清晰度高、成像效果好且压缩质量高，这样可以为系统提供极为清晰的手术影像和场景视频的全程实时记录。通过对手术过程进行高质量、长时间的存储，这样可以有效用于日后教学。有些具有争议的手术，可以利用这些视频资料作为科学判断的依据。手术后对照这些影像资料进行学术探讨和研究，可以有效提升医生的手术水平。此外，还可以通过系统将手术现场进行照片拍摄，并允许预先设定场景影像的观察位置，在学习过程中可迅速改变观察点。

（3）系统组成

手术视频监控转播示教系统从结构上分为手术室视频传输子系统、手术交互式视频教学子系统、远程诊疗视频通信子系统、交换控制中心子系统四大系统。其中，前三个子系统实现了远程视频教学与会诊功能，属于功能子系统，第四个系统属于后台支撑子系统。四大系统通过一体化设计，形成了整合的医疗视频通信系统。

1) 手术室视频传输子系统

手术室子系统是一个进行数字图像采集编码的系统，每个手术室有两路视频，通过所架设的 H.264 高清术野摄像机以及高清全景监控摄像机进行图像采集，同时采用全向拾音麦克，将主刀医师的语音及整个手术室的语音实时传送到教学端和示教教室。该系统将手术室的音视频信号压缩编码后，通过网络传输到示教端使用。

2) 手术交互式视频教学子系统

手术示教部分包括教学终端、语音麦克和显示系统，完成多人集体教学。教学终端具有双向音视频编解码能力，对现场采集的音视频模拟信号进行编码处理，对从网络接收的数字音视频数据进行解码处理，还原为模拟视频信号输出至用户的投影仪、大屏幕电视等显示设备。语音麦克风用于诊室现场语音环境的再现和与诊室医生交互。

3) 远程诊疗视频通信子系统

远程诊疗视频通信子系统通过与远程医疗流程相适应，形成能够进行灵活前端接入，使得处于异地的不同专家汇聚于一个网络会议室内进行虚拟会诊，其效果能够达到高清级别，效果逼真。同时所有视频、语音、数据均通过平台系统实现端到端的传送，从而实现实时动态协同。

4) 交换控制中心子系统

交换控制中心设备包括监控调度服务器、流媒体转发服务器、录像服务器等。监控调度服务器是交换控制中心的核心设备，主要作用有：完成用户身份认证；支持终端地址解析；业务功能逻辑调度控制；用户级别和权限设置管理；终端参数配置；对各个终端的工作状态进行实时监控。流媒体转发服务器主要作用是实现视频转发、协议翻译的功能，实现应用层组播，提高响应访问的效率，提高带宽利用率。

医院手术示教和远程医疗系统通过一套系统完成复杂的手术示教和医疗会诊，从而成为特点鲜明的医疗视频通信系统，其在应用上会有以下几大方面的特点：①通过平台整合多种业务，实现高清视频通信。通过的 H.264 高清摄像机及整个的综合视频通信平台，实现了视频教学，视频远程观摩、视频监控的综合应用，有效实现了视频共享，有效保护用户原有投资。②高清晰的图像质量。医院手术室示教监控和医用影像的技术含量较高，需极高的清晰度和色彩还原性，VC3 视频监控转播示教系统基于 H.264 编码技术，并且在前端设备上采用的 H.264 高清摄像机，它们具有更宽的覆盖范围，并可提供出色的清晰度和图像细节。大大增强了处理能力和压缩率强。其所具有的百万像素的高分辨率及经过优化的视频流，尤其是在手术现场演示手术创口、手术过程演示这种高动态图像监控场合，可以为医院用户提供实时同步、高画质、高保真的要求。③开放体系架构通信平台，医院手术监控、教学系统方案充分整合了 IP 网络、视频、存储、信令等领域的技术，采用开放的架构，标准的技术来实现。系统将信令控制与媒体流交换分离的先进理念引入视频监控系统，避免了由于媒体流处理的性能压力而造成的核心管理服务器瓶颈问题，从而可以实现监控规模的无限制扩展。

（4）医护对讲系统设计及功能

1）医护对讲系统设计

医护对讲系统是专门针对医院的系统。通常该系统主要有主机、一览表、显示单元和分机组成。总机可以管理所有病区分机。相应和显示所有呼叫，软件上还可以记录日志。软件可以在每个病区值班主机上使用。病区值班主机：支持一个病区的管理工作，配有操作台、专用话机、一览表及显示屏。可以连接多个值班副机，或者无绳电话，以方便在不同地点接警及处理情况。操作台是进行操作管理的人机界面，可以进行接警，回呼，取消，设置等操作。一览表是插有住院病人简况卡片的设备，有病员住院卡插槽。可以设置灯显，来显示呼叫状况及呼叫等级。也可以按照用户习惯或需求配置操作键，以便回呼或取消。可以配置 LED 显示器，和显示屏同步显示时间和呼号。大显示屏一般悬挂于走廊、值班台视野范围内等开阔显眼位置；可以提供双面显示；平时显示当地时间，年误差小于4 分。分机是整个系统的神经末梢，是使用人员给值班人员发信号的直接工具。分机可分为以下几种：床头壁挂分机，安装在墙壁上，可以用自带按键及拉绳儿多种方式触发呼叫系统，发出呼叫信息。无线呼叫手柄一般做成便于携带的钥匙链型，使用人员随身携带，在服务范围内遇事随时呼叫。呼叫级别也是最高。

2）医护对讲系统功能

功能实现：平时系统处于备用状态，各显示屏均显示时间信息；医护对讲系统的呼叫等级包含两种，分别是普通呼叫和高级呼叫，用户可在分机设置呼叫等级。按下手柄呼叫钮/面板按键，分机就会向主机发出信息，报告呼叫编号和呼叫等级，主机声光报警显示信息（铃音、音乐、语音提示、门灯显示、LED 显示），提请值班人员注意。除此之外，还上报总机（如果配有），使得值班中心得知现场情况，显示呼叫信息。并对信息做出记录。高级呼叫：如果某床的病号刚做完手术，可以将本分机设定为高级呼叫，当该分机按下手柄呼叫钮/面板按键，分机就会向主机发出信息，报告呼叫编号和呼叫等级，主机声光报警显示信息（铃音、音乐、语音提示、门灯显示、LED 显示），提请值班人员注意。增援呼叫：如果护士到达病房发现病人情况危急，需要其他护士（或者医生）增援，当即按下床头分机相应的增援按键即可。输液报警：如配有输液报警器，可以将其插入分机相应插孔，当输液报警器报出输液完毕的信号时，主机就会显示相应信息。回呼：护士站主机可呼叫分机用户，只需按下相应的床号即可呼叫出去，而且马上接通相应分机进行对讲。通播：有广播功能的还可以通播等。有回呼要求的紧急呼叫分机有蜂鸣器播放讯响提示。有多个呼叫时候，系统会按照顺序依次显示呼叫号码，直至逐个被消除。系统还可以根据用户需要，设置多级护理功能。设置增援呼叫，医生增援，护士增援等功能键等。

（5）门诊排队叫号系统设计

1）门诊排队叫号系统简介

由于当今各行各业的信息化、智能化建设越来越普及，整个社会对各个行业的办事效率的要求越来越高，尤其是服务性行业，既要满足被服务人的服务需求，又要提高服务质量，提高服务效率，例如医院门诊等。患者不仅要求医院满足业务上的需要，还要求医院尽量提高就医的环境、服务的质量及减少患者的等待时间。而医院本身由于竞争的需要，也要求提高本身的办事效率，提高本身的服务形象。门诊排队叫号系统是一种综合运用计算机、网络、多媒体、通信控制的高新技术产品，以取代各类服务性窗口传统的由顾客站立排队的方式，改由计算机系统代替客户进行排队的系统。患者及其家属只需等待声音和显示屏的提示候诊，可给医生创造一个良好的工作环境，在排队时减少办事人的办事时间，为患者看病创造一个良好的环境。

2）设备组成部分

呼叫部分：物理呼叫器（医生的操作终端）或虚拟呼叫器（在医生有电脑并和医院的局域网络相连的情况下，在医生的电脑上安装呼叫器软件，虚拟呼叫器实现比物理操作器更强大的功能）；护士站操作终端：也可通过护士站点击呼叫；

显示部分：护士站的显示器显示护士站管理界面，LED点阵显示屏、等离子电视或液晶显示器显示呼叫的信息或其他广告信息；

声音部分：护士站需配置功放与音箱连接，音箱通常采用吸顶式，一般安装于护士站前的候诊区上方，呼叫内容可任意设置。

3）工作流程

医生操作说明：医生上班→登录呼叫器→按"呼叫"键→患者前来就诊→就诊结束，按"呼叫"键，呼叫下一位患者；

分诊处相关处理：护士上班，打开分诊处排队主机→进行一些患者需要的操作，如复诊、优先级、患者选择医生、预约信息管理等；

患者等待情况：患者挂号→到相应科室等候区等候→看到显示屏显示的信息并听到提示音，即可前去相应科室就诊。

6.4　体育建筑工作业务系统及其应用

体育场馆信息化建设不同于一般的智能建筑，它不但涵盖了常规的建筑智能化系统，而且更要满足在体育馆内进行竞技比赛以及其他多功能用途时对管理和服务的需要，系统繁多，系统间关联复杂，尤其竞技属于不可逆的比赛，更要保证系统运行的绝对可靠。因此，如何融合体育建筑各个子系统，明确信息流，实现资源的合理分配，实现万无一失的可靠运行是体育建筑工作业务系统的设计要点。

6.4.1　体育建筑工作业务系统简介

为满足体育比赛、运动员训练以及赛后利用对管理和服务的需要，在体育场馆建筑空间和设备的基础上，采用信息技术（通信技术、自控技术、计算机技术、电子技术）构建的大型复杂系统，可称为体育建筑信息化系统。

体育建筑信息化系统是现代化大型体育馆的大脑和神经，是体育赛事顺利进行的重要保证，完备的体育建筑信息化系统可以使体育赛事更加公正、准确，使裁判员的工作效率大大地提高，另一方面可提高体育比赛的观赏程度，增加体育场馆及体育比赛的社会效益。因此，体育场馆的信息化系统设计对提高体院场馆的现代化水平、承接大型国际比赛、提高体育比赛能力和运动员的比赛成绩，以及满足观众的观赏要求具有重要意义。由于体育场馆使用要求不一样，国家规范《体育建筑设计规范》JGJ 31—2003 将体育场馆的用途分为特级、甲级、乙级及丙级四个等级，如表 6-5 所示，其中特级体育场馆是举办奥运会、世界锦标赛、足球世界杯，甲级举办全国性和其他国际比赛，乙级举办地区性和全国单项比赛，丙级举办地方性、群众性运动会。

体育场馆等级表   表 6-5

等级	主要使用要求
特级	举办奥运会、世界锦标赛、足球世界杯
甲级	举办全国性和其他国际比赛
乙级	举办地区性和全国单项比赛
丙级	举办地方性、群众性运动会

不同等级的场馆对建筑信息化系统的配置标准应符合表 6-6 中的规定，但对网球场、游泳馆、中小型体育馆，确实因竞赛项目的需要，可酌情提高档次。由表 6-6 可知，等级越低，各个子系统配置要求也越低。

体育建筑信息化应用系统系统配置表   表 6-6

系统配置		场馆等级			
		特级	甲级	乙级	丙级
设备管理系统	建筑设备监控系统	√	√	√	○
	火灾自动报警及消防联动系统	√	√	√	√
	安全防范系统	√	√	√	√
	建筑设备集成系统	√	√	○	○
信息设施系统	综合布线	√	√	√	○
	有线电视	√	√	√	○
	公共广播	√	√	√	√
	电子会议	√	√	○	×
专用业务系统	信息显示及控制系统	√	√	√	×
	场地扩声系统	√	√	√	○
	场地照明控制系统	√	√	√	○
	计时计分及现场成绩处理系统	√	√	○	×
	竞赛技术统计系统	√	√	○	×
	现场影像及采集回放系统	√	○	○	×
	售检票系统	√	√	○	×
	现场转播及电视评论系统	√	√	○	×
	标准时钟系统	√	√	○	×
	升旗控制系统	√	√	○	×
	比赛设备集成管理系统	√	√	○	×

系统配置		场馆等级			
		特级	甲级	乙级	丙级
信息化应用系统	信息查询和发布系统	√	○	×	×
	赛事综合管理系统	√	○	×	×
	大型活动公共安全信息系统	√	○	×	×
	场地运营管理服务系统	√	○	×	×

注：表中√表示应采用；○表示宜采用；×表示可不采用。

6.4.2 体育建筑工作业务系统分类

体育场馆设置一些为体育赛事提供的技术支持手段，为赛事组织提供必要的管理和服务，满足赛事规则对现场的要求条件，确保赛事顺利进行的场馆专用系统。场馆专业业务系统包括：大屏幕显示系统、扩声系统、计时记分及现场成绩处理系统、售验票系统、升旗控制系统、场地照明及控制系统、现场影像采集及回放系统、电视转播和现场评论系统、主计时时钟系统等。下面对其中的若干专业业务子系统进行简单介绍。

1. 大屏幕显示系统

大屏幕显示系统是场馆为竞赛、训练和大型社会活动提供信息服务的基本子系统，它将直接影响场馆基础设施的档次。该系统的主要作用是发布场馆的各类消息，显示体育比赛项目动态，各参赛队及参赛选手的情况，各种比赛成绩、名次及实时比分（提供与计时记分系统的接口），播放赛场的电视实况等；同时也可播发广告信息，播放各种视频、动画、文字及其叠加等商务内容。大屏幕显示屏有以下几种形式：带有彩色和黑白炽灯的显示屏；点式显示屏、旋转筒式显示屏和其他装置传动的电动显示屏；LCD 显示屏；LED 显示屏；高速电子管显示屏；荧光管显示屏。目前广泛用于体育场馆的显示屏是 LED 显示屏，该显示屏是由发光二极管组成的显示屏，是集光电技术、微电子技术、计算机技术和视频技术为一体的产品。常规的大屏幕显示系统图如图 6-9 所示。

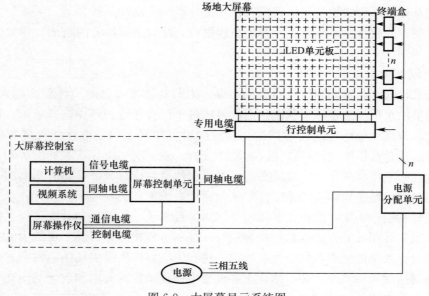

图 6-9 大屏幕显示系统图

2. 扩声系统

扩声系统主要为体育比赛或集会时语言扩声之用，兼顾团体操音乐伴奏。大型的文艺演出活动（包括开、闭幕式文艺演出）时，也可使用本系统作为临时性文艺演出扩声系统的补充。主要包括：专业级调音台；集增益、均衡、压缩限幅等功能为一体的数字音频信号处理器；功率放大器及其实时监控设备；观众席扩声扬声器；场地扩声扬声器；附属扩声扬声器；盒式录音机；激光唱机；无线传声器；监听扬声器和监听耳机等。除此之外，系统还配备一些特殊声处理设备，用于抑制反馈和提高系统的可靠性。扩声系统需将场内扩声的音频信号送至转播车接线间、广播播音室、评论员室、新闻发布厅、网络机房和其他相关技术用房内的音频或插座盒。为方便组织人员入、散场及消防紧急疏散，在体育场馆内外广场安装有场外扬声器，用于覆盖所有出入口、场外停车场及其他公共区域。扩声系统满足摔跤、篮球、排球、乒乓球等运动项目对语言清晰度的要求，保证每名观众任何时候都能听到清晰的解说声和音乐。体育馆配有专业扩声系统设备，具有优良的现场音响效果与良好的语言清晰度，同时具备现场录音条件和提供现场音频转播信号等能力。

3. 计时计分系统

计时计分系统是成绩处理系统的前沿采集系统，该系统根据竞赛规则，对比赛全过程产生的成绩及各种环境因素进行监视、测量、量化处理、显示公布，同时向相关部门提供所需的竞赛信息，可分为计时、计分、测量三类系统。计时系统：时段控制计时，对有时间限制的比赛项目进行运动时间控制，一般具有时段长短设置、复位、中断、恢复计时等功能。计分系统是依据比赛规则对参赛者的比赛过程评分，将成绩数据在配属的显示器上实时显示。测量系统是对比赛高度、距离、风速和风向等进行精确的测量提供各种数据。成绩处理系统的基本功能是对本赛场来自计时计分系统的单项成绩进行接收、处理、储存并打印。计时、记分、记现场成绩处理系统除自身形成完整的数据评判体系外，还负责将其采集的数据通过技术接口传送给现场大屏幕显示系统、转播摄像系统等。计时记分与仲裁录像系统是赛中不可缺少的工作系统。计时记分系统的设计是否合理，关系到系统运行的稳定与可靠，并直接影响到整个比赛的顺利进行。仲裁录像系统的组成、仲裁位置直接影响仲裁的判定。

4. 体育场馆影像采集及回放系统

长久以来，随着各项国际体育赛事的举办，人们对体育节目的关注程度越来越明显，同时对运动员的水平要求也越来越高。国内各地每年都有新增的各类体育场馆，相应的电子信息化建设也是一个重中之重的问题。合理的设备布局不仅能方便体育赛事的节目录制，对平时的运动员训练也能提供实时的动作分析，便于现场指导，对提高运动员的水平发挥能够起到必不可少的作用。这就需要一类稳定性高，操作简单且功能强大的高质量节目录制和实时回放设备。体育场馆影像采集及回放系统是具备视频采集，存储，视频图像的加工、处理和制作功能，能在比赛和训练期间为裁判员、运动员和教练员提供即点即播的比赛录像或与其相关的视频信息，是仲裁、训练和比赛技术分析等不可缺少的技术手段和工具。同时，系统能把现场信号通过场馆的比赛中央监控系统供场馆内的全彩视频显示屏、电视终端播放现场画面，并要结合比赛过程中仲裁录像的要求和现场画面在场馆内的LED、有线电视中进行播放的要求。

5. 售验票系统

售验票系统是指以条码、磁卡等为门票、集智能编码技术、信息安全技术、软件技术、信息识别技术和机械技术为一体，为场馆提高票务管理水平和工作效率，防止各种人为失误及现场人流监控服务的系统。体育场馆与机场、车站、码头、影剧院、展览馆等大型公共建筑一样都有一个共同的使用特点，就是凭票进入特定区间售验票系统成为不可缺少的服务环节。传统门票管理模式存在容易伪造、容易复制、人为放行、换人入场等弊端。导致门票收入严重流失。在信息技术高速发展的时代，采用门票电子化来加强体育场馆、会议等场所的信息管理，是提高管理效率的重要手段。门票管理的电子化极大地提升体育场馆行业法治化、规范化、信息化整体管理水平，并且能够促进产业结构升级，有助于改善投资环境，扩大对外开放。体育场馆售验票系统不是单一的售验票管理系统，而是一个集智能卡工程、信息安全工程、软件工程、网络工程及机械工程为一体的智能化管理系统。它包括了门票制作、中央管理子系统、证件发行子系统、票证检查子系统、车辆管理子系统、实时监控子系统等。售验票系统通常由制票、售票、验票、财务和管理等子系统组成。体育场馆应根据场馆的级别、结合场馆运营服务的要求，建设售验票系统。体育场馆内的售验票系统机房，可以与场馆内的网络机房合用。售验票系统可通过通道闸机、联网或非联网的手持验票机对门票进行有效性验证。系统的通道数量应保证在规定的观众入场时间内，满足 90% 以上观众入场。售验票系统如图 6-10 所示。

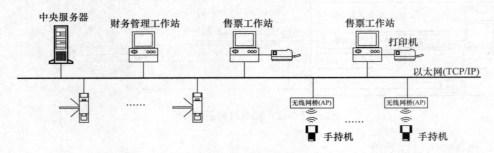

图 6-10　售验票系统图

6. 国旗自动升降系统

国旗自动升降系统是指为保证场馆举行升旗仪式时，现场所奏国歌的时间和国旗上升到旗杆顶部的时间同步的制动控制系统。体育场馆应根据场馆的规模、举行比赛的类别以及场馆运营服务的要求，建设国旗自动升降系统，系统图如图 6-11 所示。该系统应具备系统故障检测、手自动互换、多级保护等功能。系统同时要具备同步音频输出功能，并提供国歌的采集、存储、播放和查询等功能。体育场馆内的国旗自动升降机房，可以与场馆内的场地扩声机房合用，系统需预留 4kV 的 380V 三相电源，预留安装系统控制柜和一个操作控制台的空间以及预留和场地扩声系统的音频输出电缆。

7. 标准时钟系统

标准时钟系统是为赛场工作人员、运动员、教练员、裁判、新闻媒体工作者及观众提供准确、标准的比赛时间，同时也可为体育场馆内的智能化系统提供标准的时间源。系统由 GPS 校时接收设备、母钟、数字或指针式子钟，系统管理设备等组成。系统母钟具备标准时间源接收、双机主备、信号输出等功能；子钟具备实时监控、远程电源开断、倒计时设定等功能。应根据场馆的类型、区域特点、空间的大小选择时钟的大小，显示的方式（数字子钟或指针式子钟）、单面钟、双面钟和倒计时钟等。标准时钟系统的设计应结合体育工艺的要求及场馆区域分布的要求，保证所有和赛事相关的人员都能清晰地看到场馆内的时钟，并掌握场馆内的准确时间。标准时钟系统如图 6-12 所示。

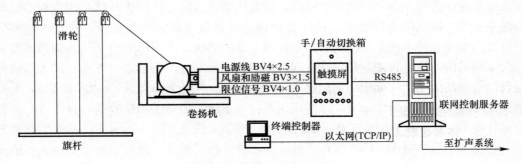

图 6-11　国旗自动升降系统图

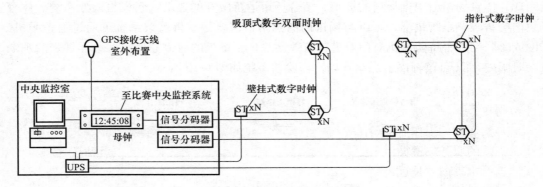

图 6-12　标准时钟系统

8. 比赛中央监控系统

比赛中央监控系统是专为体育场馆比赛服务的一套集成式管理平台。通过相应的系统集成软件，利用场馆信息网络系统实现对体育场馆内屏幕显示及控制系统、场地照明及控制系统、场地扩声系统、计时记分及现场成绩处理系统、标准时钟系统、售验票系统、升旗控制系统、现场影像采集及播放系统等的集中控制和监视。为场馆运营人员、赛事管理和指挥人员提供一个为比赛服务的集成控制环境。同时本系统又与场馆运营服务管理系统、大型活动公共安全应急信息系统等上层系统集成，相对系统的上下层，本系统起承上启下作用。系统遵循如下设计原则：①先进性原则：系统的总体设计要有一定的超前性。不但能够满足当前的要求，而且要能满足将来进一步发展的需求。尽量采用国际上各项先进的、成熟的技术，使系统的设计建立在一个高的起点上。系统结构、软件环境、硬件环境不但应是国际上具有先进水平的，而且是具有发展潜力、处于上升趋势的。②实用性原则：系统应能完全满足各项功能需求，特别要注意符合管理和使用功能要求。系统应易学易用，具有良好的人机界面和联机帮助信息。同时应该有针对各种场景的提示信息，为用户提供正确导航。应具备完善的错误接管处理功能，允许用户出现失误。不论用户发生任何错误，都不应脱出当时所在的系统运行环境，不能出现任何系统锁死现象，确保系统的坚固性。对于来自体育场内外的各种信息通过智能集成系统能进行收集、处理、存储、传输、检索、查询，为体育场的拥有者和管理者提供有效的信息服务和充分的决策依据，为体育的观众提供安全、舒适、方便、快捷、高效、节约的环境。③开放性原则：系统应满足国际上对开放式系统定义的原则：具有互操作性、可伸缩性和可移植性。系统应该具备良好的可移植性，能在不同硬件环境和不同的软件环境中移植使用，以利于扩充。④集成性和可扩展性：应充分考虑智能建筑工程所涉及的各子系统的集成和信息共享，保证系统总体上的先进性和合理性，采用集中管理，分散控制的模式。⑤标准化和模块化：根据体育场馆智能建筑工程总体结构的要求，各子系统必须标准化、模块化，代表当今较新的科技水平。应采用模块化、开放式结构，保证系统可靠性、先进性。⑥经济性原则：在实现先进性和可靠性的前提下，达到较高的性价比，实现经济实用的优化设计。

6.4.3　体育建筑工作业务系统的特点

现代体育比赛的重要特点就是竞赛的不可重复性。在数以亿计的观众注视之下的比赛，不允许出现任何重大错误和中断。因此，各工作业务系统必须实时不间断地可靠运行。这是体育建筑工作业务系统的突出特点，具体如下：

（1）可靠性：工作业务各子系统应具有高度的安全可靠水平，对于与赛事实时处理相关的数据通信、数据处理、信息发布系统具有必要的备份措施，系统具有足够的应变能力，以便处理临时出现的意外情况而不影响竞赛，做到"万无一失"。

（2）延续性：工作业务各子系统的建设不能仅停留在举办单项比赛的目标上，而是将目光放得更长远，那就是为今后作为大型运动会的一个比赛场馆打下坚实的基础。

（3）实用性：工作业务各子系统的建设能真正为不同等级赛事的筹办、运作和顺利进行提供高效的服务，遵循组委会总则和单项竞赛规程，充分满足竞赛的各种要求。同时，方案的选择也贯彻"长远规划、满足使用、节约投资"的方针。

（4）扩展性：工作业务各子系统能够做到平滑地升级、扩展，满足一定时期的扩展需求。

（5）安全性和可维护性：工作业务各子系统应采取相应的安全措施防止数据被非法拷贝、修改或删除，避免操作人员误操作造成数据丢失；具有自动检错功能，出错时有警告提示；系统还有维护模块，对全系统进行维护。对系统用户建立严格等级制度，使用户只能访问到有相应权限的数据。

（6）模块化和标准化：工作业务各子系统的设计采用模块化、组件化的设计，同时系统的开发坚持标准化的原则，首先采用国家标准和国际标准，其次采用广为流行的实用化工业标准。在应用软件开发中，数据规范、编码体系都必须遵循严格的规范要求。

6.4.4　体育建筑工作业务系统的应用逻辑

体育场馆信息化系统一般包括环境监控系统（EMS，Environmental Monitoring System）、通信广播系统（CBS，Communication and Broadcasting System）、场馆专用系统（SFS，Stadium Functional System）及信息管理系统（IMS，Information Management System），如图6-13所示。

（1）环境监控系统（Environmental Monitoring System）

环境监控系统采用分布式或集散式结构，对场馆内各类机电设备的运行状况、安全状况、能源使用状况等实行自动的监测、控制与综合管理，调节场馆内影响环境舒适性的温度、湿度、风速等指标，监控破坏环境安全性的恐怖、骚乱、火灾等因素，以保证体育比赛和其他活动的正常运行。同时，为场馆的经济运行和日程管理提供技术手段，达到场馆运营服务管理的要求。其中包括机电设备监控系统、火灾自动报警及消防联动系统、安全防范系统、建筑设备集成管理系统等。

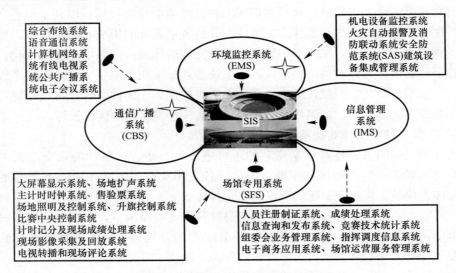

图 6-13　体育场馆信息化系统的组成

（2）通信广播系统（Communication and broadcasting System）

通信广播网络系统通过为场馆内外信息的传输提供网络平台，以支持语音、数据、图像、控制信号和多媒体信息的接收、存储、处理、交换、传送、播放，从而满足体育比赛和场馆管理中对各种信息的通信和广播的要求。其中包括综合布线系统、语音通信系统、计算机网络系统、有线电视系统、公共广播系统、电子会议系统等。

（3）场馆专用系统（Stadium Functional System）

场馆专用系统区别于普通建筑的智能化系统是体育场馆所特有的，为满足举行比赛、观看比赛、报道和传播比赛所必需的智能化系统。其中包括屏幕显示及控制系统、扩声及控制系统、场地照明及控制系统、计时记分及现场成绩处理系统、现场影像采集及回放系统、售验票系统、电视转播和现场评论系统、主计时时钟系统、升旗控制系统、比赛中央系统。

（4）信息管理系统（Information Management System）

应用信息系统通过为体育赛事组织、场馆经营和运营服务管理业务提供应用服务数据库、信息集成平台和信息门户，提供信息的实时性，实现管理自动化，为管理者提供辅助决策支持，达到提高效率、节约资源和提高经济效益的目的。其中包括人员注册制证系统、成绩处理系统、信息查询和发布系统、竞赛技术统计系统、组委会业务管理系统等。

6.4.5　体育建筑工作业务系统应用工程实例

一、工程概括

项目名称：吴忠市文化体育会展中心建设项目。

建设地点：青铜峡市古峡东街南侧，文体路东侧，黄河路西侧，利民东街北侧。

建设规模：该项目规划占地面积 $4.33 \times 10^5\,m^2$，整体开发建设体育馆、体育场、会展中心，总建筑面积约 11 万 m^2。

建设概况：项目总体建设分为四大块：①体育场；②体育馆；③会展中心；④其他辅助功能区：各种室内/外训练场地及休闲娱乐场地，如图 6-14 所示。

图 6-14　建筑概况

体育场馆总体规划应根据所在地区、使用性质、场馆等级、管理方式等确定建筑智能化系统的等级和规模。同时应根据场馆的建筑功能分区和服务对象合理配置建筑智能化系统。根据单项体育赛事和综合运动会的不同特点合理配置建筑智能化系统。

二、项目设计范围

该项目的设计范围分为两大块，分别是体育场馆基础系统和体育场馆专业化赛事系统。

1. 体育场馆基础系统

主要包括综合布线系统、网络系统、程控交换系统、楼宇自控系统、智能灯光系统、安全防范系统、智能一卡通系统、公共广播及消防广播系统、综合管路系统、有线电视系统等。

2. 体育场馆专业化赛事系统

主要包括场地音箱扩声系统、体育场地赛事照明系统、售检票系统、信息发布系统、GPS标准时钟系统、视频采集回放系统、计时记分系统、全自动升旗系统、体育场馆赛事综合管理系统（成绩处理、人员注册、赛程管理模块、综合管理、制证验证、前台功能）、比赛中央监控系统、运营管理系统、田径计时计分及现场成绩处理系统等。

三、项目各子系统介绍

1. 售票检票系统

（1）售票检票系统概述

售票检票系统是一个基于计算机网络技术、现代通信技术、数据库技术和自动控制技术为一体的高科技现代化管理信息系统。该系统采用条码纸制门票，以计算机为核心，以网络为支撑，以自动闸机为终端，对售票、检票过程实现电子化、自动化、网络化的计算机综合管理系统。

（2）售票检票系统需求

售票检票系统由售票部分和检票部分组成。根据不能需求可分为普通观众检票，运动员贵宾通道和残疾人专用枪杆通道等。

（3）售票检票系统功能

售票检票系统要实现单点或多点售票、自动检票、无效票自动识别、票务操作及紧急情况自动处理等功能，使售票检票系统成为可靠的运行、快速的识别、完善的功能、安全的操作等成熟的自动售票检票系统。

（4）售票检票系统结构

售票检票系统结构由四部分组成，分别是局域网络部分、售票部分、本地管理部分、检票部分。局域网采用场馆配套的有线/无线网络，使售票系统与检票系统能与售检票管理系统的服务器连接。售票部分由计算机管理的票务系统的生产部分，是数据采集的最前端，在数据为核心的管理系统中，该部分的功能是面向观众，进行售票操作并协助售票员进行售票以外的日常工作（例如核账、缴款、财务凭证等），并将产生的数据储存到票务数据中心部分。本地管理部分是以计算机利用票务数据中心的数据对票务系统的日常工作进行管理，例如是否允许某场比赛进行售票，是否允许某场比赛进场、利用历史数据进行决策支持等后台工作，这部分是整个系统的价值体现。检票部分是对观众所持票据进行检验，判断其合法性，并根据其合法性决定是否允许该观众进入场地观看比赛的，并将该观众所持票据的数据传输回票务数据中心并做留底。该部分是整个系统的看护者。

（5）场馆售票检票系统远程售票方案

一般不采用远程售票方案，如需采用远程售票出于安全的考虑，采用条码贴票式售票方案。当今流行的识别技术方案很多，常用的有磁卡/IC卡识别技术、条码识别技术、人体特征识别技术等。但在体育场馆的票务识别技术上，人体特征识别技术显然不适用，而磁卡/IC卡识别技术成本较高，所以采用条码识别技术，在票纸上印制条码是体育场馆票务方案的首选。系统采取的条码是一维防伪码，这是根据售票检票系统的特点而设计的，采用一维防伪码优点如下：①联线检票时，检票系统根据条码实时检查售票数据库，这是最安全可靠的检票方式。②为节省资源同时确保数据库的访问速度，售票系统使用12位条码。③保密性方面，售票系统已采用2位校验码。理论上，成功伪造一个合法条码的概率为：1/6600；而且由于退票和验收等原因，伪造的合法条码几乎不能通过检票。④12位的一维条码，尺寸仅为 $3cm^2$ 左右；所以，在票面需要打印较多内容（例如比赛名称、日期时间、座类座号、票类票价等）或需打印广告时，使用一维条码将可以使票的版面更美观整洁，尺寸合理。

（6）检票部分设计

检票部分是通过检票设备对观众所持票据进行检验，判断其合法性，并根据其合法性自动决定是否允许该观众进入场地观看比赛的，并将该观众所持票据的数据传输回票务数据中心并做留底。该部分是整个系统的看护者，是收入的保障。

检票设备种类很多，根据体育场的特殊性，要求检票设备必须具备防暴、安全性高、检票速度快、识别正确率高的特点，并且要具备满足对突发事件的应变能力，所以选用了三辊闸、平开闸、快速通道及手持式四种检票设备的综合应用，为体育馆构建起一个全功能的自动检票系统。①三辊闸机由呈三角形支撑的三根闸棍组成，长箱体促使使用者在其通道内行走，可防止任何试图翻越或绕行转门的行为。三辊闸的特点是一票一过，能有效避免人情票。但三辊闸的缺点是速度慢，在实际使用中任何一家的产品通过速度均达不到理论值。短时间内大量人员在通道内集结势必造成公共安全隐患。②平开闸机采用单侧或双侧平行开闭的闸门组成，其特点是功能灵活，可适应通过者速度，适合残障人员通过等。③安全转门主要是作为宾客通行的装饰闸门，并不适合作为体育场馆的检票闸机。④防暴全高/半高闸是专门为人群密集场合设计的专用闸机，其特点是防暴能力强，可以有效防止攀爬、冲撞等暴力行为。由于防暴全高/半高闸机外形给人一种压迫感，在越来越强调以人为本、舒适轻松地欣赏体育赛事的原则下，防暴全高/半高闸机并不适合在系统中使用。⑤无线手持检票机，可实现纸质条码门票（一维码、二维码）检票，具有液晶屏显示检票结果；语音提示等功能；检票位置可依据需要移动。综合以上各闸机的优势和劣势，项目更多地设计手持机和平开闸机配合使用的方案。可以快速通过人员，减少安全隐患。

（7）售票部分设计

售票部分依托售票验票系统的网络平台，在售票服务器上安装功能强大的售票软件，建立售票服务中心；在分布在场馆各处的售票工作站上安装售票软件的工作站端，再将打票机连接在售票工作站上，调整好打票机的技术参数即可。票务系统采用直观的图形售票，界面美观友好，操作简单方便。系统利用先进的计算机网络技术对场馆的日常经营活动实行自动化管理，使计算机售票、打票、统计等工作一次完成。

（8）场馆售票验票系统使用流程

场馆售票验票系统使用流程如图 6-15 所示。

2. 计时记分系统

（1）计时记分系统概述

计时记分系统是一个负责各类体育竞赛技术支持系统前沿（比赛场地）的数据采集和分配的专用系统，它负责各类体育竞赛结果、成绩信息的采集处理、传输分配，即将比赛结果数据通过专用技术接口（界面、协议）分别传送给裁判员、教练员、计算机信息系统、电视转播与评论系统、现场大屏幕显示系统等。

由于体育竞赛的不可重复性，决定了计时记分系统是一个实时性很强、可靠性要求极高的以计算机技术为核心的电子服务系统。因此，计时记分系统自身组成独立的采集、分配、评判、显示发布系统，做到所有信息的实时、准确、快捷、权威。

计时记分设备是各类体育比赛中不可缺少的电子设备，计时记分系统设计是否合理，关系到整个体育比赛系统运行的稳定和可靠，并直接影响到整个体育比赛的顺利进行。

（2）计时记分系统特点

统一规划、集中管理计时记分信息系统的建设是一个规模庞大、功能要求严格、广泛应对各个部门的系统工程。该系统内部的信息交换频繁、数据处理复杂，各分系统也没有统一的技术标准，因此，内部接口繁多并占有相当大的系统开发工作量。必须达到统一规划、集中管理，不使技术力量和资金分散，减少不必要的多口协调和技术重叠，保证系统的高效可靠。在场馆建设的期间，应预留计时计分机房、广播电视综合区、体育竞赛综合信息管理系统、显示控制机房、游泳池起跳器、比赛场地、仲裁录像系统的管路通道。在体育场内场应设置若干信号井、连接管道和相应的电源；在游泳馆起跳台及终点摄像机设置管道预留；在网球中心场地设置计时记分管道预留；在体育馆内场地四周设置若干信息插座及计时记分管道预留。

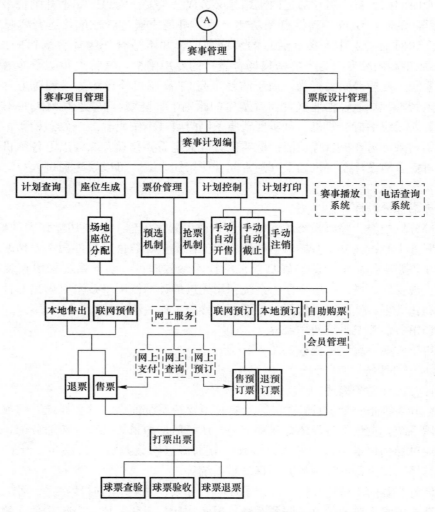

图 6-15　场馆售票验票系统使用流程

（3）计时记分系统的主要功能

计时记分系统是根据竞赛规则对比赛过程中产生的成绩信息进行采集、数据处理、监视、量化处理、显示公布的工作过程，由计时、记（评）分、测量、显示、传输等设备组成，系统应满足以下功能：①系统的构成必须满足功能齐全、方案合理、构成严谨的要求。②系统应具有良好的用户界面和系统连接界面，并有备份安全措施。③系统应实时准确地完成竞赛项目的信息采集、处理和传递，保留原始成绩资料。④要求多数竞赛项目上安排使用自动工作系统，减少人工干预。⑤系统应具有完成各种竞赛项目的现场比赛结果或成绩信息的显示功能。⑥系统应具有与场馆显示屏、现场成绩处理、电视转播的标准接口能力。⑦系统应具有对各类比赛现场环境条件的适应能力，并为其他系统提供计时记分系统分配传输的成绩信息能力。

每一个运动项目都对应着一个专门的计时记分系统，并各自有着不同的工作内容和技术方式，计时记分系统是由多种技术设备并采用专门线路按运动项目特点组织起来的，为使计时记分系统运行良好，必须首选保证每个工作系统基本功能的完整。计时记分系统是体育竞赛、大型运动会成绩的最终来源，从使用的角度来看，是一点对多点，对于不同系统的信息，需要开发不同的适配接口，并完成与现场成绩处理子系统的对接。

（4）计时记分系统构成

体育计时记分系统由以下几部分构成：显示设备（为场馆 LED 大屏幕，全彩、双色、单色的同步控制均可连接）；控制计算机（一般为 LED 大屏幕主控电脑）；便携式操作平台（计时记分一体机）；外接计时器及外接 24 秒操作器；外围设备；犯规显示器（全队犯规显示）；进攻指示器（发球权指示）；讯响器等。各种连接线材；记分软件（足、篮、排、乒、羽）等。

显示设备（由显示屏厂商提供）主要是实现对控制计算机、计时记分设备所发送的内容进行显示，给现场所有人员提供比赛的信息，要求显示屏为视频 LED 同步显示屏，显示屏高度实像素不应少于 208 点，如果设计阶段长度与高度的比例为 2～3 比较适宜，在实施阶段，计时记分系统通常可连接各种厂家各种型号的 LED 显示屏。

控制计算机设备（充当计时记分设备的信号采集设备）建议使用性能稳定的工控微机。通过计时记分软件完成采集计时记分设备信号的功能，形成视频信号，并通过以太网为显示屏和电视转播车提供信号。

计时记分设备是计时记分系统的核心，记录比分、全队犯规、全队暂停、比赛局数、队员个人的犯规次数、队员个人的得分、设置/修改/记录比赛时间及 24 秒等比赛数据，并将数据发送给 24 秒牌、LED 大屏幕控制主机、成绩处理系统及电视转播系统。

记分软件主要是使计算机设备、计时记分设备、显示设备充分发挥各自的优势功能，从而完成设备间的通信，要求软件稳定、功能强大、利用率高等，要有比赛实时数据向电视转播车发送的功能（包括实时比分、时间、犯规数据等）。包括网络发布数据的自动采集等。软件管理功能可进行比赛规则设置；可进行显示设置；可任意调整显示内容；可任意调整显示字体字号等；可保存当前比赛各队信息；可调入提前输入的比赛各队信息；可修改比赛统计数据等。

3. 升旗控制系统

（1）升旗控制系统概述

全自动升旗系统是为比赛组织者在赛会期间使用的专门系统。该系统为比赛发奖时提供升旗服务。升旗控制系统应保证场馆升旗时，场地所奏国歌的时间和国旗升到旗杆顶部的时间同步。体育场馆升旗控制系统包含两个系列：①室内用颁奖升旗系统（横杆式）；②室外用立式旗杆升降系统（立杆式）。

（2）室内用颁奖升旗系统（横杆式）

体育馆颁奖升旗系统是针对各种比赛场馆颁奖使用需求，集成先进的计算机控制理念于一体的智能颁奖旗系统。本旗杆能够针对不同国歌、队歌的时间长短，自动调整升旗速度，是目前国内非常先进的智能化旗杆装置。

该颁奖旗杆主要由智能升降控制系统和升降机械系统组成，具有结构先进合理、运行平稳、控制灵活、操作简便、节能环保等特点，系统采用进口的程序控制器，配备高性能的升降机械，使国旗升降平稳、同步精确；系统还可与电脑、触摸屏等人机界面自由通信，实现远程监控、遥控。

（3）升旗控制系统特点

同步国歌播放；升旗速度与国歌时长自适应；多面旗帜同步升降；自动和手动升降模式；电脑、触摸屏、遥控三种控制方式；人性化的操作界面；简单的系统维护要求；旗帜更换快捷、方便；高稳定性、可靠性和安全性；节能环保等。

4. 体育场馆赛事综合管理系统

（1）体育场馆赛事综合管理系统概述

赛事综合管理系统首先是承担着赛会的信息采集、处理、传输、发布等重要作用的赛事信息系统，是高水平体育赛事顺利成功举办的重要保证。赛事综合管理系统是建立在体育场馆的综合布线系统和计算机网络系统的基础之上，利用先进的信息处理技术、软件技术开发的，为大型赛事服务的综合信息服务系统。

赛事综合信息服务系统应为赛会提供实时、准确、快捷、权威的竞赛成绩信息，这也是衡量赛事综合管理系统成败的主要标志。赛事竞赛部、委员会、竞赛信息中心等时刻都在接收比赛成绩信息，以便发布并汇总成为成绩册，而竞赛成绩信息的获取需通过比赛计时记分和现场成绩处理系统，因而计时记分和现场成绩处理系统是运动会最重要支持系统。

在赛事举办期间，针对新闻记者的需求，本系统提供及时、方面的信息服务，满足他们对赛会信息采集和采访的要求，使本系统成为运动会最重要的支持系统。因而场馆在建设过程中，应充分考虑场馆新闻中心的设置和建设（系统设备条件预留）、电视转播系统对场馆建设的要求（是和场馆空间设计、土建施工紧密相关的）。

同时赛事综合管理系统要为赛事组委会的工作提供指挥调度信息服务，为参赛的官员、运动员提供信息服务，为社会大众提供有关赛事的信息服务。因而，赛事综合管理系统也是一综合性的信息协同服务系统，服务对象众多、应用需求多样、技术要求复杂，其重要性不言而喻。

（2）系统简介

赛事综合管理信息系统通过场馆内部计算机网络，将与赛事有关的系统联结起来。提供信息处理及发布的平台，它以场馆综合布线和计算机网络系统为基础，满足各等级比赛（包括国际赛事）的赛事综合信息服务系统，它包含了对赛事信息的管理、现场成绩信息的处理、赛事信息的发布等。

赛事综合管理信息系统的主要功能：赛会人员注册；组委会管理；成绩处理；制证验证；售验票；赛会信息发布等。

（3）系统结构

赛事综合管理信息系统网络结构如图 6-16 所示。

软件结构如图 6-17 所示。

（4）系统功能模块划分

赛事管理信息系统的系统模块分为：

① 成绩综合处理模块：本模块包含总秩序册、成绩数据采集、裁判校验、竞赛组校

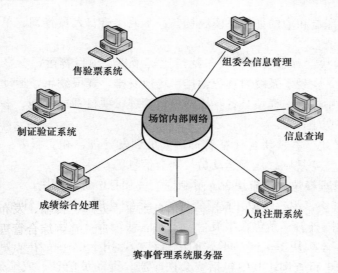

图 6-16　赛事综合管理信息系统网络结构

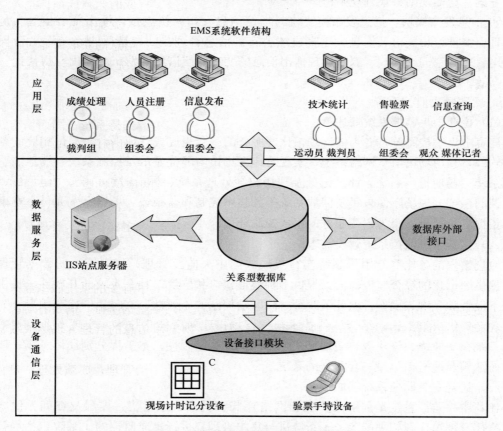

图 6-17　赛事综合管理系统软件结构图

验、成绩公告等功能;

②人员注册模块:人员注册管理负责与会各类参赛人员报名注册,并为赛事提供各类人员和通行范围的身份信息以及对参赛人员进行分类统计管理并为赛会管理部门提供相

应统计信息，同时印制相应的证件。模块具备：本地注册、人员查询、单位管理、身份管理、场地管理等功能；

③赛程管理模块：赛程管理模块包括对比赛项目，项目赛段，参赛人员，裁判及检录单等的特定管理，实现了系统对赛程编排，场地安排，赛段编辑，运动员分组，裁判分配及检录信息的集中体现。模块具备：比赛项目管理、项目赛段管理、参赛人员管理、裁判管理、检录单等功能；

④综合管理模块：本模块含住宿管理、人员到发管理、礼宾服务、颁奖管理、组织机构、组织方案、竞赛规则、优秀运动员、赛会信息等；

⑤制证验证管理模块：本模块含人员制证模块和身份验证模块；

⑥系统管理模块：用户管理、权限管理等；系统管理包括用户管理，用户角色管理，角色管理，角色权限查看，角色权限设置，个人信息，部门信息七个部分；

⑦前台模块：本模块提供网站形式的信息结构，用于把一些相关赛事信息提供给运动员、媒体和公众进行查询，其中包括赛会秩序册、运动员信息、成绩公告、赛会机构、组织方案、竞赛规则、裁判规则；

⑧信息发布模块：信息发布模块将与场馆信息发布系统连接，播出赛事信息。包括赛事日程安排，相关检录信息，比赛成绩公布。信息管理是"赛事管理系统"后台提供的，用户通过查询、修改、删除实现播出信息的变动。使信息的发布与播出变得快速、易用、高效。

5. 比赛中央监控系统

（1）比赛中央监控系统概述

比赛中央监控系统是专为体育场馆比赛服务的一套集成式管理平台，通过相应的系统集成软件，利用场馆信息网络系统，实现对体育场馆内屏幕显示及控制系统、场地照明及控制系统、场地扩声系统、计时记分及现场成绩处理系统、标准时钟系统、售验票系统、升旗控制系统、现场影像采集及回放系统等的集中控制和监视，为场馆运营人员，赛事管理和指挥人员提供一个为比赛服务的集成控制环境。

（2）比赛中央监控系统建设需求

对场馆内的各比赛专用子系统实行集成式的中央监控管理；建立统一的数据管理平台，提供图形化的综合监控界面；提供多种通信接口和协议，具有系统的开放性；提供比赛场景设置和一键式操作，保证子系统之间联动控制的一致性；实时提供比赛信息，为赛事管理者提供决策依据；结合软件技术与体育场馆建筑智能化技术，实现专业与技术联合；系统在功能级、模块级、表现形式上都能体现可定制性；本工程分别在体育场、体育馆、游泳馆及速滑馆建设一套独立的系统。

（3）比赛中央监控系统功能

比赛中央监控系统是利用计算机和网络存储容量大、速度快、控制及查询方便等特点，将体育场馆比赛相关的各个子系统进行集中管理。进行集成监控的子系统包括屏幕显示及控制系统、场地照明及控制系统、场地扩声系统、计时记分及现场成绩处理系统、标准时钟系统、售验票系统、升旗控制系统；另外还提供场景控制、统计决策、系统设置、系统接口等功能模块，系统功能图如6-18所示。

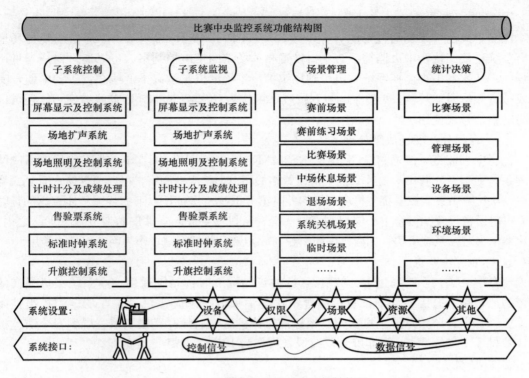

图 6-18　比赛中央监控系统功能结构图

（4）系统设计方案

比赛中央监控系统由比赛中央监控系统硬件平台及软件平台组成，系统的硬件平台由比赛中央监控主机（工业级控制电脑），主机专业级音视频处理接口、工业级串口服务器、专业音视频矩阵、部门级 1000M 网络交换机组成，而系统软件通过各种接口通信协议和相关的子系统连接，通过集成的比赛中央监控系统图形化界面进行控制。比赛中央监控系统的子系统接口连接如下：

① 屏幕显示及控制系统

比赛中央监控系统通过专业视频电缆（或单模光缆），及 TCP/IP 或 RS232\RS485 通信线缆与屏幕显示及控制系统连接。比赛中央监控系统主机设置相关场馆的扩声控制室，可以通过窗户看见比赛场地；从比赛中央监控系统主机房到场馆 LED 控制机房敷设以下的线缆：同轴电缆，支持 200m 之内的数字和模拟视频信号的传输；6 类非屏蔽双绞线，可作为 RS232\RS485 通信线缆使用，90m 内还可以作为网络信号线使用；敷设单模光缆传送数字和模拟视频信号或网络信号。

② 场地照明及控制系统

比赛中央监控系统通过 TCP/IP、RS232\RS485 协议与场地照明及控制系统通信。比赛中央监控系统主机设置相关场馆的扩声控制室，可以通过窗户看见比赛场地；从比赛中央监控系统主机房到场馆场地灯光控制机房敷设以下的线缆：6 类非屏蔽双绞线，可作为 RS232\RS485 通信线缆使用，90m 内还可以作为网络信号线使用；两机房间距离超 90m，敷设单模光缆传送网络信号。

③ 场地扩声系统

比赛中央监控系统通过专业音频电缆，及 TCP/IP 或 RS232\RS485 通信线缆与场地扩声系统连接。比赛中央监控系统主机设置相关场馆的扩声控制室，可以通过窗户看见比赛场地；从比赛中央监控系统主机房到场馆扩声系统主机敷设以下的线缆：音频电缆，支持模拟音频信号的传输；6 类非屏蔽双绞线，可作为 RS232\RS485 通信线缆使用，还可以作为网络信号线使用。

④ 计时记分及现场成绩处理系统

比赛中央监控系统通过 TCP/IP、RS232\RS485、ODBC 协议与计时记分及现场成绩处理系统通信。比赛中央监控系统主机设置相关场馆的扩声控制室，可以通过窗户看见比赛场地；从比赛中央监控系统主机房到场馆计时记分系统机房敷设以下的线缆：体育馆的计时记分机房通常设置在体育馆一层裁判员席一侧，从机房敷设 6 类非屏蔽双绞线（90m 之内）到比赛中央监控系统机房，如两机房距离超 90m，敷设单模光缆，作为网络信号线使用。

⑤ 标准时钟系统

比赛中央监控系统通过 RS232\RS485 协议与标准时钟系统通信。本系统接口只在体育馆的比赛中央监控系统中设置；体育馆比赛中央监控系统主机设置在场馆的扩声控制室，从比赛中央监控系统主机房到场馆标准时钟机房（通常设置在场馆一层的安全防范机房）敷设以下的线缆：6 类非屏蔽双绞线，可作为 RS232\RS485 通信线缆使用。

⑥ 售验票系统

比赛中央监控系统通过 TCP/IP 场馆售验票系统通信。场馆比赛中央监控系统主机设置在场馆的扩声控制室，从比赛中央监控系统主机房到场馆售验票系统机房（通常设置在场馆的网络通信机房）敷设以下的线缆：从机房敷设 6 类非屏蔽双绞线（90m 之内）到比赛中央监控系统机房，如两机房距离超 90m，敷设单模光缆，作为网络信号线使用。

⑦ 升旗控制系统

比赛中央监控系统通过 TCP/IP 协议与升旗系统通信。场馆比赛中央监控系统主机设置在场馆的扩声控制室，从比赛中央监控系统主机房到场馆自动升旗控制机房（通常设置在场馆的扩声控制机房）敷设以下的线缆：6 类非屏蔽双绞线作为网络信号线使用。

⑧ CCTV 系统

比赛中央监控系统与场馆内部 CCTV 系统（数字视频监控系统）间以 TCP/IP 协议进行通信，其目的如下：通过比赛中央监控系统和场馆 LED 显示屏控制系统的连接，可以通过比赛中央监控系统随时调用场馆内的每一路 CCTV 监控画面，利用赛前和赛事休息时间，把监控画面显示在 LED 显示屏上，来增加比赛现场的气氛；但由于调用的是民用监控系统的画面，应直接调用前端摄像机的画面（不经过图像压缩处理）来保证 LED 显示的画质；其画质和赛事由现场电视转播系统送到 LED 显示屏的画质不能等同；场馆比赛中央监控系统主机设置在场馆的扩声控制室，从比赛中央监控系统主机房到场馆安全防范监控机房敷设以下的线缆：从机房敷设 6 类非屏蔽双绞线（90m 之内）到比赛中央监控系统机房，如两机房距离超 90m，敷设单模光缆，作为网络信号线使用。

⑨ 场馆信息发布系统

比赛中央监控系统通过 TCP/IP 场馆信息发布系统通信。场馆比赛中央监控系统主机设置在场馆的扩声控制室，从比赛中央监控系统主机房到场馆信息发布系统机房（通常设置在场馆的网络通信机房）敷设以下的线缆：从机房敷设 6 类非屏蔽双绞线（90m 之内）到比赛中央监控系统机房，如两机房距离超 90m，敷设单模光缆，作为网络信号线使用；比赛中控系统负责把实时的比赛成绩发布到场馆的信息发布系统中，通过信息发布系统向外发布。

6.5　交通建筑工作业务系统及其应用

近年来，交通建筑业发展较快，交通建筑中的信息化系统，由于其专业性较强，又有很强的政策性，其建设及应用较为复杂。

6.5.1　交通建筑工作业务系统简介

交通建筑指以客运为主的建筑（为公众提供一种或几种交通客运形式的建筑的总称），包括民用机场航站楼、铁路旅客车站、港口客运站、汽车客运站、地铁及城市轨道交通。民用机场航站楼指的是安全、迅速、有秩序地组织旅客登机、离港，便利旅客办理相关旅行手续，为旅客提供安全舒适的候机条件，并可集客运、商业、旅业、饮食业、办公等多种功能为一体的现代化综合性的民航服务场所。铁路旅客车站为旅客办理客运业务，设有旅客候车和安全乘降设施，并由站前广场、站房、站场客运建筑三者组成整体的车站。港口客运站以水运客运为主、兼顾货运，并由站前广场、站房、客运码头及其他附属设施组成整体的客运站。汽车客运站指的是为乘客办理汽车客运业务，设有乘客候车和安全乘降设施，并由站前广场、站房、站场客运建筑三者组成整体的汽车站。地铁及城市轨道交通指的是在不同形式轨道上运行的大、中运量城市公共交通工具。不同种类型的交通建筑根据年旅客吞吐量、最高聚集人数、年平均日旅客发送量等指标划分为不同的建筑规模。我们以民用机场航站楼为例，对该类交通建筑的信息化应用系统进行介绍。在民用机场航站楼的信息化应用系统建设中，民用机场航站楼，等级越高，信息化建设程度及要求越高，表 6-7 列出了民用机场航站楼信息化应用系统的相关配置标准。

民用机场航站楼信息化应用系统的相关配置　　　　表 6-7

			支线行站楼	国际航站楼
信息化应用系统		公共服务系统	●	●
		智能卡应用系统	●	●
		物业管理系统	●	●
		信息设施运行管理系统	●	●
		信息安全管理系统	●	●
	通用业务系统	基本业务办公系统		
	专用业务系统	航站业务信息化管理系统	按国家现行有关标准配置	
		航班信息综合系统		
		离港系统		
		售检票系统		
		泊位引导系统		

注：●应配置。

6.5.2　交通建筑工作业务系统分类

交通建筑工作业务应用系统包含交通建筑通用业务系统和专业业务系统，其中通用业务系统实现基本的业务办公要求。专业业务系统是在通用业务系统基础上实现专业业务运行的需求，如售检票、泊位、引导、交通信息查询、交通信息服务等功能，通常包含航站业务信息化管理系统、航班信息显示系统、离港系统、售验票系统、泊位引导系统。本节主要介绍以下的专业业务系统：

1. 航班信息显示系统

航班信息显示系统是机场向外界发布信息的主要手段之一。通过高速的计算机网络和各种先进的信息显示设备，用于为旅客和工作人员提供进出港航班动态信息，为旅客办理乘机手续、登机、行李提取等提供指示信息。系统为出港旅客提供飞机起飞前 2 小时的全部航班信息，引导旅客办理乘机手续，及时提供航班的动态信息和登机信息。根据民航局的要求，在所有旅客活动的主要场所都应提供旅客需要的航班信息服务。为进港旅客和迎客者提供旅客进港、航班起飞到达的动态信息。航班信息显示系统是机场弱电系统中重要的航班信息发布服务系统，它在统一的航班信息之下运作，实时响应航班计划和航班动态，将航班信息、资源管理信息、运营信息等综合信息经过处理后，自动控制 LCD、LED 等专用显示设备及时准确地发布目前的航班动态，并能根据需要发布旅客须知、紧急通知等信息，帮助工作人员和旅客完成值机、候机、登机、行李提取等步骤，从而保障了机场的正常运行。有线电视系统作为航班信息显示系统的补充，是一套多功能的智能信息服务系统，该系统通过通用显示设备为旅客和工作人员提供包括航班动态、电视节目、录像及影碟节目等综合信息，发布航班到达、延误、取消、起飞等通知信息，满足旅客和工作人员的各种需要。

航班信息显示系统主要功能为显示航班信息。显示内容由航班信息数据库提供。在授权情况下，操作人员可以对指定显示屏的显示内容进行任意修改、增加、撤销和编辑。显示屏具有自锁功能，此时显示屏上的内容保持静止，不随计算机监视器上的内容变化。系统各个控制计算机通过综合网络与航班显示服务器（数据库）相连，以获取航班信息。系统显示内容与值机、登机的显示内容以及广播发布的内容自动协调一致。显示过程控制由航显服务器根据预先设定的工作程序控制。航显服务器和控制工作站设在弱电中心机房内，控制工作站通过网卡连接航显服务器，以获得航班动态显示信息，进行实时显示。操作员也可在授权情况下在工作站上使用软件进行图文编辑，以发送通知信息等。系统所有显示屏就近供电，显示信号利用工业智能控制器就近连入配线间内的网络设备上，通过综合布线与控制计算机连接。

航显系统采用主机—终端处理方式，航显控制工作站由航显服务器接收航班信息，并实时向显示屏发送信息。系统利用航站楼信息集成系统的网络平台，利用网络管理的手段将航班信息显示系统的从逻辑上单独设为一个 IP 子网，实现系统内的数据快速交换，并通过接口服务器与其他系统进行信息交换。航显服务器从航管部门接收到航班信息，适当处理后通过 LCD 显示屏及有线电视系统向外发布。系统可人工介入，管理人员在航显服务器上浏览航班信息显示系统数据库的内容，进行人工调整；在设备管理页面上可进行设备管理。航班信息显示系统如图 6-19 所示。

2. 离港系统

离港系统又称机场旅客处理系统，是机场为旅客办理乘机手续的关键计算机信息系统，具有离港控制、航班旅客信息提取和处理、超重行李处理、登机牌、行李牌打印等功能，是目前中国旅客安检前办理登机手续的必用工具。系统通过数据通信链路从总局离港系统的主机下载订座系统有关航班的订座信息到离港服务器数据库中。本地完成值机、座

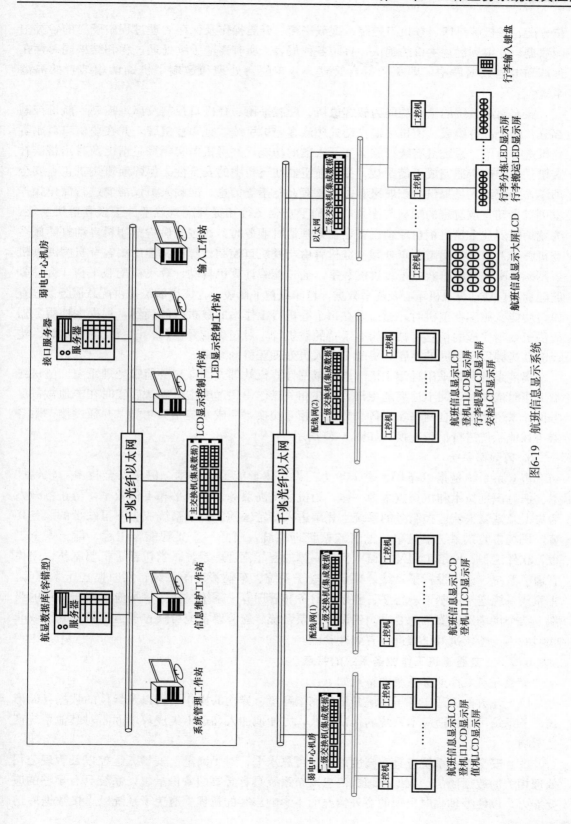

图6-19 航班信息显示系统

位分配、登机牌打印、登机口控制、配载平衡、升舱操作及保存处理过程中产生的各类中间数据，并得到远端主机的确认，打印各种报表。所有离港手续处理过程和结果同时存在远端和本地数据库中，即集中后台管理、分布前台处理和远端主机确认相结合的离港系统。

旅客离港系统的主要功能为旅客值机、配载平衡、登机口控制及离港控制（航班控制部分）四个部分组成：值机终端自动处理旅客登机手续，打印登机牌，并在登机口对旅客登机进行检票。系统具有统计旅客实际人数的功能，并可根据实际登机情况及时出售候补客票。系统还应能完成平衡配载，提高航空器在飞行中的安全性。保障航班飞机正点安全离港，为配载人员提供与该航班有关的旅客、行李等信息，配载人员仅需要进行简单操作就可以自动完成航班的配载与平衡，有利于安全飞行和提高配载效率。①旅客值机功能：为航站楼内几个值机柜台配套设备，在处理值机业务时，通过登机牌打印机自动打印旅客登机牌，并可进行超重行李处理。登机牌由与登机口控制计算机相连的旅客登机牌阅读机识别。②配载功能：航站楼设置配载室，通过配载计算机自动计算飞机配载平衡，合理分舱配货，自动计算飞机重心及配平数据，打印载重平衡表，为离港航班提供配载服务。③登机口功能：旅客在登机时，通过设在每个登机口工作站的登机牌阅读器，根据本地服务器的值机处理完成的信息，核对旅客手持的登机牌，对正确的登机牌、已登机的登机牌、错误的登机牌发出不同的声音，提醒工作人员处理登机的结果。

离港系统考虑采用远端主机—本局域网计算机处理方式即离港前端处理系统。值机终端工作时能实时访问本地离港主机，并在相关操作得到远端主机确认后实时在本地做数据备份。系统利用综合网络实现各个数据的相互交换，完成系统相关功能，并通过接口服务器与其他系统进行信息交换，如图 6-20 所示。

3. 售验票系统

售验票系统是指以条码、磁卡等为门票，集智能编码技术、信息安全技术、软件技术、信息识别技术和机械技术为一体，为机场提高票务管理水平和工作效率，防止各种人为失误及现场人流监控服务的系统。凭票进入特定区间售验票系统成为不可缺少的服务环节。机场售验票系统不是单一的售验票管理系统，而是一个集智能卡工程、信息安全工程、软件工程、网络工程及机械工程为一体的智能化管理系统。它包括了机票制作、中央管理子系统、证件发行子系统、票证检查子系统、车辆管理子系统、实时监控子系统等。售验票系统通常由制票、售票、验票、财务和管理等子系统组成。机场应根据航站楼的级别、结合机场运营服务的要求，建设售验票系统。售验票系统可通过通道闸机、联网或非联网的手持验票机对机票进行有效性验证。

6.5.3 交通建筑工作业务系统的特点

交通建筑工作业务系统的特点如下：

（1）开放性：适应各子系统异构的网络环境、异构的操作平台以及异构的数据存储形式。子系统可选择适应本系统的接口形式，方便地加入和退出集成环境而不对其他系统产生影响。

（2）安全性：系统应具有高度的安全可靠水平，对于离港、安检、运控以及管理公司处理相关的数据通信、数据处理、信息发布系统具有必要的备份措施，系统具有足够的应变能力，以便处理临时出现的意外情况而不影响旅客的行程。避免子系统以直接数据库访

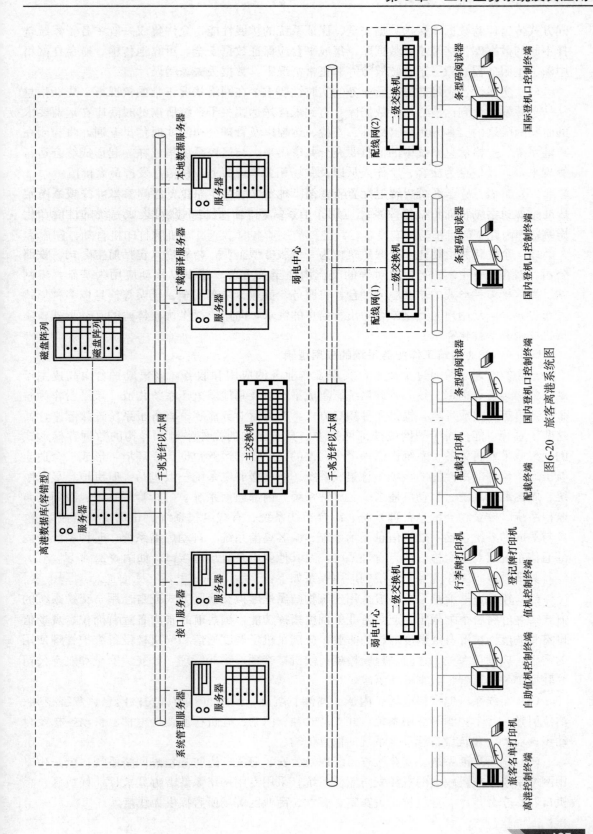

图6-20 旅客离港系统图

问方式传递运营数据，保护数据安全、保证系统的扩展性能，允许集成系统中各子系统选择不同的数据库、甚至不用数据库。集成平台应保证数据安全、可靠地传输、避免在网络中断、主服务器故障、子系统故障等非正常情况下，数据丢失、错误。

（3）实时性：满足航班运营业务的实时性要求，在网络状况正常的情况下，更新信息从信息源发出、到达核心运营数据库、直到最终送达相关子系统所需的时间应在运营要求的时间间隔之内。多方用户（离港、安检、运控以及管理公司）实时信息互通，将封闭在离港系统、安检信息系统中的信息要充分共享出来，与运控系统集成在一起形成综合运行管理平台，让信息为旅客、工作人员以及驻场相关单位服务，使信息发挥最大价值。

（4）扩展性：子系统可通过配置方式清晰地定义适合本系统的接口参数，集成系统建成后可做灵活调整而不必修改系统应用。子系统规模扩展也不会对集成系统的性能产生影响。

（5）个性化和泛在化：交通建筑作为一个服务型企业，与用户（包括航空公司、铁路公司、旅客、货主）进行信息对等的交流沟通至关重要。建设以移动应用为基础，集网站、微信等多种形式的旅客服务平台，将服务、商业、乘车安全、延误等信息以多种形式发布，充分满足用户尤其是旅客对出行信息的渴求，向用户提供优质体验的互动形式，实现机场服务个性化需求。

6.5.4 交通建筑工作业务系统的应用逻辑

机场类交通建筑通过集成平台实现工作业务的应用和服务，该集成平台由高速主干网、核心运营数据库、核心管理系统、集成平台以及其他弱电子系统构成。该平台作为一个成熟可扩充集成环境，提供多种接口方式，按运营业务流程、将各子系统连接起来，而这些子系统可能分布于子网或外部网络中、具有异构的操作平台和异构的数据存储形式的。集成平台将为各子系统提供一个全局性的、顺畅的运营数据流通环境，形成一个适应航班运营流程的高性能的机场信息集成系统。航站楼弱电系统一般包括：航班信息显示系统、旅客离港系统、自动广播系统、时钟系统、内部通信系统、门禁管理系统、视频安防监控系统、安全检查信息管理系统、综合布线系统、有线电视系统、建筑设备监控系统。参与集成的系统包括：航班信息显示系统、旅客离港系统、自动广播系统、时钟系统、内部通信系统以及安全检查信息管理系统，对其他弱电系统预留接口，如图6-21所示。

其他系统与工作业务子系统的应用关系如下：

（1）用户电话交换系统一般采用建筑物归属地虚拟交换网方式或自建用户交换系统的方式，并应符合下列规定：应具备业务调度指挥功能，满足航站楼内各运营岗位、现场值班室和调度岗位等有线调度对讲的需要；应满足机场调度通信和候机楼设备维护管理使用的需求；应满足海关、边防、检验检疫、候机楼管理、物业管理、公安、安全和航空公司等驻场单位的语音、数据通信需求。

（2）布线系统应支持电话、内通、离港、航显、网络、商业、安检信息、数字视频、泊位引导、行李控制等应用系统，并支持时钟、门禁、登机桥监测、电梯、自动扶梯及自动步梯监测、建筑设备管理等系统的信息传输。

（3）用于离港系统、安全检查系统以及公安、海关、边防的信息网络系统，应采用专用网络系统。规模较大的视频安防监控系统宜采用专用网络系统。办票大厅、候机区、登机口、行李分拣厅、近机位、贵宾室、餐饮、商业区等场所宜提供无线接入。

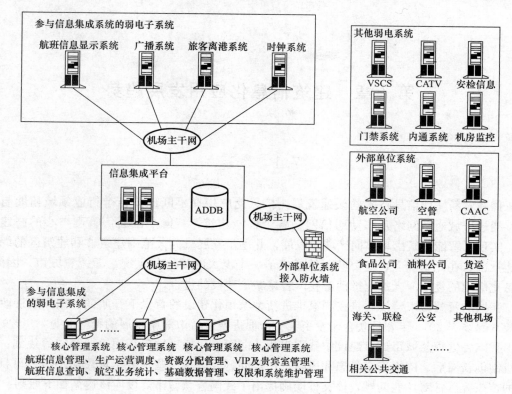

图 6-21　信息集成系统网络拓扑

（4）有线电视接收系统节目源应包含航班动态显示信息。公共广播系统应播放航班动态信息。

（5）时钟系统应采用全球卫星定位系统校时，主机应采用一主一备的热备份方式，并宜采用母钟、二级母钟、子钟三级组网方式。母钟和二级母钟应向其他有时基要求的系统提供同步校时信号。航站楼内值机大厅、候机大厅、到达大厅、到达行李提取大厅应安装同步校时的子钟。航站楼内贵宾休息室、商场、餐厅和娱乐等处宜安装同步校时的子钟。

（6）信息接入系统应满足机场航站楼业务及海关、边防、检验检疫、公安、安全等进驻单位的信息通信需求。移动通信室内信号覆盖系统应包含机场内集群通信等应用功能。

思考与实践

1. 简述工作业务子系统的概念和分类，并说明工作业务系统与信息化应用系统的关系。

2. 阐述各种公共建筑分别包含哪些工作业务子系统，有何异同点。

3. 查阅相关文献说明如今工作业务子系统的发展趋势。

4. 查阅相关文献及规范，谈一谈文化建筑、旅馆建筑、博物馆建筑等的工作业务信息化功能需求，其涵盖哪些类型的通用业务及专业业务子系统。

第 7 章　建筑信息化应用发展趋势

7.1　概述

伴随着新一代信息技术的快速发展，信息化应用在不断地向各个行业领域拓展与深化，通过广域通信网络及移动通信网与各个智能建筑、智能小区通信管理中心的高速连接，实现了智能建筑由单体向区域化发展，并逐步发展成为大范围建筑群和建筑区的综合智能社区。在此基础上，整个城市就形成了一个庞大的智能化系统，即智慧城市。因此，信息化应用的逐步深入加速推动着我国智慧城市建设的进程。

我国的智慧城市建设，是在国家推进新型城镇化建设的背景下开始的。国家发展改革委等八部委于 2014 年 8 月联合印发了《关于促进智慧城市健康发展的指导意见》，该文件指出我国各地智慧城市试点建设中暴露出相关问题，包括：缺乏顶层设计和统筹规划、体制机制创新滞后、网络安全隐患和风险突出等问题，以及一些地方出现思路不清、盲目建设的苗头等。针对这些问题，该文件明确提出了我国智慧城市建设应该遵循如下原则：

1. 以人为本，务实推进

智慧城市建设要突出为民、便民、惠民，推动创新城市管理和公共服务方式，向城市居民提供广覆盖、多层次、差异化、高质量的公共服务。

2. 因地制宜，科学有序

以城市发展需求为导向，根据城市地理区位、历史文化、资源禀赋、产业特色、信息化基础等，应用先进适用技术科学推进智慧城市建设；在综合条件较好的区域或重点领域先行先试，避免贪大求全、重复建设。

3. 市场为主，协同创新

鼓励创新建设和运营模式，鼓励社会资本参与建设投资和运营，拒绝政府大包大揽和不必要的行政干预。

4. 可控可管，确保安全

落实国家信息安全等级保护制度，强化网络和信息安全管理，落实责任机制，健全网络和信息安全标准体系，加大依法管理网络和保护个人信息的力度，加强要害信息系统和信息基础设施安全保障，确保安全可控。

综上所述，智慧城市建设要从城市发展的战略全局出发，研究制定智慧城市建设方案，加强顶层设计，并将我国智慧城市建设的主要业务分为了公共服务体系、社会管理体系、宜居化生活环境、产业发展体系、基础设施智能化五个子体系，为后续一段时间我国智慧城市的发展方向奠定基础。同时，该文件提出了建设智慧城市的五大目标：公共服务便捷化、城市管理精细化、生活环境宜居化、基础设施智能化、网络安全长效化。

7.2　智慧城市的主要内容

7.2.1　智慧城市的概念

2008 年 IBM 公司提出"智慧地球"的概念，"智慧"理念受到世人极大关注。此后，又提出"智慧城市"的愿景，引发了智慧城市建设的热潮。智慧城市（Smart City）是指利用各种信息技术或创新概念，将城市的系统和服务打通、集成，借此来提升资源运用的效率，优化城市管理和服务，改善市民生活质量。它是城市可持续发展与新一代信息技术结合的产物，运用物联网、云计算、大数据、空间地理信息集成等新一代信息技术，以整合、系统的方式管理城市的运行，让城市中各个功能彼此协调运作，对加快工业化、信息化、城镇化、农业现代化融合，提升城市可持续发展能力具有重要意义。

智慧城市理论研究在中国尚处于起步阶段，对其内涵的界定尚未形成统一的认识，目前主要从以下三种不同的角度切入：第一，城市运行模式角度。第二，城市发展角度。第三，系统论角度。尽管从不同的角度来看，人们对智慧城市的概念理解存在差异，但对智慧城市内涵的界定还是有许多共同点或共识，目前已经形成的主要共识：人、数据与信息、网络与通信以及物理系统等共同构成智慧城市系统的基本要素，即利用信息技术促进城市管理与服务领域的整体水平提升为出发点，智慧基础设施、公共服务、产业体系、资源整合、安全保障、人文建设等方面的协同发展为主要内容，实现城市科学发展、高效管理与市民生活更美好的目标。

从专业技术参考来看，智慧城市的框架一般包括五个层次要素和三个支撑体系。五个层次要素分别是：物联感知层、网络通信层、计算与存储层数据及服务支撑层、智慧应用层；三个支撑体系分别是：运维管理体系、安全保障体系、建设管理体系，如图 7-1 所示。

基于以上架构在建设智慧城市时应考虑以下十八大应用项目：计算中心、公共平台与数据库、智慧交通、智慧安防、智慧国土、智慧政务、智慧城管、智慧环保、智慧教育、智慧医疗、智慧社区、智慧家居、智慧旅游、智慧园区、智慧农业、智慧园林、智慧物流和建筑节能综合监管系统。这些项目可促进城市规划建设、管理和服务智慧化，为城市中的企业提供优质的发展空间，为市民提供更高的生活品质。

虽然智慧城市具备以上的特征，但是当前中国智慧城市建设存在以下问题：

1. 智慧应用问题

主要表现为：智慧应用与公众服务需求匹配度不高；社会公众对智慧城市建设的感知度和参与度不高；云计算与大数据应用还不够。

2. 建设运营模式问题

主要表现为：政府投入为主导，多元化建设运营模式还未形成。

核心资源开发利用问题。主要表现为：基础数据库建设进展不大；信息资源尚未真正互联互通共享；政府数据资源的开发开放没有得到应有的重视。

3. 人才及管理架构问题

主要表现为：普遍缺乏整体操盘的关键人才及专业人才；未形成专业的智慧城市 CIO 制度及整体保障团队。

4. 标准体系及信息安全问题

主要表现为：标准不统一或缺乏相关标准规范；信息安全保障法律法规不健全、技术水平比较低、安全问题比较普遍等。

综上所述，中国智慧城市建设正呈现蓬勃发展的态势，无论是理论研究还是建设实践都取得了可喜的进展。同时，由于智慧城市刚在全球兴起，中国智慧城市建设才经过几年的实践探索，存在诸多问题；理论研究还处于起步阶段，研究成果较少，理论体系还不完善。

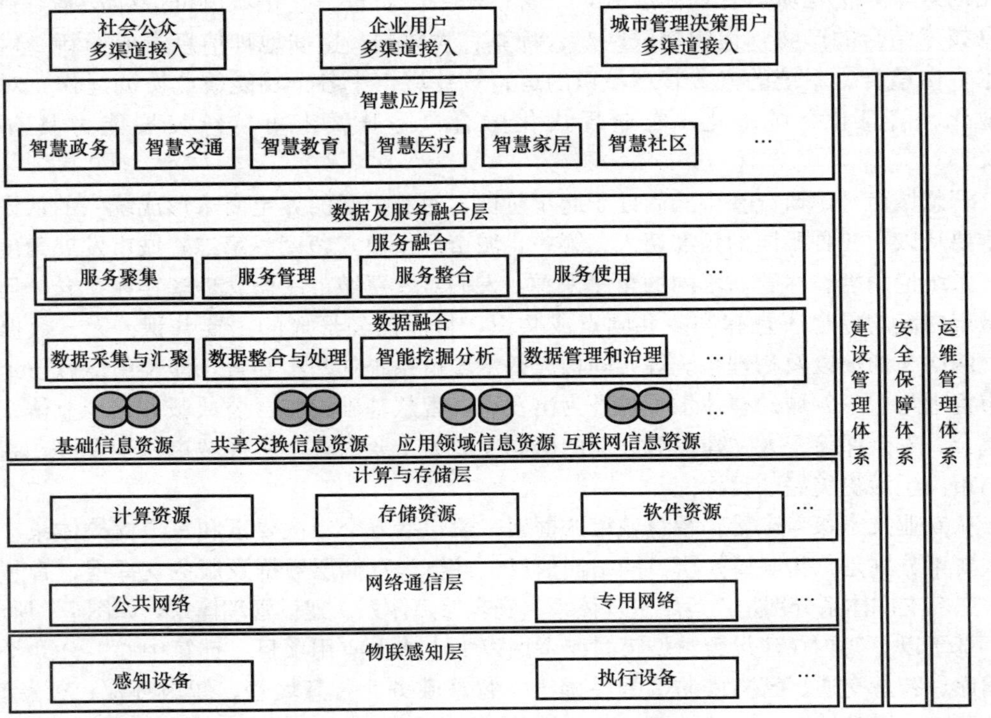

图 7-1　从技术角度来看智慧城市的主要构架体系

7.2.2　智慧城市的内涵及特征

1. 智慧城市的内涵

智慧城市运用信息和通信技术手段，感知、分析、整合城市运行系统的各项信息，从而对包括民生、环保、公共安全、城市服务、工商业活动在内的各种需求具有智能响应功能，其本质就是利用先进的信息技术，以最小的资源消耗和环境退化为代价，能够实现最大化的城市经济效率和更好的生活品质。

智慧城市既是一种发展目标，也是一种发展模式。作为发展目标来说，它是信息时代的现代城市对于未来的设想，要更加宜居、宜工作、宜生活、更加富有活力、更加具有吸引力和竞争力；作为发展模式来说，它要改变以往依赖资源投入带动城市发展的粗放模式，通过对新技术的应用，促进多方参与，优化资源配置，提升生产效率，用更少的资源创造更多的价值；同时，智慧城市也是一个发展过程，它是一个城市基于现有基础，不断推陈出新、不断发展完善。随着科学技术发展和人们认识水平的提升，智慧城市的内涵将会不断丰富，智慧城市将成为一个城市的整体发展战略，作为经济转型、产业升级、城市提升的新引擎，达到提高民众生活幸福感、企业竞争力、城市可持续发展的目的，体现了更高的城市发展理念和创新精神。

智慧城市整体框架示意图如图 7-2 所示，主要由感知层、网络层、平台层和应用层四个层次组成。

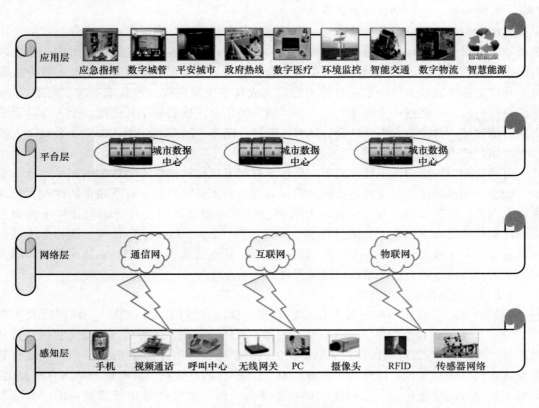

图 7-2　智慧城市整体框架

感知层主要侧重于信息感知和监测，通过全面覆盖的感知网络透明、全面地获取各类信息，实现智能化的感知；网络层由覆盖整个城市范围的互联网、通信网、广电网和物联网融合构成，实现各类信息的广泛、安全传递；平台层由各类应用支撑公共平台和数据中心构成，实现信息的有效、科学处理；应用层则涵盖智慧政务、智慧城管、智慧教育、智慧家居、智慧小区、智慧医疗、智慧园区、智慧商业等各个领域的综合、融合应用，由专业的应用提供商提供政府服务、企业服务、居民服务等多种智慧城市应用，如政府热线、应急指挥、平安城市、数字物流、数字医疗、环境监控、数字城管、智能交通、智慧能源等，这些应用与城市发展水平、生活质量、区域竞争力紧密相关，并推动城市可持续发展。

2. 智慧城市的特征

智慧城市的基础特征体现为：全面感知、全面互联、智能融合、可持续创新。

全面感知：通过传感技术，实现对城市管理中各个方面的监测和全面感知。智慧城市利用各类感知设备和智能化系统，随时随地的智能识别、立体感知城市的环境、状态、位置等信息的全方位变化，对感知数据进行融合、分析和处理，并能与业务流程智能化集成，继而主动做出响应，促进城市各个关键系统和谐高效地运行。

全面互联：各类宽带有线、无线网络技术的发展为城市中物与物、人与物、人与人的全面互联、互通、互动，以及城市各类随时、随地、随需、随意应用提供了基础条件。宽带泛在网络作为智慧城市的"神经网络"，极大地增强了智慧城市作为自适应系统的信息获取、实时反馈、随时随地智能服务的能力。

智能融合：现代城市及其管理是一类开放的复杂巨系统，新一代全面感知技术的应用更增加了城市的海量数据。集大成，成智慧。基于云计算，通过智能融合技术的应用实现对海量数据的存储、计算与分析，并引入综合集成法，通过人的"智慧"参与，提升决策支持和应急指挥的能力。基于云计算平台的大成智慧工程将构成智慧城市的"大脑"。技术的融合与发展还将进一步推动"云"与"端"的结合，推动从个人通信、个人计算到个人制造的发展，推动实现智能融合、随时、随地、随需、随意的应用，进一步彰显个人的参与和用户的力量。

可持续创新：面向知识社会的下一代创新重塑了现代科技以人为本的内涵，也重新定义了创新中用户的角色、应用的价值、协同的内涵和大众的力量。智慧城市的建设尤其注重以人为本、市民参与、社会协同的开放创新空间的塑造以及公共价值与独特价值的创造。注重从市民需求出发，并通过维基、微博、Fab Lab、Living Lab 等工具和方法强化用户的参与，汇聚公众智慧，不断推动用户创新、开放创新、大众创新、协同创新，以人为本地实现经济、社会、环境的可持续发展。

7.2.3 智慧城市应用技术

智慧城市的发展离不开各种新技术的应用，移动互联网、云计算、物联网以及大数据、BIM 技术等在智慧城市领域具有强大的推动作用，如图 7-3 所示。移动互联网是智慧城市的"神经"，为智慧城市提供无处不在的网络；物联网是智慧城市的"血管"，使得智慧城市实现互联互通；云计算是智慧城市的"心脏"，所有数据、所有服务都由它来提供，为城市各领域的智能化应用提供统一的数据平台；而大数据则好比智慧城市的"大脑"，是智慧城市建设发展的智慧引擎；BIM 技术就好比智慧城市的"骨架"，自始至终贯穿智慧城市建设的全过程，支撑建设过程的各个阶段，在这些新技术的支撑下，智慧城市得以快速推进和发展。

1. 物联网

（1）物联网概念

物联网是互联网、传统电信网等信息承载体，让所有能行使独立功能的普通物体实现互联互通的网络。通过物联网可以用中心计算机对机器、设备、人员进行集中管理、控制，也可以对家庭设备、汽车进行遥控，同时可以实现搜索位置、防止物品被盗等功能，类似自动化操控系统，同时通过收集这些不同事件数据，最后可以聚集成大数据。

物联网包含感知延伸层、网络层、业务和应用层三层。第一层负责采集物和物相关的信息；第二层是异构融合的泛在通信网络，包括现有的互联网、通信网、广电网以及各种接入网和专用网，通信网络对采集到的物体信息进行传输和处理；第三层是应用和业务，为手机、PC 等各种终端设备提供感知信息的应用服务。物联网的技术构成主要包括感知与标识技术、网络与通信技术、计算与服务技术及管理与支撑技术四大体系。

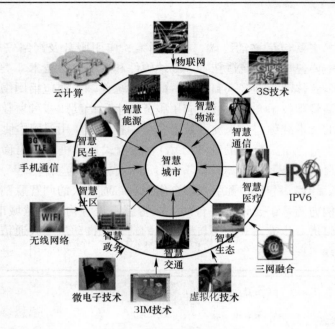

图 7-3　智慧城市应用技术

（2）物联网在智慧城市中应用

物联网能够全面感知，通过射频识别（RFID）、传感器、二维码等实现可靠的传递和智能控制及处理，实现人与人、人与机器、机器与机器的互联互通，实现智慧城市的各种应用。例如，智慧医疗通过打造健康档案区域医疗信息平台，利用先进的物联网技术，实现患者与医务人员、医疗机构、医疗设备之间的互动，逐步达到信息化，使患者享受安全、便利、优质的诊疗服务；今后，无论身处何地，健康状况都可被实时监控；智能安防实行安全防范系统自动化监控管理，住宅的火灾、有害气体泄漏等都能通过感烟、感温及可燃气体探测器进行自动探测报警；防盗报警系统通过红外或微波等各种类型报警探测器进行探测报警；智慧商圈是涵盖"智慧商务""智慧营销""智慧环境""智慧生活""智慧管理""智慧服务"的智慧应用大平台，是智慧城市的重要组成部分，智慧商圈建设如今已经成了商务发展、突破瓶颈的新方向。近年来，重庆、大连、成都等城市大力发展传统商圈升级转型智慧商圈，在促进商务发展的同时，也为市民日常生活带来了便利和实惠；智慧文创，基于物联网、云计算等新一代信息技术以及维基、社交网络等综合集成法等工具和方法的应用，对文化创意产业产生深远的影响。

2. 移动互联网

（1）移动互联网概念

移动互联网将移动通信和互联网二者结合起来，成为一体。《移动互联网白皮书》给出的定义是：移动互联网是以移动网络作为接入网络的互联网及服务，包括 3 个要素：移动终端、移动网络和应用服务。这个定义具有两层内涵：一是指移动互联网是传统的互联网与移动通信网络的有效融合，终端用户是通过移动通信网络（如 2G、3G 或 4G 网络、WLAN 等）而接入传统互联网的；二是指移动互联网具有数量众多的新型应用服务和应用业务，并结合终端的移动性、可定位及便携性等特点，为移动用户提供具有个性化、多样化的服务。

移动互联网技术主要包括移动终端、接入网络、应用服务及网络安全 4 个方面的技术。移动终端技术主要包括终端制造技术、终端硬件和终端软件技术 3 类。接入网络技术一般是指将两台或多台移动终端接入到互联网的技术统称，主要包括网络接入技术、移动组网技术和网络终端管理技术 3 类。移动应用服务技术是指利用多种协议或规则，向移动终端提供应用服务的技术统称，分为前端技术、后端技术和应用层网络协议 3 部分。

移动互联网以手机、个人数字助理（PDA）、便携式计算机、专用移动互联网终端等作为终端，以移动通信网络（包括 2G、3G、4G 等）或无线局域网（WiFi）、无线城域网（WiMax）作为接入手段，直接或通过无线应用协议（WAP）访问互联网并使用互联网业务。移动互联网结构如图 7-4 所示。

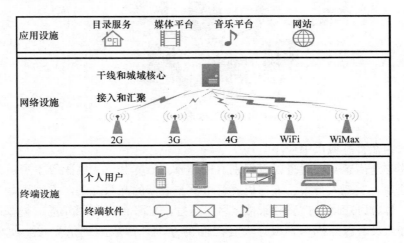

图 7-4 移动互联网结构

（2）移动互联网特点

相对于传统的电信网络或传统的互联网，移动互联网具有如下特点：

① 便捷性

可以使用户在任何完整或零碎的时间使用，并且多种应用可以在同一时间进行。

② 多样性

移动互联网的多样性表现在终端的种类繁多，一个终端能同时运行多种应用服务，接入网络支持多种无线接入技术，具有多种多样的应用服务种类等。

③ 移动性

即终端具有移动性，终端用户始终可以在移动状态下接入和使用互联网服务，移动终端便于用户随身携带和随时使用。

④ 开放性

即技术上具有开放性，移动互联网的业务模式借鉴了 SOA 和 Web 的模式，使封闭的电信网络业务对内容提供者和业务开发者进行开放。

⑤ 融合性

移动互联网的用户需求具有多样化、个性化特点，技术上也是开放的，因此，为业务融合提供了可能性和更广的途径。

⑥ 智能性

移动互联网的终端可以定位，采集周边环境信息；感知温度、触碰感、嗅觉等，具有智能判断的特点。

⑦ 局限性

即移动互联网的终端和网络具有局限性，在网络能力方面，受到无线网络传输环境、技术能力等因素限制，在终端能力方面，受到终端大小、处理能力、电池容量等限制。

⑧ 个性化

即移动互联网终端、网络和应用服务的个性化。移动终端与个人消费绑定，接入网络能完成不同用户的需求，应用服务采用了社会化网络、博客等新兴个人社交网络技术。

⑨ 隐私性

即业务使用具有一定的私密性。在使用移动互联网业务时，提供的内容和服务需要保护个人的隐私。

（3）移动互联网在智慧城市中应用

用户通过移动互联网可以随时随地使用随身携带的移动终端（智能手机、平板电脑、笔记本电脑等）获取互联网服务。移动互联网以其移动化、宽带化、融合化、便携化、可定位、实时性等特征为用户工作和生活带来了极大的便利。例如，用户可以通过移动终端实时查询路况等信息，帮助制定出行计划，还可以实时查询地图信息，帮助找到目的地。移动互联网实现了互联网、移动通信网和物联网三者的融合，将各个方面有机联系在一起。

3. 大数据

随着"互联网＋"、云计算、移动互联网等技术发展，出现了海量的数据，大数据时代的到来为智慧城市建设提供了新视角、新模式，提升了传统智慧城市建设模式和发展路径，体现了大数据时代智慧城市发展与建设模式。

（1）大数据概念

大数据是什么？从计算机科学与技术角度，当数据量、数据复杂度、数据处理任务要求等超出了传统数据存储与计算能力时，称之为"大数据（现象）"；从统计学角度，当能够收集足够的全部（总体中的绝大部分）个体的数据，且计算能力足够大，可以不用抽样，直接在总体上就可以进行统计分析时，称之为"大数据（现象）"；从机器学习角度，当训练集足够大，且计算能力足够强，只需通过对已有实例进行简单查询即可达到"智能计算效果"时，称之为"大数据（现象）"；从社会科学角度，当多数人的大部分社会行为可以被记录下来时，称之为"大数据（现象）"。

大数据的特点具体解释为：数据体量巨大，数据已经从 TB 级别，跃升到 PB 级别；数据类型多样化，有结构化、非结构化、半结构化等数据，不同类型的数据占比不同，包括网络日志、视频、图片、地理位置信息等；价值密度低，通常"有用数据"隐藏在海量的数据之中，以视频为例，连续不间断监控过程中，可能有用的数据仅仅有一两秒；数据增长速度快（年均增长率 41%，2009～2020），数据处理的时间要求高，需要进行实时分析。

从层次观点来看，可以将大数据系统分为 3 层：基础设施层、计算层和应用层，如图 7-5 所示。

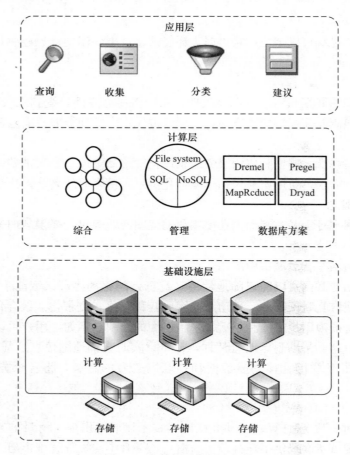

图 7-5 大数据系统层次架构

大数据从价值链观点来看，可以分为数据生成、数据获取、数据存储和数据分析。

数据获取：指获取信息的过程，可分为数据采集、数据传输和数据预处理。首先，由于数据来自不同的数据源，如包含格式文本、图像和视频的网站数据，数据采集是指从特定数据生产环境获得原始数据的专用数据采集技术；其次，数据采集完成后，需要高速的数据传输机制将数据传输到合适的存储系统，供不同类型的分析应用使用；最后，数据集可能存在一些无意义的数据，将增加数据存储空间并影响后续的数据分析，因此，必须对数据进行预处理，以实现数据的高效存储和挖掘。

数据存储：解决的是大规模数据的持久存储和管理，数据存储系统可以分为两部分：硬件基础设施和数据管理软件。

数据分析：利用分析方法或工具对数据进行检查、变换和建模并从中提取有价值信息。许多应用利用领域相关的数据分析方法获得预期的结果。尽管不同的领域具有不同的需求和数据特性，它们可以使用一些相似的底层技术。当前的数据分析技术研究可以分为6个重要方向：结构化数据分析、文本数据分析、多媒体数据分析、Web 数据分析、网络数据分析和移动数据分析。

（2）大数据在智慧城市中应用

在大数据及"互联网＋"背景下，大数据是智慧城市的核心资源。智慧城市建设成效高低，取决于大数据资源利用深度与广度。没有大数据，就没有众多面向政务、产业和民生的智慧应用，智慧城市也就成了"空中楼阁"。因此，建设智慧城市，从顶层设计到基础设施，再到运营管理，都必须坚持大数据为主的思想，才能取得成功。

智慧城市的"慧"就在于数据，基于数学工具建立模型，对数据进行筛选，在此基础上，针对智慧城市中不同数据用途，提出科学的推理方法，构建智慧城市运行的各项应用系统，最终实现智能决策。例如，从医院的就诊数据中，可分析传染病发病前期模式；通过分析处理历年来的车流量等交通数据，可以提取预测交通拥堵发生的时间和地点，为及时预警和疏散交通压力提供重要的预测性参考等，这些都是大数据应用的案例。

4. 云计算

（1）云计算概念

云计算是一种基于互联网的计算方式，通过这种方式，共享的软硬件资源和信息可以按需求提供给计算机各种终端和其他设备。这种模式实现了计算资源高度集中与共享，即将分布在各地的计算资源整合为一个虚拟统一资源，实现按需获取、按量付费，就像用电和用自来水一样方便。

云计算按其所提供的功能，可以分为 3 种类型：基础设施即服务型（IaaS，Infrastructure as a Service）、平台即服务型（PaaS，Platform as a Service）和软件即服务型（SaaS，Software as a Service）。但这 3 种类型的云计算服务并不是孤立的，可以认为这 3 种类型的云计算服务存在层次关系，所有层次的云计算服务均存在一些公共特点，主要包括：

① 分布式：云计算的分布式特点是指使计算分布在大量的分布式计算机上，而不是在本地计算机或远程服务器中计算，企业数据中心的运行将与互联网更相似。这使得企业能够将资源切换到需要的应用上，根据需求访问计算机和存储系统。

② 虚拟化：云计算支持用户在任意位置、使用各种终端获取应用服务。所请求的资源来自"云"，而不是固定的有形的实体。应用在"云"中某处运行，但实际上用户无需了解、也不用担心应用运行的具体位置。只需要一台笔记本或者一个手机，就可以通过网络服务来实现我们需要的一切，甚至包括超级计算这样的任务。

③ 动态性和可伸缩性："云"的规模可以动态伸缩，满足应用和用户规模增长的需要。

④ 高可靠性："云"使用了数据多副本容错、计算节点同构可互换等措施来保障服务的高可靠性，使用云计算比使用本地计算机可靠。

⑤ 通用性：云计算不针对特定的应用，在"云"的支撑下可以构造出千变万化的应用，同一个"云"可以同时支撑不同的应用运行。

⑥ 海量信息存储和处理能力：云计算以数据处理为重点，是一种数据密集型的新型超级计算方法。云计算作为一种全新的网络服务模式能够提供复杂的数据存储、计算、网络协作、信息服务等功能。

（2）云计算在智慧城市中应用

智慧城市系统是由多种行业、多个领域、城市复杂系统组成的综合系统，其多个应用之间存在信息共享、交互的需求，需要抽取各个应用系统的数据来进行综合计算以便为城市管理者、企业领导者、城市普通居民提供决策的依据。这些相互联系、密不可分的系统需要多个强大的信息处理中心对各种信息进行处理。云计算技术以其低成本、虚拟化、可伸缩、多租户的特点，可以帮助解决智慧城市建设中需要大规模分布式数据管理、面向服务应用集成以及快速资源部署等问题。云计算模型如图 7-6 所示。

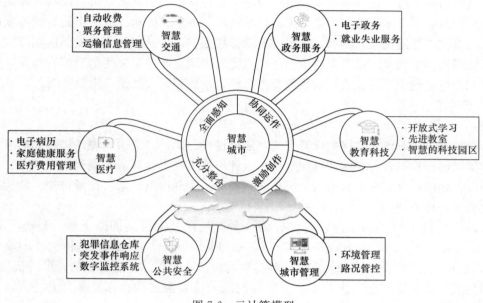

图 7-6　云计算模型

5. BIM 技术

（1）BIM 技术概念

BIM（Building Information Modeling）是在计算机辅助设计（CAD）等技术基础上发展起来的多维模型信息集成技术，是对建筑工程物理特征和功能特性信息的数字化、可视化描述。BIM 的核心是通过建立虚拟的建筑工程三维模型，利用数字化技术，为这个模型提供完整的、与实际情况一直的建筑工程信息库。BIM 利用创建好的 BIM 模型提升设计质量，减少设计错误，获取、分析工程量成本数据，并为施工建造全过程提供技术支撑，为项目建设各方提供基于 BIM 的协同平台，有效提升协同工作效率。确保建筑全生命周期内能够按时、保质、安全、高效、节约完成，并且具备责任可追溯性。

BIM 技术是一种应用于工程设计建造管理的数据化工具，通过参数模型整合各种项目的相关信息，在项目策划、运行和维护的全生命周期过程中进行共享和传递，使工程技术人员对各种建筑信息作出正确理解和高效应对，为设计团队以及包括建筑运营单位在内的各方建设主体提供协同工作的基础，在提高生产效率、节约成本和缩短工期方面发挥重要作用。

（2）BIM 技术特点

① 可视化

BIM 能够实现可视化处理，为人们提供更加直观、形象的空间情况，帮助设计师对设计方案进行调整。

② 协同性

BIM 模型作为建筑各专业协调下的产物，利用该技术不仅能够进行独立设计，还能够进行多专业设计，且能够配合专业知识更新，确保设计信息传递准确性。

③ 模拟性

通过 BIM 进行模拟实验，不仅能让设计更具备真实感，也为施工阶段的操作做出指导，而且可以进行 5D 模拟，有助于成本控制。

④ 优化性

BIM 模型能为建筑物的实际情况提供准确信息，可以通过数字化智能解决施工中出现复杂问题，减轻施工人员工作压力，提高施工效率。

⑤ 出图性

BIM 图纸是对建筑物进行了可视化展示、协调、模拟与优化后结果，更具有可操作性，减少施工成本与工作周期。

（3）BIM 技术在智慧城市建设中应用

智慧城市在建设过程中最重要的一项内容就是信息化建设，而在构建智慧城市过程中，建设工程领域的信息化发展更显得重要。BIM 技术可以自始至终贯穿建设的全过程，支撑建设各个阶段，实现全程信息化、智能化协同模式。

① 全面感知

智慧城市系统的搭建需要利用各类感知设备和智能化系统，以便智能识别、立体感知城市的环境、状态、位置等信息。全方位的、动态了解变化特征，对感知数据进行汇总、分析和处理，并能与业务流程智能化集成，可促进城市各个关键系统和谐高效的运行。BIM 作为全开放的可视化多维数据库，是数字城市各类应用的极佳基础数据平台。

② 智能融合应用

对城市海量数据的集成、分析和计算，是智慧城市系统的大脑，大数据是提出正确决策支持的基础。BIM 基于海量数据的数据可视化、开放共享性，以及其与"云"计算的无缝连接，可保证数据随时、随地、随需、随意的决策和应用。

③ 信息共享互联

智慧城市建设需要的基础是网络互联互通，信息集成共享。主旨在于建立物与物、人与物、人与人的全面互联、互通、互动。BIM 开放的数据结构结合 IT 技术，可为此目标的实现，提供多维度的数据基础；为自适应系统的信息获取、实时反馈、随时随地智能服务提供有力的数据支撑。

④ 可持续拓展应用

智慧城市建设注重以人为本、社会协同的创新空间、公共价值的创造，需要随着经济、社会和环境的发展持续进行成长。BIM 作为一个可以不断进行多维度数据拓展的信息承载器，可为系统的拓展、成长奠定坚实基础，有效避免系统应用延伸时，进行系统重构。

在国家 BIM 标准体系计划中，共有六本标准陆续出台，将不断规范工程建设全生命周期内 BIM 的创建、使用和管理。根据标准框架，可以把 BIM 标准体系分为三层：第一层是作为最高标准的《建筑工程信息模型应用统一标准》；第二层是基础数据标准，包括《建筑信息模型分类和编码标准》和《建筑工程信息模型存储标准》；第三层为执行标准，即《建筑工程设计信息模型交付标准》《建筑工程信息模型存储标准》和《建筑信息模型施工应用标准》。

7.2.4　空间数据仓库建设

随着信息技术的飞速发展和企业界新需求的不断提出，以面向事务处理为主的空间数据库系统已不能满足需要，信息系统开始从管理转向决策处理，空间数据仓库就是为满足这种新的需求而提出的空间信息集成方案。

数据库的创始人 W. H. Inmon 定义数据仓库为支持管理的、决策过程的、面向主题的、集成的、稳定的、不同时间的数据集合。而空间数据仓库是建立在传统的数据库基础上，依靠数据库实现对数据的高效存储。而二者的差别则体现在数据组织、集成上：空间数据库作为源数据库负责数据的日常处理及一般的空间分析功能；空间数据仓库根据用户的要求对空间数据库中分散的、多源的空间数据进行集成和分析，截取不同时段上的信息，将数据的时间属性和空间属性紧密地结合起来，通过模型构建分析和比较，进行数据挖掘发现隐藏在数据中的信息，从而为用户提供决策服务。总的来说空间数据仓库是 GIS 技术和数据仓库技术相结合的产物。

空间数据仓库的概念框架分为外部结构、内部结构。外部结构主要描述空间数据仓库与外部系统的关系；内部结构主要描述空间数据仓库的内部功能模块组成。

从外部结构来说数据库系统处于空间数据仓库系统的最底层，管理着若干种不同的地理空间数据库和专题数据库，它们各自独立，形成了各式各样的异地异质异构的数据库系统，它们主要为空间数据仓库提供数据源。应用系统处于空间数据仓库系统的最上层，它通过一个标准的接口从空间数据仓库中提取地理空间数据、空间数据产品和空间辅助决策分析信息，为应用系统服务。具体如图 7-7 所示。

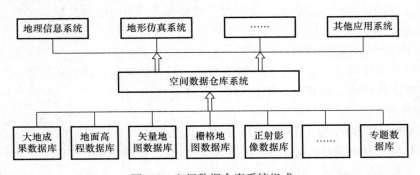

图 7-7 空间数据仓库系统组成

空间数据仓库的内部组成应由八个独立功能模块构成，分层次实现空间数据仓库系统。其中，第一层次的功能模块是空间数据仓库的基础处理模块，由多源空间数据抽取、多源空间数据整合、多源空间数据统一、空间数据仓库元数据组成；第二层次的功能模块是空间数据仓库的服务模块，由空间数据产品服务、空间数据立方体分析、空间数据挖掘分析组成；第三层次的功能模块是空间数据仓库的对外数据接口模块，由对外数据交换格式组成。第一层次的功能模块为第二层次的功能模块服务，第二层次的功能模块为第三层次的功能模块服务。具体如图 7-8 所示。

从特征上来看，对比于空间数据库，空间数据仓库有以下特征：

（1）空间数据仓库是面向主题的：传统的 GIS 数据库是面向对象的，根据应用对数据进行组织；空间数据仓库是面向主题的，在空间数据库的基础上进行更高层次的数据组织和分析。

（2）空间数据仓库是集成的：空间数据仓库建立在 GIS 数据库的基础上，在进行决策时利用元数据对空间数据库里的地理空间数据进行抽取、转换，从而得到有用的信息，把空间数据库中面向对象的数据转向面向主题的数据，实现决策支持。

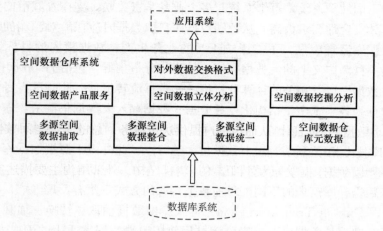

图 7-8 空间数据库系统结构

（3）引用时间维：在进行趋势分析时需要对关于主题的各时期的空间数据进行概括总结、分析，空间仓库引进时间维把不同历史时期的空间数据组织到一起，使数据具有时间属性。

（4）空间方位概念的引入：自然界是个立方体，各空间对象之间有一定的方位关系和相互联系，引入空间立方体的概念，对地理对象进行多方面、多层次的概括，有助于进行GIS多维空间信息分析。

空间数据仓库理论、技术及其产品已在很多领域取得较为明显的经济效益，尤其在美国，如纽约的长岛铁路系统，它是全美最大的由计算机控制的铁路系统，它建立了一个全企业范围内的空间数据仓库，用于为每个部门提供详细而精确的铁路基础设施信息。在我国，空间数据仓库理论与技术大概在 20 世纪 90 年代末期，北京大学遥感与地理信息系统研究所在这方面做了不少工作。到目前为止，在一些论文中已经提出一些应用的理论及实施方法，但空间数据仓库在各领域的应用实例还很少见。目前空间数据仓库研究的三个重点方面为：空间数据的 ETL、空间数据仓库元数据管理、GIS 多维空间分析。

总的来说空间数据仓库可以解决传统数据库无法解决的问题，有效地实现空间数据的深层次分析和挖掘，提供更为实用的决策服务。随着经济的发展，空间数据仓库被引用到农业、交通规划、城市规划等中，它的发展可以有力地支持数字城市、数字地球的建设，其发展前景广阔，但需要解决的问题仍相当多，需进行进一步的完善和发展。

7.2.5 业务数据仓库建设

当前数字城市的各个子系统数据库中都积累了大量的日常业务数据，例如自动办公系统、教育系统、卫生医疗系统等，要达到更好更舒适的生活环境就要充分利用数据库中这些数据，并要建立多维数据集将这些数据更好地展现给决策者。

使用大数据技术存储、处理与分析业务数据已经成为数字城市发展的必由之路。业务数据仓库是大数据分析的重要组成部分，如何将业务数据高效地接入数据仓库是现今实际生产环境中的一大难点。结合数据同步复制、数据抽取转换装载等技术，采用多级架构实现海量结构化业务数据接入数据仓库,具有较高的可行性和应用价值。

在业务数据仓库的建设中需要接入的数据源端为生产环境中的多个 Oracle 集群。每个集群分别属于不同的子系统,每个系统与多个业务紧密关联,支撑着城市的生产、运行中的各个环节,其安全性要求极高。从源端数据库获取数据时应保障对源端的影响最小,不能造成源端数据库运行缓慢,不能影响正常的业务生产。数据接入的目标端为大数据集群。该大数据集群为广义上的大数据存储、处理与分析集群,包括 Hadoop 体系、MPP 数据仓库、关系数据库以及相关的计算分析组件和数据流转组件。此时重点考虑的需要接入数据仓库的数据为各系统全量结构化业务数据。数据存入大数据集群后,需要能够同时支撑事务查询、BI 分析、报表计算、查询分析、数据挖掘、业务预测等多种业务应用。这些数据具有表数量多、种类复杂、表中数据量大等特点。此外由于源端数据库与大数据集群为异地部署,所以数据传输方面受到距离的影响,存在一定的延迟。

按照业务数据仓库需求的不同,目前数据接入的方式主要有:

(1) ETL(Extract-Transform-Load)方式:即数据抽取、转换、加载方式。首先在数据抽取阶段将数据从源端读取出来,该过程使用源端数据库适用的读取方式进行读取,就目前常用的 Oracle、Mysql 等结构化数据库,通常采用 jdbc 方式进行读取。数据读取出来后,在数据转换阶段会将源端数据经过适当的加工与转换,使得数据满足目标端的存储需求,最终在数据加载阶段将处理好的数据加载到目标端数据库。

(2) 数据库同步复制方式:同步复制方式是实现数据在两个数据节点之间实时地保持一致的数据备份复制方式。目前在 Oracle 数据库集群环境中被广泛使用的同步复制软件为 OGG(Oracle Golden Gate)。而对于异构数据库系统,OGG 同样能够发挥其作用,实现大量数据亚秒级别的实时复制,且可以实现一对一、一对多、多对一、双向、点对点、级联等多种灵活的拓扑结构。

(3) 文件导出导入方式:文件导出导入方式即先将源端数据以文件形式从数据库导出,再通过 FTP 等文件传输方式传输到目标端,再在目标端将文件导入到数据库中。

在业务数据接入后这些业务数据有时也会存在数据质量问题,主要原因与解决手段有:

(1) 源数据质量问题:源系统中的数据信息不真实、不符合业务规则或数据约束条件,或者源系统导出的接口数据文件不符合接口标准或格式等;因此在数据仓库建设中仍要采用多种手段进行数据质量的检查和管理。

(2) 数据从源系统到业务数据仓库的抽取、传输过程中造成数据失真、丢失,或在整合过程中对数据的取舍存在误判;这类问题主要来自 ETL 体系本身,可以通过技术手段进行避免。

(3) 从业务数据仓库到前端展现存在的问题,包括代码错误、算法错误,或者对业务问题的理解错误等。这部分主要是业务逻辑与统计口径不准确所致,并不能代表数据本身的质量问题。

在信息发展速度越来越快的今天,传统数据库架构已经越发难以满足更加复杂、更加多样化的城市业务需求,数字城市正在积极开展传统数据库架构向大数据技术下数据架构的转型工作。如何建设一个满足城市信息系统实时业务响应速度需求和安全运行需求的业务数据仓库也成为重中之重。

7.3　三维可视化综合政务平台

随着物联网技术的发展及应用，我国的数字城市的发展日渐成熟，尤其是近年来全国各地掀起了一阵又一阵智慧城市建设的浪潮。但是智慧城市中的数据在当下互联网快速发展下变得维度更广，数量更大、结构越来越复杂，人们想要更加清晰、快速地认知和理解一份数据，传统的二维平面图表已经不能满足需求。结合多媒体技术、网络技术以及三维镜像技术，三维可视化技术实现了数据处理的虚拟化，通过对物体进行全方位的监控，构建基于现实的 3D 虚拟现实效果，让数据展现更为直观和容易理解，已经迅速成为信息数字化管理的重要组成部分，被广泛应用到各行业中。

以三维 GIS 技术结合 BIM 模型为载体构建的三维可视化平台发展迅速，并在建设智慧城市中起到了决策性的作用，它帮助工程师和管理者在建设智慧城市过程提供直观的分析和决策作用。以三维 GIS 技术结合 BIM 模型的结合使用在城市总体规划、区域规划、区域资源、智慧管理、在城市规划、综合应急、军事仿真、虚拟旅游、智能交通、海洋资源管理、石油设施管理、无线通信基站选址、环保监测、地下管线等领域备受青睐。

三维可视化综合政务管理平台运用建模工具建立传感器三维模型，以及相应的场景三维模型，运用数据库技术将所涉及的设备信息、系统信息等进行管理，运用虚拟现实技术实现对某些特定的设备信息在三维场景中进行仿真效果渲染。

系统框架采用多层架构结构，其中包括设备硬件层，设备数据采集处理控制层，数据层，三维场景表现层。

设备硬件层包括可以接入系统管理的所有日常政务所需的硬件设备。

设备数据采集处理控制层是实时采集接入系统的设备信息，并储存在数据库中，同时可以发送到三维场景中。

数据层是用来存储各种管理信息，包括设备、模型、日志、系统管理等。

三维场景表现层是将接入系统管理的所有硬件设备信息运用三维的方式实时展现出来。

系统框架如图 7-9 所示。

而根据功能而言，三维可视化综合政务平台的主要模块可分为：数据载入、浏览定位、统计查询、专题分析、管线编辑、工程档案、辅助规划、空洞探测、系统维护、实时控制、场景控制、空间测量、快照输出。

对比于二维数据，三维可视化综合政务平台具备以下优势：

（1）知识传输速度快：使用图表来总结复杂的数据，可以确保对关系的理解要比那些混乱的报告或电子表格更快。

（2）多维度、多层次的数据展现：将数据每一维的值分类、排序、组合和显示，这样就可以看到表示对象或事件的数据的多个属性或变量。

（3）更直观的数据信息展示：大数据可视化报告使我们能够用一些简短的图形就能体现那些复杂信息，甚至单个图形也能做到。决策者可以轻松地解释各种不同的数据源。丰富但有意义的图形有助于让忙碌的主管和业务伙伴了解问题和未解决的计划。

（4）更易信息传达的展现方式：在进行相关理解和学习任务的时候，数据图文能够帮助读者更好地了解所要学习的信息内容，图像更容易理解，更有趣，也更容易让人们记

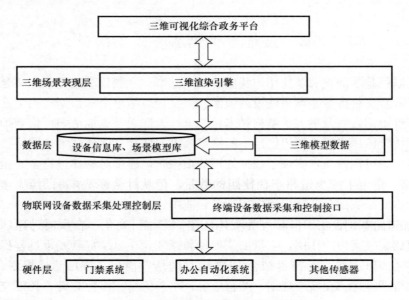

图 7-9　三维可视化综合政务平台

住。三维可视化的发展，缩短了现实世界和计算机虚拟世界的差距，并且拓宽了人们的视野，不仅使人们更加清楚地认识这个世界，还为人们改造世界提供了很好的指导作用。运用于数字化的建设与管理中，作为更加便捷有效的管理系统，可完全取代传统的数字化。三维可视化数字信息管理系统基于三维可视化综合管理平台，将物联网的海量数据信息通过三维立体化的方式进行展示和管理，同时可以对各种信息进行集成，还原真实的世界，让信息以可视化的方式呈现并得以有效的管理控制。因此基于物联网的三维可视化数字信息综合管理系统必将对传统数字建设形成革命性的冲击，成为今后数字化城市建设的主流技术。

7.4　智能交通系统

交通是人类社会生产、生活以及经济发展的必要环节。随着时代的发展和科技的进步，人们在对交通产生强烈依赖的同时也对交通提出了更多的需求。现有的先进立体的交通体系（包括以公路、铁路和城市轨道交通为主的陆地交通，以地铁为主的地下交通，以江河海洋为主的水上交通和以航空航天为主的空中交通）为人们提供了快捷、舒适与安全的交通服务。然而社会经济的发展、城市化进程的不断深入、快速增长的人口对交通需求的加深，直接导致机动车数量随之呈爆炸式增长，无论是在诸如欧美等发达国家和地区，还是在诸如中国等发展中国家，各国政府道路的建设速度永远赶不上机动车增长的速度，因此，交通堵塞、环境污染、交通事故频发等问题都随之而来。交通堵塞直接导致人们出行时间增加，更会导致花费在工作上的时间延长而使整个社会生产力下降。同时由于拥堵，车辆启动和停止次数增加，在路上耗能时间延长，因此能源消耗也会大幅上升，进而加剧环境污染（包括空气污染和噪声污染）。比如现今逐渐被人们重视的 PM2.5（细颗粒物，大气中粒径小于或等于 $2.5\mu m$，即 PM2.5 的颗粒物），其来源分为自然源和人为源两种，造成其超标并危害人类正常生活的主要是人为源中的流动源，流动源主要是来自各类交通工具在运行中使用燃料时向大气排放的尾气。中国民用航空局 2009 年调查发现，我国 166 个机场有噪声问题，40 多个机场噪声污染严重，随着民航在国家运输体系中的比重显著上升，噪声问题也更加严重。此外，车辆剧增导致交通事故频发，20 世纪全世界因交通事故而死亡的人数达 2585 万，这个数字远超过第一次世界大战死亡人数（约 1500 万）。

实质上，交通问题可以看作是人、车与路之间的矛盾。解决这一矛盾的办法有：

（1）控制交通需求，即控制车辆使用量的增加。如今国内多地实行车牌限购和机动车尾号限行策略，是为了减少道路车辆使用的数量。但从社会经济发展角度，这并非长远之计。

（2）增加道路基础设施。但是由于已有的道路规划不合理、现存的修路空间少及政府财力有限等原因，这种办法也存在着各方面严重的制约。

（3）加强交通的管理，即通过控制交通信号灯、加强交通法规建设、制定合理完善的交通规划等措施来加强交通管理。但是每个措施都有各自的局限性：控制城市交通信号灯局限于控制红绿灯或一些可变标识来控制车流，无法更有效地缓解拥堵；加强交通法规建设的办法通常是强制性的；制定合理完善的交通规划需要进行大量前期调研，耗资大时间长，规划方案难以评价优劣，只能治标不能治本。

（4）实施智能交通系统。随着自动控制技术、信息技术和计算机等技术的进步而提出的智能交通系统是对传统交通系统的一次革命。在现有路况条件下，智能交通系统把人、车、路综合起来考虑，利用高新科术手段，使个体交通行为更加合理，其可以提高交通管理部门的决策能力、减少驾驶人员的操作失误、提高交通运输系统的运行效率和服务水平、增强交通系统的安全可靠性、降低交通带来的环境污染等。

可见，智能交通系统是解决以上矛盾的必然选择。智能交通系（ITS，Intelligent Transportation System），指的是在比较完善的基础设施（包括道路、港口、机场和通信）之上将先进的信息技术、数据通信传输技术、电子传感技术、电子控制技术以及计算机处理技术等有效地集成运用于整个交通运输管理体系，建立起的一种在大范围、全方位发挥作用的实时、准确高效的综合运输和管理系统。ITS 的提出和大力发展能够提高道路使用效率，大幅降低汽车能耗，使交通堵塞减少、短途运输效率提高、现有道路通行能力提高。经过十几年的推广、试行和发展，ITS 目前已在经济发达国家和经济较为发达国家的一些都市及高速公路系统中实施。实践证明，ITS 是解决目前经济发展所带来的交通问题的理想方案。

7.4.1　交通基础设施综合数据库

"智慧交通"在国内属于新兴事物，但发展迅速。近年来，北京、上海、深圳、常州等城市先后开展了综合交通信息平台建设，实现交通信息采集、管理、发布以及交通宏微观模型仿真计算。为了实现数据融合，更好地发挥数据价值，开始提出了城市综合交通数据库的建设。通过对交通基础设施综合数据库的建设，可以找到适合城市交通运行的疏导技术，保证城市的顺畅运行。如果一个城市出现较为严重的交通运行拥堵现象，这对于城市化建设是非常不利的，要想保障城市化建设发展中的智能化发展和城市的运行相结合，就应该注重运用信息化智能技术将城市运行中的交通信息整合在一起，形成一个专门的数据库。交通技术人员可以根据有关的数据发现交通事故易发路段和预测各个道路在不同时段的交通运行状况。可以有效地整改城市道路，疏导城市交通，以减少交通事故的发生。所以建立交通基础设施综合数据库在现代化城市的建设和发展中，是非常有必要的。

1. 交通基础设施综合数据库应用系统研究目标

按照城市建设综合性交通数据库的建设需求分析，将其整体数据库建设信息进行了体系设计，并结合系统体系设计做出了专门的数据库设计。整个数据库的设计和应用需要从以下四个部分着手：

(1) 完成城市综合交通项目所需的交通调查，初步形成城市交通调查数据库，为城市交通一体化管理、交通发展战略制定以及政策方案的快速决策提供数据。

(2) 初步建立城市综合交通数据库、基础数据库管理与分析系统，整合城市基础地理信息数据、社会经济数据、土地利用数据、交通需求调查、交通行业运营数据、交通运行状况调查数据、交通模型成果数据以及交通设施等数据资源，建成综合交通模型数据库，形成数据集成环境，便于城市综合交通基础数据资源的不断积累和统一管理。

(3) 初步建立交通模型管理与分析系统，完成模型运算，实现模型成果的展示，实现基础数据、规划数据、模型数据调查与分析应用，为交通影响评价、交通仿真道路改善设计、交通规划工作提供数据和技术支撑。

(4) 为交评人员提供交通影响评价管理与辅助分析系统，帮助他们获取交通影响评价的基础数据，实现交评项目及数据的统一管理。

2. 交通基础设施综合数据库应用系统设计分析

交通基础设施综合数据库主要分为基础数据管理与分析系统、交通模型管理与分析系统、交通影响评价管理与辅助分析系统及数据维护系统4个部分。对与交通相关的基础数据、交通模型数据及交通影响评价数据进行管理与分析展示，并定期进行更新，保证输入数据的时效性。

(1) 基础数据管理与分析系统主要完成对综合交通数据库中的基础数据进行统一管理，并提供数据查询、统计、分析、展示、导入、导出等功能。

(2) 交通影响评价管理与辅助分析系统包含交通影响评价成果管理与交通影响评价前期资料采集两部分，包括数据提取与文档管理两个模块，可以明显提高设计人员收集资料的效率，对已有交通成果进行有效管理，给类似项目提供借鉴。数据提取模块能够实现按范围自动提取交通评估所需的现状及规划数据，并提供导出功能。文档管理模块对交通成果进行管理，提供查询与导出功能。

(3) 数据维护系统是为了辅助加工人员对基础库、模型库、指标库的数据加工和归档。数据库维护系统对基础数据进行导入导出功能，对基础数据库、模型数据库、指标数据库等数据进行维护。

3. 交通基础设施综合数据库应用系统特色分析

(1) 对于系统数据库中的功能设计应用，能够实现很多用户的信息数据查询需求，满足了交通数据传输的科学性规划。

(2) 在数据模型的构建中，可以实现实时地传输基础的数据和信息，便于相关的交通疏导管理者及时地借助数据传输进行交通的指挥。

(3) 对于数据材料的提取以及评价分析，在计算机系统内部运行中，可以将大范围内的数据形成较为完善的资料分析报告，保障了信息报告的准确性，为相关的交通信息处理提供了参考。

（4）对于交通运行报告数据反馈，可以借助数据库的控制功能设计，实现了整体的数据库控制效能提升，并且在它的报告的数据应用中，能够及时了解交通信息。

综合数据库的数据传输为城市的交通运行疏导带来了极大的便利。在数据传输设计中，已经实现了数据传输应用多样化的发展趋势。这种发展趋势融合在现实交通技术的疏导运行中，已经实现了公交运行网路化监控管理。相关的用户只需要借助专门的软件程序就能够在手机上实时地观察到公交车的运行信息。在综合数据库系统的应用设计中，要对相应的数据设计框架进行构建。应该注重对数据库应用中的数据体系完善，保障在完善的体系结构应用下，能够全面地发挥出数据库建设的效果，保障能够满足多方面人群应用。

7.4.2　停车场信息管理系统

21 世纪以来我国社会服务水平发展迅速，城镇化推进秩序井然，人民物质生活水平逐渐提高，城市私家车占用率逐渐升高，私家车逐渐称为家庭的必备品。城市私家车较多不仅仅影响公共交通出行，同时停车难、车位贵、车位管理混乱问题也日渐显著出来。有时即使在正规停车场中停车，也常常遇到收费混乱的问题，正规停车场对于所拥有的车位常常无法有效地管理与统计，对车位的安排往往没有进行有效引导。因此对于车位管理、规范工作流程、提升工作效率也是停车场管理中有提升空间的一个环节。城市私家车不断增多，在当今社会市场上的停车场数量每年都在呈上升趋势增长，在保持上升趋势的同时也会不可避免地遇到一些问题，那就是这些新增的停车场管理成本费用也在不断增强，对于停车场进出车辆的相关规范化管理也是一个社会上逐渐突出的课题，对于停车场管理的信息化软件也在不断地产生市场价值以及升值潜力，最重要的是能够为社会带来较高的正能量以及应用价值。

国外对于停车场系统的研究主要集中在智能化方面，通过使用物联网技术、机器学习等智能化算法完成对于系统的优化管理，在此技术领域西方国家从事了较为深入的研究，同时也取得了一定的研究成果。早在 20 世纪 70 年代，在德国的亚琛市启动了智能停车场引导系统的建设，同时也是全球范围内第一个完成该系统建设的案例。随后在 20 世纪 80 年代，德国科隆市开发建设了一套汇集多功能一体化的总控中心，科隆市也一直在该领域做了丰富的创新与努力，最终成功开发了一套具备重要意义的智能停车导航系统。国外对于智能化停车场的研究，另一个焦点主要集中在对于车牌的自动识别技术上，新加坡 Optasia 公司的多种产品在车牌识别领域具有很好的口碑。

我国在停车场管理方面的相关研究起步较晚，其中对于车牌的识别主要是集中在汉字领域图像识别领域，其中一种比较常见的方法是汉字模板的机器学习。通过训练的方法增强系统对于汉字的识别能力，此种方式从技术实现角度相对简单，只能够识别训练过同种字体的汉字，在车牌识别领域也还算可行。国内在车牌识别领域虽然起步较晚，但是也有一定的研究成果，当前比较成熟的产品有汉王公司的"汉眼王"，国内高校也对该领域有一定的学术积累与创新。停车场管理系统不仅仅需要能够实现收费管理功能，更需要对场内车位进行有效监督与控制，同时支持面向客户的预收费功能，经客户同意，从客户处提前收取停车场费用，规范收费流程，避免因收费问题而产生的巧立名目、徇私舞弊问题，同时也防止因收费人员业务不够熟悉而造成的部分乱收费问题，导致客户对于常务管理的不满及投诉，为场内车辆进出管理提供优质便捷的服务，有效利用场内车位，保证资源利用率的同时尽可能满足客户需求，提升工作效率的同时也要力争节约人力工作成本，争取通过系统带来更多的收益。对于国内车辆数量逐年增加的现状，我国交通优化改造还有很大的提高空间，我国停车场数量不断增强，建设具备智能化、效率化、集成化的停车场服务具备很多积极的意义，通过建设智能化停车场达到充分利用停车空间缓解交通压力的目的。

当今时代下停车场管理系统一般采用软件以及硬件相互叠合、相互配合的方式，硬件产品主要的目的是获取车辆位置物理信息，软件产品主要用于加工硬件产品采集到的数据信息，停车场管理往往采用车辆与卡片绑定的方式，硬件卡片具有唯一标识，软件产品识别到硬件产品的唯一标识，并记录到数据表中，记录停车开始时间以及停车结束时间。

1. 车辆识别技术

当前停车场车辆识别技术主要有射频卡技术和车位传感器技术两种。

射频卡技术，射频卡常常在车辆进入停车场时发放及领取，射频卡具有对于时间的严格约束及掌控能力，当车辆离开时上交射频卡，通过射频卡查询数据库信息，计算车位使用时间，完成对于停车费用的计算及核对。射频卡技术主要是管控车辆的进与出，对于车辆内部的行为不具备追踪监控能力，车辆在停车的行为缺乏约束能力，同时射频卡的损耗程度日积月累也是该技术需要考虑的成本之一。

车位传感器技术，传感器设备部署在车位上，当车辆停靠在车位之后，传感器会传输数据信息；当车辆离开车位之后，传感器也会传输车辆离开信息。该种技术能够有效监控停车场内部的车位信息，对于传感器的管理相比于射频卡技术往往会产生额外的经济成本及负担，在传感器的维修保护上往往会产生额外的费用。

2. 软件体系结构

当前软件开发过程中比较主流的软件开发架构有客户端—服务器模式及浏览器—服务器模式，软件开发架构主要是面向软件工程师服务的，选取了良好合适的开发架构能够方便系统地顺利开发，选取良好的开发架构对系统稳定性、系统性能都会有较大的帮助，因此在软件架构的选取过程中常常需要考虑多方面的因素，软件体系结构能够帮助系统平稳运行，增强用户操作体验，推进项目顺利开展。对于常见的客户端—服务器模式及浏览器—服务器模式，本节内容将会较为详细地进行分析与阐述，比较两种开发框架之间的优势和短处，帮助软件工程师选择合适的开发架构。

客户端—服务器模式及浏览器—服务器模式的常见对比如图 7-10 所示，客户端模式更加注重企业内部局域网，通过将开发完成的客户端软件部署在企业级内网上，完成对于客户端软件的开发应用。而浏览器—服务器模式更加注重于对于互联网的应用开发，基于互联网的相关应用可以快速部署在因特网环境之上，用户通过浏览器就可以便捷地访问到系统服务引用信息，完成对于服务器端的引用访问。

浏览器—服务器模式是系统中另一个非常有效的软件设计模式，浏览器—服务器模式是以浏览器作为客户端所使用的，浏览器作为一种面向客户使用的工具型软件，在软件使用中具有重要的作用，用户主要通过浏览器完成对于系统中多项功能的熟练使用，浏览器

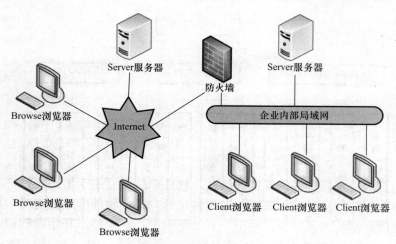

图 7-10　B/S 与 C/S

服务器模式的主要特点是方便简洁，通过浏览器服务器模式使用的操作软件往往具备易用灵活的特点，此种特点的软件往往能够为用户带来良好的用户体验，与此同时浏览器服务器模式往往具备升级维护比较简单的特点，用户不需要下载客户端软件，在浏览器上就可以进行升级维护操作。

3. 系统设计

停车场信息管理系统从功能角度主要可以划分为五个功能模块，分别为车辆信息管理、车辆场内管理、基础信息设置、入驻企业管理以及统计分析查询五个功能模块，停车场信息管理系统的总体功能结构如图 7-11 所示。

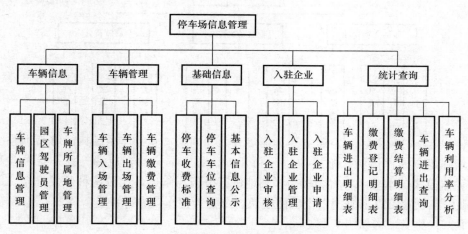

图 7-11　停车场信息管理系统功能结构图

车辆信息管理的功能结构如图 7-12 所示，该模块可以划分为三个组成部分，分别为车辆基本资料管理、驾驶员管理以及车牌所属地管理三个子模块，车辆信息管理主要是包含对系统的增删改查功能，对于自然基本信息的编辑功能，通过此类编辑功能达到对于车辆基本信息管理的控制功能。驾驶员基本信息管理是对园区驾驶员信息的基本采集功能，对园区内人员信息进行基本的控制管理功能。车牌归属地管理也是对园区内车辆信息的采集与管理，增强对园区的有效掌控。

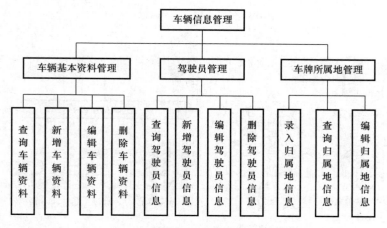

图 7-12　车辆信息管理功能模块图

　　车辆场内管理主要可以划分为三个功能模块，分别为车辆入场管理、车辆出场管理及车辆缴费管理。如图 7-13 所示，车辆入场管理模块主要是登记车辆进入停车场时的相关信息，包括卡口登记、办事大厅登记以及入场信息编辑三个子功能模块。车辆出场管理可以划分为停车明细显示，停车明细核算以及车辆放行通知三个子功能模块，缴费管理可以划分为三个部分，分别为缴费登记、缴费结算以及缴费查询三个部分，缴费功能模块支持用户的一次性使用功能，同时也支持多次使用功能，包月包年等消费方式都可以有效地为用户提供决算功能。

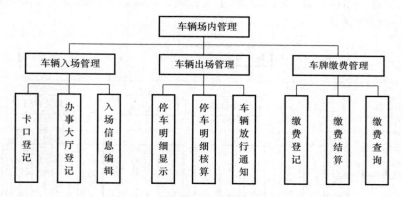

图 7-13　车辆场内管理功能模块图

　　基础信息设置可以划分为三个功能模块，分别为停车收费标准、停车车位查询及基本信息公示。其功能结构如图 7-14 所示。
　　入驻企业管理模块的功能结构主要可以划分为三个部分，分别为入驻企业审核、入驻企业申请及入驻企业管理。入驻企业审核模块包括了查询企业信息以及审核企业信息两个功能点；入驻企业申请模块主要包括四个子模块，分别为录入申请表、查询申请表、编辑申请表以及删除申请表四大功能模块；入驻企业管理主要可以划分为三个功能子模块，分别为查询入驻企业、删除入驻企业以及新增入驻企业。通过对该功能模块的有效划分与分析，能够从每一个功能点的角度实现系统功能，进而做好系统优化管理工作。入驻企业管理功能结构如图 7-15 所示。

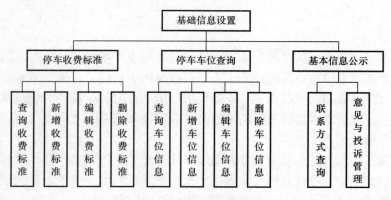

图 7-14　基础信息设置功能模块图

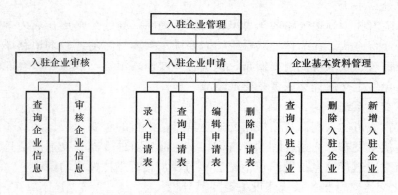

图 7-15　入驻企业管理功能模块图

统计分析模块的功能结构如图 7-16 所示，统计查询分析模块是系统的报表模块，统计查询分析是信息系统的报表类系统，主要是对系统历史记录进行数据统计分析，对现有数据做一些数据挖掘工作，总结企业在过去一段时间的营业情况，分析企业的日报、周报、月报以及年报，该模块可以划分为车辆进出明细表、缴费登记明细表、缴费结算明细表、车辆进出查询以及车位利用率分析五个小部分，这些功能模块一方面是对历史数据的记录查询，另一方面属于报表类统计分析功能。

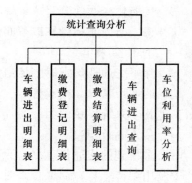

图 7-16　统计查询分析模块
功能模块图

7.4.3　交通信息服务系统

交通信息服务系统是解决当前我国普遍存在着交通拥堵、保障国民顺利出行的有效途径。然而，对于我国而言，交通信息服务系统建设属于一个全新课题，在此之前并未有借鉴经验。所以围绕交通信息服务系统建设展开探讨，一方面能够丰富现有研究体系内容，另一方面则能够为实际系统建设工作提供帮助，无疑具有重要的研究价值和现实意义。

1. 交通信息服务系统子系统分析

交通信息服务系统旨在解决国民日常出行、提高交通通行能力，所以在系统资源的共享上必须涉及目前多种通行工具，以保障出行的各个环节实现无缝连接。具体包括以下几个子系统：

（1）航空系统

随着我国居民生活水平的改善，乘坐飞机出行游玩成为当前一种时尚。因而在智能化交通信息服务系统建设中航空系统成为一个不可或缺的子系统。在该子系统中能够向乘客提供具体的航班信息查询、民航售票、空港候机楼信息查询、航班动态信息显示系统、综合查询等服务，以便于乘客能够随时随地通过互联网进入到系统之中查询相关的信息。

（2）铁路系统

铁路运输是一种具有悠久历史的陆路运输方式，随着我国铁路网建设的日益完善，乘坐高铁、动车、火车出行亦被全国的旅客所钟爱。在铁路系统中应该包括全国铁路联网售票及查询、铁路车站乘客导引、列车到发/货物运输通告等内容。

（3）高速公路系统

近些年来随着我国高速公路通车总里程的不断提高，高速公路正在成为继铁路、航空之外的另一种通行方式。在高速公路系统中需要满足乘客随时随地查询道路通行条件、局部地区的气象信息、获取可变情报发布、识别各种限速表示等，以保障旅客能够顺利、安全的出行，避免发生交通拥堵或者是交通事故。

（4）城市交通系统

对于居住在城市的人们而言，城市交通是其日常出行的重要手段。在该子系统之中应包括交通诱导信息发布、交通管理综合查询、交通信息对外发布、交通广播等，以便于及时将最新城市交通通行信息扩散给每个交通参与者，及时避让拥堵的街道。

2. 智能化交通信息服务系统建设关键环节分析

（1）总体设计

智能化交通信息服务系统必须涵盖多种功能、多个系统，以实现各种交通信息的交互与共享，所以必须做好以下四个环节：

① 信息采集

除了交通部门定时上传信息外，还需要设置对外接口，方便交通参与者及时将其所处地域的通行状况、交通流量、道路占用率等信息上传，从而形成交通信息数据库，以便于其他几个系统模块使用。

② 信息处理

采集到的交通信息多为原始交通数据，必须予以处理方能够形成有用的信息。所以需要利用多传感器数据融合来对采集到的海量交通信息进行相互补偿，从多方面、多个视角对信息的准确性进行验证。

③ 信息生成

智能化交通信息服务系统信息生成方式包括人工生成及自动生成两种。前者是由工作人员及时根据道路突发状况、异常的交通信息进行反应，继而将最新的实时信息发布到信息共享平台之中，方便交通参与者获取。自动生成则是依据各个子系统上传或者是录入的信息加以整合，形成可供查阅的数据信息。

④ 信息发布

将主机运算出来的交通信息通过多种平台推介给受众群体成为智能化交通信息服务系统主旨之一。当前可供该系统使用的媒体包括发光二极管电子信息屏幕、道路两边可变信息标志、车载设备等。

（2）关键设备选用

作为一款旨在服务人们日常出行的信息管理系统，智能化交通信息服务系统在建设时必须充分遵循着前瞻性、实用性、经济性特征。前瞻性要求智能化交通信息服务系统使用的设备必须能够满足今后一段时间内使用需求。因而要求设备的科技含量较高。实用性则是能够满足多个子系统共同运转所需，在设备选型上则要以技术成熟、操作可靠的设备为主。经济性则要求整个系统构建所需要的花费处于可控水平之内。由于其服务的对象为交通参与者，过高的服务费用势必会导致后者不接受或者是认可程度较低，影响人群覆盖率。

（3）系统管理

交通信息服务系统的运行与维护必须由专业人员进行操作，尤其是在系统维护上，其所需要的技术水平相对较高。所以在智能化交通信息服务系统建设过程中必须进行工作人员职业技能水平培训工作，将系统运行的注意事项、维护要点以及故障排查、突发情况处置准确传授给工作人员，以便于保障智能化交通信息服务系统的正常运转，避免系统停机、关机、重启等情形的发生。另外，在系统管理上必须形成完整科学的操作规范并将其作为一个制度落实在日常工作中，对操作人员的工作行为作出约束，避免违反规范的操作行为出现。

综上所述，随着我国交通拥堵情形的发生，居民通行受到严重影响。而要想解决日益严重的交通拥堵问题，积极构建智能化交通信息服务系统成为当务之急。本节内容此次针对智能化交通信息服务系统建设展开的研究最终指出，该系统中必须涵盖航空系统、铁路系统、高速公路系统、城市交通系统四个子系统，以便于交通信息的交互和共享，有助于居民出行。而在建设过程中必须重视总体设计、关键设备选用、系统管理三方面内容，以为系统构建与正常运转提供保障。

7.4.4　车联网

车联网概念引申自物联网，根据行业背景不同，对车联网的定义也不尽相同。传统的车联网定义是指装载在车辆上的电子标签通过无线射频等识别技术，实现在信息网络平台上对所有车辆的属性信息和静、动态信息进行提取和有效利用，并根据不同的功能需求对所有车辆的运行状态进行有效的监管和提供综合服务的系统。

随着车联网技术与产业的发展，车联网的内容越来越丰富，已经超过了上述概念所涵盖的范畴。根据车联网产业技术创新战略联盟的定义：车联网是以车内网、车际网和车载移动互联网为基础，按照约定的通信协议和数据交互标准，在车-X（X：车、路、行人及互联网等）之间，进行无线通信和信息交换的大系统网络，是能够实现智能化交通管理、智能动态信息服务和车辆智能化控制的一体化网络，是物联网技术在交通系统领域的典型应用。

在车联网中，专用短程通信（DSRC，Dedicated Short Range Communication）系统通过车与车和车与路边单元之间进行通信，可为车辆提供路面信息与自适应导航等服务，保障了车辆行驶的安全性。此外，DSRC 还可以实现高速公路的不停车收费、城市道路多车道自由流等功能，极大地提高了交通运输效率，其与其他无线通信技术的比较见表 7-1。

DSRC 技术和其他无线通信技术的比较 表 7-1

参数	DSRC	Wi-Fi	Cellular	WiMax
延时	<50ms	数秒	数秒	—
通信距离（m/h）	>60	<5	>60	>60
数据传输速率（Mb/s）	3~27	6~54	<2	1~32
通信带宽（MHz）	10	20	<3	<10
通信频段	5.86~5.925GHz	2.4GHz，5.2GHz	800MHz，1.9GHz	2.5GHz
IEEE 标准	802.11p（WAVE）	802.11a	—	802.16c

车载专用短程无线通信主要由车载设备和路侧设备组成，车载设备置于车辆内，由无线通信和应用处理系统等组成；路侧设备安装于路侧，通过无线电信号与过往的车辆通信，由无线通信和应用处理系统等组成，并有固定链路与路侧系统进行数据交换。其中，最为关键的是车路协同与安全技术。车路协同系统结构如图 7-17 所示。

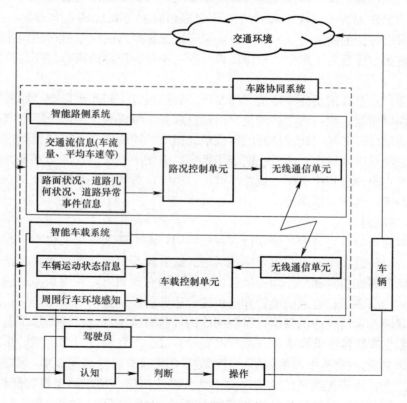

图 7-17 车路协同系统结构

由图 7-17 可见，实现车路协同应以车路信息获取与交互技术、车路信息综合集成与服务技术和车路协同控制技术为基础，例如：基于浮动车数据（Floating Car Data，FCD）的交通状态信息采集方法、基于路链的交通信息表达体系、全信息条件下智能化、递阶分层的交通信息服务系统（实现基于混合交通信息融合于一体化集成的交通状态综合监测）、智能车载和智能路侧技术（实现车辆运行安全监控与预警）。

车联网改变了传统智能交通系统的通信模式，以更直接的方式帮助信息产生、传播和消费，将成为未来智能交通系统的核心组成部分。但是，现有的研究与应用，距离真正实现车联网中最重要的 V2V 和 V2I 通信管理有很大差距，基于传统理论和技术难以有效解决车联网系统以安全为主的核心问题。

7.4.5　其他应用

1. 智慧交通灯

智慧红绿灯是指在遇到交通拥堵的情况下，对拥堵路段的车辆通过物联网技术进行精准统计，从而智能化调节红绿灯。如上下班高峰期，通过智能化调节红绿灯来缓解交通压力，使车辆通行更加顺畅。

2. 智慧停车

面对紧张的停车位，很多人出行或归家都会遇到长时间找不到停车位的情况。停车位紧张也导致很多违章停车，这不仅可能造成交通堵塞，还可能留下一定安全隐患。智慧停车可以很好地解决这个问题。例如，在停车位上安装对应传感器，车主可以通过云端数据获取空闲车位信息，更快、更准确地找到停车位。

3. 智慧路灯

路灯一方面可以美化环境，但更重要的是为行人和过往车辆照明。现实中，我们会发现，一些城市边缘路段或者车辆人流量较小的路段，为了节省能源消耗，经常出现无照明或照明不好的情况，给居民出行留下了很大的安全隐患，智慧路灯可以很好地解决这一问题。当有车辆或行人通过时，智慧路灯会自动亮起；当无车辆或行人通过时，智慧路灯会自动熄灭。这不但保障了车辆和行人安全，同时也节约了能源。此外，对于一些偏僻容易发生暴力事件的路段，智慧路灯不但起到照明作用，还可以视频录像，公安机关可以利用视频录像获得更多、更直接的破案线索。

7.5　智慧医疗系统

医疗体系带有一定的复杂性，包含各个诊疗科室、药房、影像科室和化验科室等，使医院的管理工作难度非常大，易出现管理问题影响管理质量和效率。在现代化发展形势下，传统人工分析数据的方式难以满足管理需要。信息化建设利用先进的计算机系统将各部门间的医疗数据相结合，可高效处理和分析数据，提升运营和管理效率。

7.5.1　医疗信息化建设现状

随着我国医疗体制改革的逐渐深化，医疗信息化建设的步伐逐渐加快，越来越多的医疗信息已经被开发和使用，医院信息化程度逐渐提升。当前应用在医疗行业中的信息系统主要有 HIS（医院信息系统）、PACS（图片存档及通信系统）、EMR（电子病历系统）等，这些系统的应用将患者信息、医疗业务和管理信息等有效整合，实现信息资源的共享和最大化利用，保证医疗质量。随着信息化不断发展，当前医疗信息化建设主要面临以下问题。

1. 系统孤立

传统的医疗信息建设主要采用独立的信息系统，缺少统一化建设，这种模式下的系统均根据医院的软件需求独立采购所需求的硬件。由此导致的问题是，医院为了实现新业务购买新软件时，还需购置对应的硬件，同时投入人力物力对新系统进行维护。新系统与原有的系统相对独立，无法兼容，导致信息变成"孤岛"，大量软硬件资源被浪费。随着医院的信息化系统应用增多，众多独立系统的维护难度将大大增加，如何对数据进行统一整合、提升管理效率成为当前发展面临的重要问题。

2. 数据的存储和处理

现代医疗会产生大量的数据，且数据结构复杂。例如，若医院每天接诊 5000 人次患者，医学检验和电子病历数据大约为 1MB，一张 CT 检查可产生 150MB 数据，一份标准病理图为 5GB，一名患者的诊疗数据约为 2GB，这家医院一年产生的数据信息为 2000TB。大量医疗数据的存储对服务器的存储能力提出了要求。医疗数据形式多样，包含文字（患者信息和症状等）、数字（检验数据和生命体征）和图像（影像学成像）等多种类型，如何对这些数据进行有效提取也是对信息化建设提出的重要挑战。

3. 信息共享

根据国家统计局的相关统计上看，优秀医疗资源大部分集中在大城市的大医院，基础医疗卫生机构分布相对较少。基层医疗机构缺少资金来建设信息化系统，但基层多面临的患者数量最多，由此造成医疗资源分布不均。各个医疗机构之间的信息无法整合共享，因此实现医疗信息化的协同、共享也是当前信息化建设面临的问题。

7.5.2 智慧医疗特点

智慧医疗融合互联网、物联网、云计算和大数据技术等多种信息化技术，以电子档案和病例数据为基础，通过传感器、互联网和物联网对患者数据进行实时收集，对大数据进行有效分析和挖掘，实现患者与医疗、医疗机构之间、医务人员之间的实时监控。智慧医疗的目标是建立智能医疗、护理平台，实现对疾病的远程治疗和防控。智慧医疗主要有几个特点：

（1）智能穿戴设备和护理设备的应用可实现人体生命数据的自动采集。

（2）设备采集的数据通过互联网可上传至云数据平台，医疗机构可通过数据研究为患者提供远程服务，避免患者入院排队就诊，提高医疗服务效率。

（3）数据集中在云数据平台可进行统一管理，实现数据共享。通过对大量医疗数据的整合与分析，实现特殊病例收集、疾病防控等。

（4）对老年患者、慢性病患者进行长期、稳定监控，及时发现危险因素，降低疾病复发风险。

由此可见，智慧医疗是医疗信息化建设向智慧化建设的重要阶段，通过引入大数据和云计算等先进的信息技术，逐渐实现对数据的智慧处理。

7.5.3 智慧医院

智慧医院通过云计算技术将医院原有的系统进行整合，将孤立的信息集成后共享。

1. 智慧医院服务

智慧医院服务是在医院内开展的智能服务，如在线预约挂号、智能导医等可方便患者就诊，电子档案、病房监、远程医疗等可方便医护人员诊疗；大数据分析技术可协助医院管理，及时发现质量薄弱和资源分配不均之处，有助于管理者开展管理。

2. 医疗云平台

将医院各个系统进行有效整合，组建成医疗云平台，实现对医疗数据的收集、挖掘、存储和利用等。

3. 区域智慧医疗

将医疗云平台作为基础进行辐射共享，实现医院、社区、科研机构、疾控中心和卫生监管部门等数据共享，通过云计算和大数据技术对数据进行挖掘和共享，建立居民电子档案等。区域医疗平台实现基层覆盖，可随时获取区域内居民的健康信息，降低医疗费用的支出。

4. 家庭监控

家庭监控通过智能穿戴设备、手机和健康监护仪等无线终端将家庭成员的血脂、血糖、脉搏等生理指标传送至中心监护平台，实现信息的实时更新，通过电子病历的对比实现对慢性病或老年病监控。居民通过了解自身健康状态，同时可接受平台内的专业健康指导和远程医疗服务，提升健康状态。

7.5.4　其他应用

1. 远程挂号、看病

在智慧城市中应用物联网技术，可以使人们享受到更加智能化、人性化的医疗服务。通过相关传输技术，可以实现患者与医院、医生信息的双向传输，方便彼此间的了解。目前，很多大城市老百姓都存在挂号难、看病难的问题。对于普通感冒等小病症，智慧医疗系统的应用，可以帮助老百姓通过网络将个人病情信息先传到网络云端，然后再传递到医疗机构，这样就可以实现网络就诊。这样不但节省了患者挂号、看病的时间，医院也可以把更多精力和有限的资源放到重大病患患者身上。

2. 远程监护

远程监护是指医生通过物联网技术实现对病人的远程实时性观察、监控，收集各种对于治疗疾病有利的指标。通过远程监护可以实现患者在家就可以享受医生的细心监护。

3. 远程急救

很多突发疾病患者，没有足够的时间被送到医院治疗。如车祸这种突发事件，患者应及时利用自身携带的通信设备向周围人发出求救信号，同时向最近的医疗机构报警。对于重大急救信息，医院的医疗团队会第一时间赶到现场；对于一些病情较轻的患者，医疗人员可以通过远程视频的方式来告诉患者如何正确自救；对于昏迷不醒患者，医疗人员可以寻找患者附近的人，指导其对患者进行正确营救。

7.6　地下管网信息化系统

城市市政地下管线是其"神经网"和"血管网"，保证着其运转和发展，同时，也是整个城市的"生命线"。城市的持续扩大，也加快了对其地下管网的建设，由于新旧管线的结构交错，复杂多变，地下管线信息管理也处于动态变化中，多部门化的管理模式势必导致管线信息的丢失，对于城市的建设、施工、数据管理中，若没有一套正确的城市地下管网数据，将会导致各种事故的频发，难以有效地进行城市建设。

7.6.1　地下管网三维系统架构

地下管网信息管理系统由 GIS 基本功能、管网数据管理、管网数据更新、管线综合分析四部分构成，预留未来对接节能系统和数据监控接口。

地下管网开发项目需对城市现有地下各类管线进行普查，查明地下管线的平面位置、埋深、走向、性质、规格、材质、权属单位和管块断面等属性信息，测量地下管线点的坐标及高程，建立地下管线数据库，绘制综合与专业地下管线图，测绘地形图，并进行矢量化，建立城市三维地下管网与地面建筑等基础地理信息数据库，实现各类信息的数字化存储。地下管网信息管理系统汇集地下综合管线、基础地形及各种建筑设施等地理信息。实现属性查询、数据统计、综合分析、资料输出等多种功能。

管网系统开发，结合 C/S 和 B/S 两种模式各自的优势，建立地下管网管理信息系统，实现数字城市地上地下全覆盖，提供管线三维可视化功能，辅助决策。

7.6.2 数据库设计

通过探测得到城市地下管线数据。按照国家相关技术规程和规范对校园内电力、路灯、电信、给水、排水、燃气、热力、综合管沟及不明管线等管线及附属设施数据的平面位置、高程（地面高程、管线高程）、埋深、管径、材质、特征和附属物等信息进行采集建库，录入地下管网信息管理系统。系统建设所涉及的数据主要包括地下管线数据库、基础地形图数据库、地上三维模型库、系统运行支撑库。

1. 地下管线数据库

管线数据是项目建设的核心。按照类别，管线数据主要分为给水、排水、电信、电力、燃气、热力、工业及综合管沟（块）及不明管线等。项目将根据普查监理方提供的管线数据，依照地下管线数据标准，进行监理入库，并存入数据库，形成管线数据库。

2. 地上三维模型库

地上三维模型是二、三维一体化应用的重要支撑。地上三维建模，主要涉及建筑物、道路及相关附属设施等信息。项目将选取城市管理与监察专业实训场范围，进行地上三维模型的建设。后期根据项目应用情况，补充建设其他范围三维模型。

3. 系统运行支撑库

系统支撑数据库是系统运行的保障，包括数据字典、权限模型、部门用户角色以及日志等数据内容。

7.6.3 管线系统开发

管线系统总体划分为三个子系统，分别是管线展示系统、管线分析系统和管线处理系统。管线展示系统可以基于 SuperMap IServer 进行开发，通过浏览器就可以访问校园三维数据。管线数据处理系统和分析系统，基于 SuperMap Objects 和 Deskpro 进行开发，其中 Deskpro 提供界面插件，方便系统集成。

1. GIS 平台搭建

（1）GIS 平台系统为软件开发与运行的基础支撑：采用的 SuperMap GIS 平台具有一致的数据模型（一次建库、多端应用）。SuperMap GIS 平台具有一致的数据模型，可以确保数据的建库集成内容在所有产品中都能无缝应用，包括二、三维的一体化应用，三维场景中能直接叠加分析二维建库成果，无需任何数据转换，达到一次建库多处应用。

（2）二、三维一体化 GIS 平台，二维、三维集成应用：利用先进的二、三维一体化技术，实现将二维矢量数据、影像数据、高程数据以及三维模型进行统一集成应用，将传统的二维应用移植到更加逼真的三维场景中，直观展示管线信息，为学校规划、应用提供逼真效果。SuperMap 所有产品体系都采用一致的数据模型，二维数据（矢量、影像以及服务）能够直接在三维场景中应用，做到一次建库全面应用。

2. 地上三维模型数据建库

三维模型数据是项目应用的主要数据内容，通过集成现有的精细模型、批量模型、再辅助地形与影像，同时通过软件将建筑物自动生成三维房屋，综合形成三维平台的数字城市基本操作场景。平台支持集成通用 3DMax 等建模工具生产的各类模型数据。

构建城市三维模型需要真三维的空间数据（包括平面位置、高程和高度数据）和真实影像数据（包括建筑物顶部和侧面纹理）。所需获取的数据具体包括地形数据、数字化地图数据、建筑物高度数据、航摄像片、地面近景照片以及纹理图片等。其中，部分数据是由空间基础地理数据库提供，其余数据需要构建三维景观模型库。

3. 三维建模流程

（1）三维地形地貌数据建库流程。DEM 数据采用现有的 DEM 数据，需将现有的平面坐标转换成 WGS84 坐标系。影像数据选用现有影像数据，需将平面坐标系转换成 WGS84 坐标系。

（2）三维模型建库流程。三维模型库的建立是通过生成三维模型缓存文件来管理三维模型，三维模型缓存文件是通过三维模型文件库和三维模型矢量库来共同生成的。

（3）三维模型创建。三维建筑物模型数据采用 3DMax 建模，然后将模型以文件的方式组织存放在服务器硬盘中，使用时直接从服务器下载。

图片数据需要人工拍摄，然后将图片以文件的方式组织存放在服务器硬盘中。

（4）三维模型转换。将三维模型（3ds）转换成 SuperMap 格式（sgm）的三维模型数据，使用 SuperMap Deskpro. NET 中模型批量转换功能。

（5）三维模型坐标信息提取。①获取三维模型的坐标信息，并转换成 sdb 数据源中的点数据集，并在点数据集中新增模型中心经度、模型中心纬度、模型水平旋转度、模型 X 轴缩放比、模型 Y 轴缩放比、模型 Z 轴缩放比和模型相对路径。其中模型相对路径，记录模型 3ds 文件相对于点数据集所在的 sdb 文件的路径。②将 sdb 数据源的坐标信息改变为 WGS84 经纬度坐标系。

（6）三维模型缓存文件的生成。记录模型坐标信息的 sdb 文件，使用 SuperMapDeskpro. NET 中模型缓存功能，得到模型缓存文件（scm）。

7.6.4　主要功能模块开发

B/S 模式下，系统主要功能模块有漫游导航、地上地下模式浏览、量算、管网查询、管网统计、建筑信息查询可访问基本建筑信息、校园景观和管网分布情况。

C/S 模式下，除提供日常管线管理中的统计功能外，系统还提供了强大的管线分析功能，分析系统主要包括如下模块功能。

（1）地图基本操作模块：包括地图的放大、缩小、平移、前后视图、二维三维切换、地上模式、地下模式和沿路开挖等，以及长度量算、面积量算、角度量算等功能；

（2）查询统计：包括按管线的材质、管径、埋深、标高、埋设日期等属性进行查询、定位，生成各种管线不同的统计报表；

（3）管线分析：包括水平净距分析、垂直净距分析、覆土分析、碰撞分析、流向分析、横断面分析、纵断面分析、交叉点分析、事故分析和追踪分析等；

（4）管线监控：包括管理员信息查询、添加、删除和轨迹查询、水煤电指标监控、视频监控、事故分析；

（5）系统维护模块：系统设置管理、风格库管理等。

7.6.5　数据处理应用系统

地下管线管理员、地下管线数据录入人员、系统维护人员可使用数据处理应用系统。地下管线管理员通过数据处理应用系统创建数据库；将外业探测的以 MDB 格式存储的管线数据转换为 SuperMap 格式的数据；将平面坐标通过配准转换成经纬度数据；通过沟截面提取管线的宽、高以及管径；根据管线的类型和高程、埋深以及管径计算管线的实际高程、埋深和管点的高程埋深；将管线点和线数据拓扑构成三维管线网络数据；利用拓扑构网生成的管线三维网络数据集进行管线三维可视化；将二维点、线数据添加到地图上，各种几何对象的绘制编辑都在图层可编辑状态下进行，对某个图层创建或编辑对象。

7.7　建筑信息化应用与 BIM

近些年，随着建筑信息化的发展，BIM 技术能凭借其信息传递的高效性以及管理模式的优势，弥补建筑物传统施工管理的缺失，加速构建符合现代化需求的建筑物。所以，信息化是建筑物的必然发展趋势。建筑物的信息集成，包含了对于建筑物的历史、社会、技术等信息的收集与管理，其工作内容主要包括对于建筑物的实地调查与记录、精密勘察与测绘、信息的归类与管理等。

7.7.1　基本概念

建筑信息模型 BIM 是建筑学、工程学及土木工程的新工具。早在 1975 年，乔治亚理工大学的 Charles Eastman 教授创建了 BIM 理念。BIM 技术的研究经历了三大阶段：萌芽阶段、产生阶段和发展阶段。BIM 理念的启蒙，受到了 1973 年全球石油危机的影响，美国全行业需要考虑提高行业效益的问题，1975 年 Eastman 教授在其研究的课题 "Building Description System" 中提出 "a computer-based description of a building"，以便于实现建筑工程的可视化和量化分析，提高工程建设效率。直到 2002 年，由 Autodesk 公司正式发布《BIM 白皮书》后，由 Jerry Laiserin 对 BIM 的内涵和外延进行界定并把 BIM 一词推广流传。此后，我国也加入了 BIM 研究的国际阵容当中，先后开展了一系列的研究与实践，并于 2017 年由住房和城乡建设部牵头制定了建筑信息化模型的国家标准。

关于 BIM 的定义目前有多种版本，这里给出公认度较高的几种说法。

国际标准组织设施委员会的定义为：BIM 是利用开放的行业标准，对设施的物理和功能特性及其相关的项目生命周期信息进行数字化形式的表现，从而为项目决策提供支持，有利于更好地实现项目的价值。

美国国家标准对 BIM 的含义作出了四个层面的解释：

（1）一个设施（建筑项目）物理和功能特性的数字化表达。

（2）一个共享的知识资源。

（3）分享有关这个设施的信息，为该设施从概念设计开始的全生命周期的所有决策，提供可靠、可依据的流程。

（4）在项目不同阶段、各个专业方，借助于 BIM 模型中新增、获取、更新和修改信息，以支持和解决其各自职责的协同作业。

我国在 2017 年发布的《建筑信息模型施工应用标准》GB/T 51235—2017 中，对 BIM 的定义为：建筑信息模型是在建设工程及设施全生命周期内，对其物理和功能特性进行数字化表达，并依此设计、施工、运行的过程和结果的总称。

7.7.2　基于 BIM 的建筑信息集成

BIM 的核心是通过建立虚拟的建筑工程三维模型，利用数字化技术，为这个模型提供完整的、与实际情况一致的建筑工程信息库。该信息库不仅包含建筑物构件的几何信息、专业属性及状态信息，而且还包含了非构件对象（如空间、运动行为等）的状态信息。借助于这样的三维模型，大大提高了建筑工程的信息化集成度，从而为建筑工程项目的相关利益方提供了一个工程信息交换和共享的平台。因此，利用 BIM 可以帮助实现建筑信息的集成，从建筑设计、施工、运维直至建筑全寿命周期的终结，各种信息始终整合于一个三维模型信息数据库中，而涉及团队、施工单位、设施运营部门和业主等各方人员可以基于 BIM 进行协同工作，有效提高工作效率、节约资源、降低成本、从而实现可持续发展。换句话说，BIM 技术主要是通过对项目全寿命周期不同阶段的信息集成、管理、存储、交换、共享，支持各阶段不同参与方之间的信息交流与共享，从而实现项目设计、施工、运营、维护效率及质量的提升。BIM 技术的应用并不是单独进行的，需要解决软硬件各方面的配套问题。

BIM 在建筑的全生命周期都发挥着作用。Shahryar H 引入了新型建筑模拟策略，并强调了将这些策略与 BIM 相结合可以改进施工过程，而且可以探索替代方法，目的为了提升 BIM 在提高能源效率和舒适度方面的作用。Mohammad N 等将 BIM 与生命周期评估（LCA）相结合，并提出评估建筑领域建筑材料环境影响的一体化结果。应用多层办公楼的案例来验证设计概念的发展，并讨论 BIM 和 LCA 工具产生的结果。研究表明，BIM-LCA 整合是实现可持续发展和环境保护的最佳程序，并概述了大部分的负面环境影响是在制造和运营阶段发生的。Ali Ghaffarian H 等讲述了应用相关的建筑管理系统来实现整个建筑生命周期中检查可持续性。BIM 能够在建筑生命周期阶段实施潜在的实践，但设计师、承包商主要侧重于 BIM 在设计施工管理阶段的应用，并且知识管理系统的整合使得在建筑生命周期内处理和共享建筑维护信息成为可能。Ma Z L 等对 2017 年创意施工会议进行 BIM 系统提取数据到 GIS 是 BIM 和 GIS 集成的主流方式，其中 ArcGIS 是最常用的平台。研究人员使用 Autodesk Revit 或开发自己的应用案例系统。BIM 和 GIS 在基础设施和城市地区的综合应用存在明显的差距，尤其是在 P&D 阶段。

BIM 技术促进 3D 打印和装配式建筑发展。Mehmet S 介绍了建筑行业 3D 打印的实例简要，建立一个适合 3D 打印机的 3D 建模模型适用的软件程序，并提到了建筑信息建模与 3D 打印建筑技术的结合，并表明 BIM 技术与 3D 打印建模的集成将有效地提高能源效率、改善设计、降低成本和隔离结构。另外，装配式建筑近些年的快速发展，也离不开 BIM 技术。

BIM 技术在建筑物健康评估中也有着重要作用。Lukman A 研究开发一个基于 BIM 的全寿命性能估算器（BWPE），用于从设计阶段评估建筑结构部件的抢救性能，采用数学建模方法，使用已确定的威布尔可靠性分布的因素和原理、概念来制造 BWPE，该模型在 BIM 环境中实现，并使用案例研究设计进行测试。BWPE 是一种客观的手段，用于确定建筑物中可回收材料在其使用寿命结束时可重复使用和可回收利用的程度，BWPE 也将为建筑师和设计师提供一个决策支持机制，分析设计决策对建筑物抢救性能的影响，当建筑物倒塌时，拆除工程师和顾问也可以进行拆除前的审计。

7.7.3 建立建筑信息协同平台

BIM 技术可以提高建筑工程的集成化程度和各参与方的工作效率，使项目各管理方快速、准确地获取工程所需的数据，实现项目信息化管理，构建 BIM 在建筑施工阶段的信息平台框架示意图如图 7-18 所示。

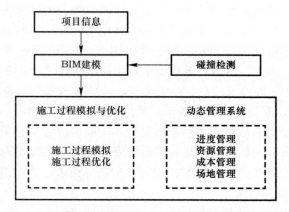

图 7-18　BIM 在建筑施工阶段的信息平台框架示意图

在建筑工程中，将 BIM 技术用于现场管理需要集成有效的技术手段作为辅助，在信息管理系统中，BIM、RFID 与 3D 激光扫描分为三个系统——施工控制、材料监管和安装纠偏，将三者相结合，建立一个以 BIM 为基础的信息集成平台，为建筑的质量管理提供信息支持。

思 考 与 实 践

1. 智慧城市的主要技术有哪些？
2. 简述移动互联网的特点。
3. 简述大数据的概念。
4. 云计算的特点主要有哪些？
5. 什么是 BIM 技术？特点有哪些？
6. 地下管网信息系统主要有哪些部分？
7. 建筑物健康检测主要包括哪几个部分？
8. 物联网技术在建筑信息化系统中有哪些应用？

参 考 文 献

[1] 中华人民共和国住房和城乡建设部. 智能建筑设计标准 [M]. 北京：中国计划出版社，2015.

[2] 高等学校建筑电气与智能化学科专业指导小组. 高等学校建筑电气与智能化本科指导性专业规范 [M]. 北京：中国建筑工业出版社，2014.

[3] Thomas ERL，Zaigham Mahmood，Ricardo Puttini 著，龚奕利，贺莲，胡创译. 云计算：概念、技术与架构 [M]. 北京：机械工业出版社，2014.

[4] 娄岩. 物联网技术在智能建筑中的应用研究 [D]. 电子科技大学，2014.

[5] 张恒. 信息物理系统安全理论研究 [D]. 浙江大学，2015.

[6] 黄永宁. 基于群智感知的灾害数据采集、传输与应用 [D]. 南京邮电大学，2016.

[7] 董鑫. 云计算中数据安全及隐私保护关键技术研究 [D]. 上海交通大学，2015.

[8] 李德毅. 人工智能导论 [M]. 北京：中国科学技术出版社，2018.

[9] 韩东，陈军. 人工智能商业化落地实践 [M]. 北京：清华大学出版社，2018.

[10] 吴功宜，吴英. 物联网工程导论（第2版）[M]. 北京：机械工业出版社，2018.

[11] 吴功宜，吴英. 物联网技术与应用 [M]. 机械工业出版社，2013.

[12] 薛燕红. 物联网导论 [M]. 北京：机械工业出版社，2014.

[13] 刘云浩. 物联网导论 [M]. 北京：科学出版社，2013.

[14] 维克托·迈尔-舍恩伯格，肯尼思·库克耶著，盛杨燕，周涛译. 大数据时代 [M]. 杭州：浙江人民出版社，2013.

[15] 中华人民共和国住房和城乡建设部. 智能建筑工程质量验收规范 [S]. 中国建筑工业出版社，2013.

[16] 中国建筑业信息化发展报告编写组. 装配式建筑信息化应用与发展 [M]. 北京：中国电力出版社，2019.

[17] 刘海涛，物联网技术应用 [M]. 北京：机械工业出版社，2011.

[18] 于军琪，智能建筑计算机控制 [M]. 北京：中国建筑工业出版社，2018.

[19] 杨振，毕厚杰，王健，胡海峰，编著. 物联网系统 [M]. 北京：北京邮电大学出版社，2012.

[20] 中国工程科学发展战略研究院，编著. 中国战略性新兴产业发展报告 [M]. 北京：科学出版社，2019.

[21] 丁士昭，马继伟，陈建国著，建筑工程信息化导论 [M]. 北京：中国建筑工业出版社，2005.

[22] 刘洪栋，刘军发，陈援非. 面向智能家居的个性化需求挖掘与应用 [J]. 小型微型计算机系统，2015，36（12）：2794-2797.

[23] 解凯源. 公共服务的信息化管理研究 [D]. 上海师范大学，2014.

[24] 杨颖. 公共服务的概念研究及相关概念辨析 [C]. 中国科学学与科技政策研究会. 第六届中国科技政策与管理学术年会论文集. 中国科学学与科技政策研究会：中国科学学与科技政策研究会，2010：67-78.

[25] 张序. 与"公共服务"相关概念的辨析 [J]. 管理学刊，2010，23（2）：57-61.

[26] 靳永翥. 公共服务及相关概念辨析 [J]. 中共贵州省委党校学报，2007（1）：62-64.

[27] 陈娅，李晓晓. 基于新公共服务理论的高校国有资产管理改革探究 [J]. 成都大学学报（社会科学版），2019（6）：116-120.

[28] 邹江宇. 智慧城市发展背景下政府公共信息服务平台建设研究 [D]. 西北农林科技大学，2017.

[29] 朱聪. T市公共信息共享过程中的政府职能研究 [D]. 扬州大学，2018.

[30] 刘文慧，郑菲菲．"互联网＋"背景下旅游特色小镇公共信息服务系统的构建——以南京市桠溪镇为例 [J]．江苏商论，2018（12）：39-42．

[31] 李一，陈火峰．关于物联网的研究思考 [J]．价值工程，2010，29（8）：26．127．

[32] 刘化君．物联网关键技术研究 [J]．计算机时代，2010，(7)：4-6．

[33] 唐亮．我国物联网产业发展现状与产业链分析 [D]．北京邮电大学．2010．

[34] 游战清，刘克强，张义强等．无线射频识别技术（RFID）规划与实施 [M]．北京：电子工业出版社，2005．18-19．

[35] 景祥祜，戴淑儿，郑世福等．香港城市大学图书馆服务转型蓝图——从图书馆 RFID 项目开始 [J]．中国图书馆学报，2008，(6)：70-78．

[36] 刘绍荣，杜也力，张丽娟．RFID 在图书馆使用现状分析 [J]．大学图书馆学报，2011，(1)：84-86．

[37] 沈苏彬，范曲立，宗平等．物联网的体系结构与相关技术研究 [J]．南京邮电大学学报：自然科学版，2009，29（6）：4．5．

[38] 陶宇．物联网时代图书馆发展展望 [J]．科技信息，2011，(7)：198．198，185．

[39] Golding P，Tennant v. performance and reliability of radio frequency identify cation（RFID）library system [J]．In：International Conference on Multimedia and Ubiquitous Engineering，2007，1144-1146．

[40] 任志宏，任沛然．物联网与 EPC/RFID 技术 [J]．森林工程，2006，22（1）：68-69．

[41] 李彩娜．浅谈传感器技术的发展 [J]．无锡南洋学院学报，2008，(40)：40-43．

[42] Tanaka K，Kimuro Y，Yamano K，et al. A supervised learning approach to robot localization using a short—range RFID sensor [J]．IEICE Transactions on Information and Systems，2007，90（11）：1762-1763．

[43] Ma H，Tao D. Multimedia sensor network and its research progresses [J]．Journal of Software，2006，17（9）：2014-2028．

[44] Fennani A，Hamam H. An optimized RFID [J]．based academic library．In：Second International Conference on Sensor Technologies and Applications（SENSORCOMM），2008，44-48．

[45] 郑铿．读解"数字化校园" [J]．南京师大学报（自然科学版），2002，(1)：222-225．

[46] 许鑫，苏新宁．新一代高校数字化校园建设．现代图书情报技术，2005，(1)：48-55．

[47] 黄项项．校园一卡通系统设计与实现 [D]．厦门大学．2014．

[48] 祖英．校园一卡通的银校转账系统的设计与实现．厦门大学．2014．

[49] 母天赐．电信企业手机一卡通系统的设计与实现 [D]：燕山大学．2013．

[50] 邬新乐．校园一卡通系统安全体系结构分析和设计 [D]．内蒙古古科技大学．2013．

[51] 谢希仁．计算机网络（第 7 版）[M]．北京：电子工业出版社，2017．

[52] 魏立明．智能建筑系统集成与控制技术 [M]．北京：化学工业出版社，2011．

[53] 谭志彬，柳纯录．系统集成项目管理工程师教程（第 2 版）[M]．北京：清华大学出版社，2016．

[54] 张剑．信息系统安全运维 [M]．成都：电子科技大学出版社，2016．

[55] 王春元．公共网络信息系统安全管理的研究 [D]．合肥工业大学．2019．

[56] 张松．监狱信息安全系统方案设计 [D]．河北科技大学．2015．

[57] 彭染姝．新技术背景下信息系统建设存在的问题及对策研究 [J]．中国新通信，2019，21（14）：46-48．

[58] 陈博章．智能建筑信息管理系统的研究与设计 [D]．电子科技大学．2007．

[59] 于洋．青岛建设集团信息系统安全及运维管理系统设计 [D]．吉林大学．2012．

[60] 祝敬国．信息系统安全与智能建筑 [J]．工程设计 CAD 与智能建筑，2001，3：4-7．

[61] 中华人民共和国住房和城乡建设部．GB 50314．智能建筑设计标准 [S]．北京：中国建筑工业出

版，2015.

[62] 中华人民共和国住房和城乡建设部. JGJ 16. 民用建筑电气设计规范 [S]. 北京：中国建筑工业出版，2008.

[63] 中华人民共和国住房和城乡建设部. JGJ 312. 医疗建筑电气设计规范 [S]，北京：中国建筑工业出版，2013.

[64] 中华人民共和国住房和城乡建设部. JGJ 310. 教育建筑电气设计规范 [S]. 北京：中国建筑工业出版，2013.

[65] 中华人民共和国住房和城乡建设部. JGJ 354. 体育建筑电气设计规范 [S]，北京：中国建筑工业出版，2014.

[66] 中华人民共和国住房和城乡建设部. JGJ 392. 商店建筑电气设计规范 [S]，北京：中国建筑工业出版，2016.

[67] 中华人民共和国建设部. GJBT 940. 体育建筑专用弱电系统设计安装 [S]，北京：中国建筑工业出版，2006.

[68] 施诚主编. 医院信息系统分析与设计 [M]. 北京：电子工业出版社，2014.

[69] 耿锁奎编. 体育场馆智能化系统 [M]. 上海：复旦大学出版社，2013.

[70] 易滨发. 机场航站楼信息化应用系统设计简介 [J]. 福建建筑，2013，(11)：110-114.

[71] 伍银波主编. 智慧建筑集成技术 [M]. 成都：西南交通大学出版社，2019.

[72] 杜明芳著. AI＋新型智慧城市理论、技术及实践 [M]. 北京：中国建筑工业出版社，2020.